国家出版基金资助项目

“十一五”国家重点图书规划项目

《生态文明与绿色低碳经济发展论丛》

刘思华 主编

绿色经济的制度创新

陈银娥 高红贵 等著

中国财政经济出版社

图书在版编目（CIP）数据

绿色经济的制度创新/陈银娥等著．—北京：中国财政经济出版社，2011.11

（《生态文明与绿色低碳经济发展论丛》/刘思华主编）

国家出版基金资助项目　“十一五”国家重点图书规划项目

ISBN 978－7－5095－2620－0

Ⅰ.①绿…　Ⅱ.①陈…　Ⅲ.①环境经济学－研究－中国　Ⅳ.①X196

中国版本图书馆CIP数据核字（2010）第221508号

责任编辑：林治滨　　　　责任校对：王　英

封面设计：朱　江　　　　版式设计：董生萍

中国财政经济出版社出版

URL：http：//www.cfeph.cn

E－mail：cfeph@cfeph.cn

社址：北京市海淀区阜成路甲28号　邮政编码：100142

营销中心电话：88190406　北京财经书店电话：64033436　84041336

北京富生印刷厂印刷　各地新华书店经销

787×1092毫米　16开　19.5印张　264 000字

2011年12月第1版　2011年12月北京第1次印刷

定价：38.00元

ISBN 978－7－5095－2620－0/F·2232

（图书出现印装问题，本社负责调换）

质量投诉电话：88190744

国家出版基金资助项目

“十一五”国家重点图书规划项目

《生态文明与绿色低碳经济发展论丛》编委会

总　序

建设生态文明·发展绿色经济·构建和谐社会

——论发展中国特色社会主义“三大法宝”

党的十六大以后，以胡锦涛为总书记的党中央，科学分析我国全面参与经济全球化的新机遇、新挑战，全面认识工业化、信息化、生态化、市场化、国际化深入发展的新形势、新任务，正确把握当今世界和当代中国发展的面临的新课题、新矛盾；不仅认真总结发展中国特色社会主义的实践经验，而且高度重视世界各国发展的实践经验，从而提出科学发展观、构建和谐社会、建设生态文明、发展绿色经济[①]等一系列崭新发展理念和重大战略思想，集中体现了新世纪新阶段我们党、国家、政府在中国特色社会主义发展与经济发展问题上重大理论与实践的双重创新。因此，用科学发展观统领建设生态文明、发展绿色经济、构建和谐社会，这是以胡锦涛为总书记的中央领导集

---

① 本书所说的发展绿色经济是广义的，不仅是指广义的绿色产业，而且包括低碳经济、循环经济、清洁能源与可再生能源经济、碳汇经济以及其他节约能源资源与保护环境生态的经济等。

体的伟大创造。从理论层面上说，这三大重要战略思想，是中国特色社会主义发展理论与经济发展理论的基本观点，是胡锦涛为总书记的中央领导集体对中国特色社会主义理论的丰富和发展，所作出的特有的重大理论贡献，开辟了马克思主义发展理论在当代中国创新与发展的新境界，谱写了马克思主义中国化、时代化、大众化的新篇章。从实践层面上看，我们按照科学发展观的客观要求，建设生态文明、发展绿色经济、构建和谐社会的伟大实践，是中国特色社会主义实践的基本形式，应该说是21世纪中国发展的主旋律；甚至可以说，它们是21世纪发展中国特色社会主义的“三大法宝”，必将展现出中华文明发展所追求的中国生态经济社会有机整体绿色、和谐、协调、可持续发展的最高境界。“十一五”国家重点图书规划项目《生态文明与绿色低碳经济发展论丛》（以下简称《论丛》），是新中国成立以来最大的生态经济学哲学社会学出版工程，它力图从新兴交叉学科视角反映中国特色社会主义发展与经济发展的理论和实践双重创新。因此，本论丛的每部著作，都是选择发展中国特色社会主义的某个重大理论与实践问题进行双重探索，都有所创新。这就涉及发展中国特色社会主义的理论与实践问题很多，在此，仅把其中10个重大问题特意推出并加以简论，是为序。

一

科学发展观是建设生态文明、发展绿色经济、构建和谐社会的理论前提和生命线。党的十七大最终确立了社会主义生态文明观，这是把科学社会主义同中国基本国情与具体实践相结合得出来的马克思主义论断。建设生态文明，是中国特色社会主义的应有之义和重要内涵。它必然成为科学发展观的重要内涵与组成部分，是科学发展观的新发展的重要标志，使我们党的发展理论和文明理论由原来局限于

"社会的世界"扩展到"自然的世界"，反映了当今世界和人类文明的最新发展理念。它不仅是对人类经济社会发展的经验，而且是对生态自然发展的经验的深刻总结与高度概括。这是科学发展观具有划时代意义的根本含义。因此，以人为本的科学发展观的完整内涵和精神实质具有两层含义：一是在经济社会领域里，处理人与人的社会关系是以人为本；二是在生态自然领域里，处理人与自然的生态关系是以生态为本。在此，广义的"生态"，既是科学发展、和谐发展的核心要义，也是衡量科学发展、和谐发展的根本标志。因此，我们完全可以说，科学发展观是以人为本和以生态为本的双重价值取向的内在统一，是经济社会发展观和生态自然发展观的有机统一观。这就是科学发展观的核心内涵与基本要求的内在统一。因为，在21世纪建设生态文明、发展绿色经济、构建和谐社会的世纪，无论是全面发展，还是协调发展，尤其是可持续发展，都是与自然生态环境良性循环不可须臾分离的绿色发展，离开了人与自然和谐统一的生态发展即绿色发展就没有全面、协调、可持续发展可言。当然，也就没有科学发展可言。由此，我们必然得出一个合乎逻辑的结论：科学发展是以绿色发展、和谐发展为核心的全面、协调、可持续发展。这充分体现了科学发展观的绿色发展属性和特征。

科学发展观作为发展着的科学理论，它的理论内涵，不仅涵盖了建设生态文明的思想观念，而且涵盖了发展绿色经济的思想观念。如果说，生态文明与和谐发展是科学发展观和中国特色社会主义的应有之义与重要内涵，那么完全可以说绿色经济与绿色发展也是科学发展观和中国特色社会主义的应有之义与重要内涵。尤其是人与自然和谐协调发展，是生态文明的核心理念，也是生态自然发展观的核心理念；绿色经济的实质是经济生态和谐协调发展；和谐社会的本质是社会生态和谐协调发展。正是从"生态—经济—社会"有机整体的生态和谐协调发展意义上说，生态和谐协调已经成为当今中国和谐协调发展的根本基础。它是科学发展观在生态经济社会有机整体发展现实中的具体体现，也是社会主义和谐社会的一个最基本特征。正是在这个意义上说，在哲学层面上，科学发展观是中国特色社会主义生态文明观；在经济学层面上，是生态自然发展观和经济社会发展观有机统一的绿色经济发展观；在社会学层面上，则是中国特色社会主义和谐社会发展观。

二

发展是我们党执政兴国的第一要务。那么，发展的终极目的与价值尺度又是什么呢？尤其“三大法宝”实践选择的终极目的与价值尺度是什么呢？这是新世纪新阶段发展中国特色社会主义要解决的首要的重大理论与实践问题。党的十七大以后，传统或纯哲学社会科学理论，当然也包括传统或纯马克思主义经济学理论在内，都仍然认为，发展尤其是经济发展的终极目的与价值尺度，只是为了人的生存与发展的需要和利益，把非人类生命物种生存与发展的需要与利益，排斥在人的经济社会实践的终极目的和价值尺度之外。国际国内学术界都是如此。西方学者有句名言：“人类保护自然是出于保护自己的目的。”近几年来，学术界在阐明以人为本的科学发展观，纠正了过去把人作为工具和手段来实现经济增长的目的的错误观念，认为科学发展观的以人为本是指发展的出发点和落脚点，是为了人的生存与发展的需要和利益，人的发展是目的，即坚持把人民群众作为发展的终极目的和价值尺度。这是理论上一大进步。一些著名学者和权威刊物发表文章说：“建设生态文明，归根结底是为了人类自身的利益，也正是我们建设生态文明的归宿”。“注重生态价值和呵护好生态利益，归根到底为了人类利益，是为了更好坚持以人为本”。这种解说实际上是沿着极端人类中心主义和工业文明的思路来诠释建设生态文明，仍然没有摆脱工业文明发展的窠臼；把自然作为工具和手段来实现经济增长和最大限度地占有物质财富的目的。“三大法宝”的伟大实践，就向这种单一的终极目的和价值尺度发出了挑战。理论与实践都充分表明，工业文明是反人性（社会）和反自然（生态）的文明形态，工业文明时代的黑色经济是反人性（社会）和反自然（生态）的现代经济，资本主义工业社会是反人性（社会）和反自然（生态）的现代社会。当今我们建设社会主义生态文明、和谐社会和发展绿色经济，是人性化和生态化的崭新的现代文明、现代社会和现代经济，既要保证满足全体人民可持续生存与全面发展的需要和利益；又要保证满足非人类生命物种的生存健康与安全发展的需要和利益。这就是“三大法宝”实践选择的两重终极目的和价值尺度，这是自然、人、社会有机整体和谐协调为导向的生态文明、绿色经济、和谐社会的理论与实践的基本价值取向，更是我们探索中国特色社会主义发展与经济发展道路的理论与实践宗旨。因此，我们重构马克思主义经济学双重价值取向理论，寻找马克思主义经济学与当代人与人的发展问题和自然与生态发展问题之间的有机联系，使两者回归马克思主义经济学视野，确立它们在马克思主义经济学基本价值维度的地位。于是，我们把人和自然都是发展的终极目的的双重价值取向理论，运用到建设生态文明，发展绿色经济，构建和谐社会中来，不仅是经济智慧的升华，而且是生态智慧的升华；不仅是生存智慧的升华，而且是发展智慧的升华，必将引起包括新兴、交叉科学在内的哲学社会科学尤其会给马克思主义经济学研究带来革命性变革。

三

建设生态文明，构建和谐社会，都必须也应当大力发展绿色经济，形成生态和谐、社会和谐和经济和谐一体化的绿色经济形态。这是因为，绿色经济既是生态文明时代全新的经济形态与发展模式，又是和谐社会的最佳经济形态与发展模式。

马克思主义生态文明观认为，生态文明作为一种后工业文明，是社会形态和经济形态内在统一的全新的文明形态。从文明形态对人与自然发展关系的影响来说，工业文明是人与自然分裂与冲突的不和谐发展，可以称之为“黑色文明”，生态文明是人与自然内在统一与和谐共生的和谐发展，可以称之为“绿色文明”。因而，从生态与经济的发展关系而言，工业文明的经济形态是“黑色经济”，生态文明的经济形态是绿色经济。21世纪是建设生态文明、发展绿色经济、构建和谐社会的世纪。这个新世纪的社会形态的主导形态是生态文明或绿色文明，它们也是和谐社会的主导社会形态，这个新世纪的经济形态的主导形态是生态经济或绿色经济，它们在本质上是可持续发展经济，也是和谐社会的主导经济形态。首先，从绿色经济本质属性来看，我曾作过这样的概括：“绿色经济是可持续经济的实现形态和形象概括。它的本质是以生态经济协调发展为核心的可持续发展经济。”① 这就确认了绿色经济的生态经济属性，揭示了它的可持续经济的本质内涵。正是从这个意义上说，绿色经济作为生态文明时代的经济形态，是生态经济形态的现实象征与生动概括。其次，从现时代的经济发展实践来看，绿色经济正在朝着成为人类社会文明发展继农业文明的农业经济、工业文明的工业经济与知识经济之后的崭新经济形态的方向发展，并且现实已成为建设生态文明、构建和谐社会的重要经济发展模式。再次，从人类社会的经济形态演变的客观进程来看，生态文明是一种后工业文明形态，绿色经济是一种后工业经济形态；而包括信息经济在内的知识经济，既是工业文明高度发达的突出表现，又是在此基础上发展起来的一种后工业经济，是从工业文明的黑色经济向生态文明的绿色经济转型的经济形态，必然充当了工业文明

① 刘思华主编：《绿色经济论》，中国财政经济出版社2001年版，第3页。

和生态文明、黑色经济和绿色经济的中介。正是这个意义上，我们对绿色经济重新界定为：以生态文明为价值取向，以生态、知识、智力资本为基本要素，以人与自然和谐发展和生态与经济协调发展为根本目标，实现生态资本增殖的可持续经济。正因如此，2009 年 11 月，欧盟正式提出了新的战略构想，其核心要素就是发展绿色经济，要在未来的 10 年内，将欧盟打造成为一个“绿色知识经济体”。

社会主义和谐社会是一个自然生态和社会经济有机整体可持续发展的社会，这就决定了和谐社会的经济形态与发展模式，必然也应当是绿色经济。我曾在一些论著中提出“社会主义和谐社会是生态经济可持续性发展的社会”的新论点，此论准确地反映了和谐社会的生态经济属性和可持续发展经济的经济特征。因此，现在，我们完全可以说，发展绿色经济，铸造绿色经济形态，是对社会主义和谐社会生态经济属性和可持续经济特征的最充分体现。首先，社会主义和谐社会的科学命题，是对中国特色社会主义社会的生态与生态经济本质的最充分表达。因为社会和谐是中国特色社会主义的本质属性；生态和谐是构建社会主义和谐社会的生态基础，也是中国特色社会主义的本质属性；经济和谐是构建社会主义和谐社会的经济基础，当然是中国特色社会主义的本质属性。尤其是对于生态文明时代的现代社会主义社会，是自然生态关系和社会经济关系内在统一与和谐共生的生态经济社会有机整体。正是自然生态属性和社会经济属性的内在统一与和谐共生，才构成中国特色社会主义的本质。这种本质集中体现在人、社会、自然之间形成和谐、协调、可持续发展的关系。因此，社会主义和谐社会是一个生态经济可持续本质的社会。其次，建设生态文明、构建和谐社会，是对工业文明社会的人与自然相分裂、个人与社会相脱离、自然与社会互损而付出双重代价的基本特征的否定，是要真正实现人与自然双盛、个人与社会双强、社会与自然双赢，达到人、社会、自然和谐共生，共同繁荣与可持续发展的至高境界，最终创造一个自然生态和社会经济有机整体和谐协调可持续发展的社会。这是建设生态文明的真谛，也是构建和谐社会的要旨。再次，能够满足上述要求的只能是也应该是符合建设生态文明与构建和谐社会要求的绿色经济；只有发展绿色经济，才能建设生态和谐与经济和谐相统一的和谐经济。从自然生态意义上说，大力发展绿色经济是为和谐社会发展提供生态基础；从社会经济意义上说，大力发展绿色经济是为和谐社会发展提供经济基础。因此，大力发展绿色经济已成为当今世界经济社会发展和人类文明进步的一大趋势；绿色发展与绿色崛起更是当代中国经济社会发展、中华文明进步的势不可挡的大趋势。

四

建设生态文明、发展绿色经济、构建和谐社会，必须实施生态主导型的发展战略。这是发展中国特色社会主义的新战略，也是21世纪中国现代化发展的基本战略。这是建设生态文明和构建和谐社会的客观要求。(1) 生态文明是21世纪人类社会文明的主导文明形态，它是人与自然、人与人、人与社会、人自身四大和谐协调发展的现代文明。生态文明的这种总体特征，也是构建和谐社会的基本内容与根本目标，将成为21世纪现代经济发展和人类文明进步的主旋律和大趋势。而社会主义和谐社会的科学内涵内含着“四大和谐协调发展”，因此，建设社会主义生态文明的主旨，同构建社会主义和谐社会的主旨完全一致，这种一致性要求实施生态主导型的现代化发展战略。(2) 从我国实践来看，进入21世纪以来，我国一些地区大力提倡生态优先的发展理念，实施“生态立市（省）、环境优先”的发展战略，使一些城市、地区在走中国特色的新型工业化道路过程中，不仅在克服工业文明的弊端，而且超越工业文明，正在朝着建设生态文明社会方面前进，这实质上体现了“生态主导型的现代化发展”的基本战略。(3) 当然，从当今中国的总体上看，生态危机还在加深，它在本质上不仅是当代中国的发展危机，而且是当代中国的生存危机，是中华民族的生存方式的危机，真正缓解和克服生态危机的根本出路就在于从根本上改变现行的现代化的基本战略，实施生态主导型的现代化发展战略。(4) 全面贯彻落实科学发展观，必须把不断追求和递进实现“四大和谐协调发展”作为建设生态文明、发展绿色经济、构建和谐社会的价值原则、根本目标和运作航标，就必须要求实施自然生态、社会生态、人体生态一体化的生态文明发展战略，它在本质上是生态主导型的现代化发展战略。这种绿色发展与绿色崛起应当视为胡锦涛为总书记的中央领导集体实施科学发展战略的核心。因此，用绿色崛起带动和平崛起，走绿色和平发展道路，这是中华文明伟大复兴的必由之路。(5) 实施生态主导型的现代化发展战略，在经济领域内，就是实施绿色经济与绿色发展战略。这是21世纪可持续发展战略的集中体现。实现绿色经济发展战略，是加快转变经济发展方式、大力调整经济结构，走生态文明发展道路，从根本上促进中国生态经济社会有机整体和谐协调发展的根本大计，是具有全局性和战略性的重大战略。

五

建设生态文明、发展绿色经济、构建和谐社会的战略目标，就是把我国建设成为富强民主文明和谐的社会主义现代化国家，在发展中国家率先跨入生态文明社会，即可称之为生态社会或绿色社会。人类文明发展到今天，随着工业文明高度发达，人类社会生产与生活过程和自然界的生态过程已经完全相互交织与相互融合而浑然一体。当今维系人类生命和非生命形式的这个濒临失衡的球体上，客观存在的只是自然生态系统和社会经济系统互相依存、互相制约、互相作用、互相转化的生态经济社会有机整体。当今社会主义也是这样的有机整体，应该是人与自然、人与人、人与社会、人自身和谐共生共荣的社会有机整体发展形态。这就决定了“三大法宝”的战略目标和根本任务在实质上是完全一致的，甚至可以说，建设社会主义生态文明和构建社会主义和谐社会的目标和任务，是同一个问题的两个方面。

首先，不管是狭义还是广义的生态文明之说，建设社会主义生态文明，都必须是牢固地建立在马克思主义人、社会、自然有机整体和谐协调发展理论的基础上，推进人与自然、人与人、人与社会、人与自身和谐共生共荣、生态自然和经济社会的全面协调发展，实现生态经济社会有机整体的科学发展、和谐发展、绿色发展。只有这样，才能把中华文明建设成为人与自然、人与人、人与社会、人自身和谐协调发展的现代文明形态。这是建设社会主义生态文明的主旨，是实践马克思主义人、社会、自然有机整体和谐协调发展理论的生动体现。

其次，生态文明时代的绿色经济同工业文明时代的黑色经济的本质区别，就在于后者是建立在人与自然相分裂、社会与自然相互损的基础上；前者是建立在人与自然内在统一、社会与自然和谐共生的基础上。因此，绿色经济发展是以人与自然和谐发展、生态与经济协调发展为根本目标，是人、社会、自然和谐共生共荣的现代经济，是把中国特色社会主义经济发展的生态环境代价和社会经济成本减少到最低限度的可持续性的和谐经济。

再次，社会主义和谐社会必须是经济、政治、思想文化、生态环境等社会领域，各种要素及各个关系之间互相协调、相互融合的和谐发展状态。笔者曾把这种发展状态概括为：是“以人为主体的社会和谐发展状态，它包括人与人之间的和谐、人与自然之间的和谐、人与社会之间的和谐、人自身关系和谐四个方面的基本内涵”[①]。因此，构建和谐社会，实际上是人们不断追求和递进实现人与自然、人与人、

① 刘思华：《生态马克思主义经济学原理》，人民出版社2006年版，第484页。

人与社会之间关系的和谐发展，并最终达到人自身关系和谐发展，实现人、社会、自然有机整体和谐协调发展。正如胡锦涛同志所指出的："我们要构建的社会主义和谐社会，是经济建设、政治建设、文化建设、社会建设协调发展的社会，是人与人、人与社会、人与自然整体和谐的社会，要贯穿于建设中国特色社会主义的整个历史过程。"①

由上可知，在科学发展观的统领下，建设生态文明，就是建设生态和谐、经济和谐、社会和谐相统一的现代文明；发展循环经济，就是发展生态效率、经济效率、社会效率相统一的现代经济；构建和谐社会，就是构建生态公平、经济公平、社会公平相统一的现代社会。这样的现代文明形态和经济社会状态，就标志现代中国跨入了生态文明社会。从国内外学术界对后工业社会的研究，生态文明社会可以概括为生态社会或绿色社会。

在1994年出版的《当代中国的绿色道路》一书中，笔者明确提出："生态社会是现代经济社会发展的远景"，"农业社会——工业社会——生态社会并列为人类社会文明递进的发展序列"。在2006年出版的《生态马克思主义经济学原理》一书中，进一步指出："生态社会是和谐社会的理想模式"，揭示了绿色社会模式同和谐社会、生态文明的内在统一性。在国际上，许多学科学者的后工业社会或后现代社会的主张同笔者的主张基本相同。自20世纪90年代以来，先是西方生态学家试图以系统整体观和生态中心主义思想为基础，来构造全盘改造工业文明社会的方案，提出了"最终建立一种无等级差别的理想的生态社会"的主张。生态自治主义者对后现代社会的设想是一个在人与自然和人与社会关系上都消灭了统治、征服与压抑的绿色社会，是一个合作和谐的社会。英国学者伊恩·莫法特在《可持续发展》一书中，描述了可持续发展社会的景象，并称之为绿色社会模

① 引自《科学发展观重要论述摘编》，中央文献出版社2008年版，第72页。

式。日本经济学家在1999年提出了生态发展的共生与社会发展的共生相统一的“生态社会发展理论”。尤其是美国社会生态学者和生态社会主义学者，都设想了未来的生态社会的总体轮廓，提出了他们的生态社会观。生态社会主义理论对未来社会主义或共产主义社会发展模式的构想，就是构建一种超越资本主义和现实社会主义模式，按照生态可持续性原则，形成的人与自然、人与社会（人）、人自身和谐发展的新型社会主义社会，在这个总目标下，未来生态社会主义发展蓝图，也就是绿色社会模式。这同笔者所说的绿色社会模式，不仅是生态社会模式的形象概括，而且是“四大和谐有机整体”的生态社会的绿色概括，是完全一致的。在此，我还要特别强调的是，美国生态后现代主义的奠基人查伦·斯普瑞特克在2006年作了“生态社会的分析和展望”的演讲，指出“生态社会的选择正在高涨，并且正在成功地融入主流”，他用现实事实说明转向“生态社会的紧迫性”，还对中国给予厚望：“参与到生态社会的世界观中去，中国的社区和地区就可能在种种超越现代性的意识形态，走向绿色未来的道路上成为典范。”①

综上所述，在当代中国建设生态文明、发展绿色经济、构建和谐社会的终极目标，就是努力探索一个当今农业、工业、生态文明并存的“三元文明结构”的社会主义大国，实现中国特色社会主义文明形态超越发展，建设成为绿色经济强国、生态文明富国，在发展中国家率先把十几亿人口带进生态社会或绿色社会，即是生态（绿色）社会主义的和谐社会。这是在21世纪把我国建设成为富强民主文明和谐社会主义现代化国家的最高层次含义。

① ［美］查伦·斯普瑞特克著，张妮妮译：《生态后现代主义对中国现代化的意义》，《马克思主义与现实》2007年第2期。

六

建设生态文明、发展绿色经济、构建和谐社会的双重战略任务；这是中国的基本国情和21世纪中国特色社会主义发展的特殊规律所决定的。在人类文明发展史上，西方发达国家用了近300年时间，才实现工业化，使10亿人口进入工业社会。而我国仅用了60年就阔步进入工业化中后期，把13亿人口带进工业社会。但工业化的任务还没有最终完成，要继续进行工业文明建设。就在此进程中，我们又提出了建设生态文明的重大战略任务。这就是说，我们要遵循当今世界文明发展的普遍规律和共同思想，即人类文明发展正在进入生态时代，必须按照生态文明的要求进行工业文明建设，完成工业化的任务；发达国家是实现了工业化、建成高度发达的工业文明之后，才提出建设后工业文明，而中国特色社会主义则在建设工业文明的过程中就要正视建设生态文明问题。这如实反映了21世纪中国特色社会主义文明发展的特殊规律。社会主义中国作为世界上最大的发展中国家，必须坚持把发展作为党执政兴国的第一要务。因此，我们背负着建设工业文明、实现工业化和建设生态文明、实现生态现代化的双重战略任务；既面临着克服、消除工业文明的黑色经济形态与发展模式的黑色弊端，将其改造成为绿色经济形态，又面临着构建与生态文明发展相适应的绿色经济形态与发展模式的双重压力与双重应对。这是21世纪中国发展与经济发展的最根本的特殊性。根据这种特殊性来探索中国特色社会主义发展道路，使我们找到了“三大法宝”，它们充分体现了中国特色社会主义发展与经济发展应对双重压力和完成双重任务的时代步伐和客观进程。

正确认识和理解“三大法宝”尤其是建设生态文明与发展绿色经济同新型工业化的辩证关系，赋予新工业文明理论特质与新的实践导向，这是把中国经济切实转移到科学发展轨道上来所要解决的一个重大理论与实践问题。因为，（1）党的十六大确定的新型工业化道路，只是赋予了新工业文明的信息化内涵与信息经济的特征。新工业文明只有信息维度。这种工业化与信息化融合，只是表明工业化由大机器生产力发展到信息生产力，这是工业文明发展的新阶段。由于它缺乏生态内涵，使新型工业化在本质上仍然属于工业文明形态。(2) 工业化和信息化融合难以克服传统工业化的弊端。这种弊端在人与自然的生态关系方面，是资源短缺、环境污染、生态恶化；在人与人的社会经济关系方面，是贫富悬殊、缺乏经济社会公平。我们探索新型工业化道路以来的7年间，不仅环境污染和生态破坏日益严重，而且为富不仁、劳资对立、贫富差距也变得越来越严重。从学理上说，信息化是应当获得资源消耗低的效果，但是这7年间资源高消耗没有得到缓解。对此，不少学者认为，我国探索新型工业化道路并没改变我们在传统工业文明发展老路上前行的步伐，没有达到新型工业化和建设生态文明的一致性。(3) 只有信息维度的新型工业化的主旨，主要是对传统工业文明的弊端加以限制，不会改变工业文明整体的反人性、反生态性质和不可持续性，是不能使新型工业化直接成长为生态文明的。因此，新型工业化道路在本质上是建设工业文明的发展道路；建设生态文明，是生态文明发展道路，不能把两者混为一谈。因此，在实践中推进新工业文明同生态文明有机结合与融合发展，这必须将走新型工业化道路综合为生态文明发展道路的内在环节，使建设新工业文明纳入建设生态文明之中，使它成为中华文明由工业文明向生态文明转型的过渡性文明形态。为此，我们必须对新型工业化的理论特质与实践导向重新界定。（4）按照“三大法宝”尤其建设生态文明的新要求，赋予新型工业化生态内涵，确立新工业文明信息化维度和生态化维度的有机统一，开启新工业文明的生态视阈，为我国现代工业体系和产业结构的知识化（包括信息化）与生态化的相互协调与融合发展提供理论前提。（5）笔者曾在《生态马克思主义经济学原理》一书中提出：探索新型工业化道路，应当从一个基本点升华为两个基本点，"以信息化带动工业化，以工业化促进信息化：以生态化优化工业化，以工业化推动生态化，走出一条科技含量高、经济效益好、资源消耗低、环境污染少、人力资源优势得到充分发展的新型工业化路子。"① 因此，新工业文明不仅要大量推进信息化与工业化融合，而且要大力推进生态化与工业化融合。它不仅是实现工业化，建设高度发达工业文明的过程；而且是这种过程同信息化与生态化并行不悖且相互融合，从而推进工业文明向生态文明转型的跃迁过程。

七

加快转变经济发展方式，形成与建设生态文明、构建和谐社会相适应的绿色经济发展模式，这是21世纪现代经济发展模式的伟大革命，是生态文明与可持续经济发展理论研究的一个历史性课题，也是中国特色社会主义经济发展理论研究的一场攻坚战。首先，党的十七大明确指出，"经济增长的资源环境代价过大"，"建设生态文明；基本形成节约能源资源和保护生态环境的产业结构、增长方式、消费模式。"这表明我们建设生态文明需要由高昂代价的黑色经济发展方式向最低代价的绿色经济发展方式转变，形成最低代价的可持续的绿色经济发展模式。长期以来，我国学界对我国经济发展的创新理论模式的研究，显得十分薄弱，尤其是近年来，对建设生态文明、构建和谐社会的经济发展"模式化"问题研究，可以说还没有破题。大家知道，党的十四届五中全会制定了经济体制和增长方式两个根本转变的战略方针，时至今日，经济体制的根本转变基本实现而增长方式的转变没有实现，并且粗放型增长方式更加强化，使在工业文明发展过程

① 刘思华：《生态马克思主义经济学原理》，人民出版社2006年版，第541页。

中形成的缺乏生态内涵的经济增长方式与经济发展模式仍然处于主导地位。因此，彻底改变、超越工业文明发展的经济模式，形成生态文明发展的经济模式，这是中国特色社会主义道路的战略重点和发展思路，也是建设生态文明与构建和谐社会的极其重大的难题。我们可以说，中国现代化建设和改革开放能否取得最终成功，将取决于我们能否成功地实现工业文明发展的经济模式向生态文明发展的经济模式转变。

其次，可持续发展经济学及它的马克思主义形态的生态马克思主义经济学，全方位论证了生态是21世纪现代经济运行和经济发展中的内生变量，探讨了生态发展规律及其对经济发展和运行效率的影响，构建了最低代价生态内生经济发展模式的基本框架。绿色经济发展模式，就是这种模式的现实形态，也就是说，绿色经济发展在本质上是最低代价生态内生经济发展模式。历史与现实都表明，工业文明发展的经济模式，是“大量生产、大量消耗、大量消费、大量废弃”的不可持续的黑色经济发展模式。这种经济模式在我国工业文明发展中，形成“高开采、高投入、高消耗、高污染、低利用、低产出、低质量”的粗放型经济增长方式，这是目前我国最高代价生态外生经济发展模式的基本实现形态。因此，改革开放30年来，我国经济快速高速增长，可以说是完全被工业文明的经济发展模式所浸透。这就迫切要求我们必须创造一种与自然生态相和谐协调的科学发展模式，这已成为当今中国现代化建设的当务之急。党的十七大标志着中华文明中一个建设社会主义生态文明的新时代正在到来，建设生态文明与构建和谐社会的经济发展“模式化”，就是要形成与社会主义生态文明、和谐社会发展相适应的绿色经济模式。这就是中国特色的绿色经济发展模式，应该是超越资本主义经济模式，其本质内涵应当是最低代价的、生态内生的生态经济和谐协调可持续发展模式，即是生态自然和经济社会和谐协调可持续发展双赢发展模式。

再次，从学理上说，绿色经济是生态文明时代的崭新经济形态，从实践层面上说绿色经济是生态文明发展的全新经济模式，无论是前者还是后者，其现实的具体的实现形式，都具有多样性，其中最基本的形态，或者说主要经济技术模式，就是以低能耗、低污染、低排放为基础的低碳经济和减量化、再利用、资源化为特征的循环经济，它们都属于绿色经济范畴，都是绿色经济模式的现实体现。

八

深化经济体制改革，建立社会主义生态市场经济体制，为建设生态文明、发展绿色经济、构建和谐社会提供制度基础和体制环境。这是中国经济体制的第二次革命，即经济体制的生态革命。我国经济改革与发展，实行两个具有全局意义的根本性转变之所以呈现逆向运动，其中一个根本原因就在于，我国初步建立起的社会主义市场经济体制，未能摆脱传统计划经济体制的窠臼，仍然保留着生态与经济相脱离、人与自然不和谐的基本特征，甚至可以说，还是一个以牺牲生态环境和以牺牲大多数平民百姓的利益（包括人的生命安全与心身健康）为代价而使一部分人富起来的经济体制，它实质上是建设工业文明的经济体制。正是从这个意义上说，改革开放30年来，我国经济体制改革，基本上是沿着工业文明发展“体制化”的方向前行。所以，现行的社会主义市场经济体制克服工业文明发展那种牺牲生态环境和大多数平民百姓利益的制度与机制，显得勉为其难和无能为力。

在当今世界，无论是发达国家还是发展中国家，各国市场经济体制及运行机制，基本上是以人与自然、生态与经济相分裂与对立为特征的，使现代经济运行与发展往往不能反映生态学真理。正如一位德国学者所指出的：“迄今为止，还没有一个国家拥有围绕关注环境而组织的市场经济，德国也不例外。"[①] 因此，当今世界各国的现代市场经济体制尤其是发达国家的自由市场经济体制，不仅是当今有效需求不足的国际金融危机与全球资本主义经济危机的体制原因，而且更是生态资本有效供给不足的全球生态危机的体制原因。在改革开放30年间，我国坚持资源配置市场化的改革方向，从根本上改变了高度集中的计划经济体制，建立了社会主义市场经济体制，带来了空前的经济繁荣，创造了世界经济发展的奇迹，使我国物的世界大大发展，初步实现由贫穷向富裕的根本转变。但是，初步建立起的现代市场经济体制即没有克服当今世界各国的现代市场经济体制的根本缺陷，这就是没有超越人与自然、生态与经济相分裂与对立的根本特征，仍然是一种生态外生的非持续发展经济体制。这是我国现行的社会主义市场经济体制还很不完善的一个根本方面。它还存在着排斥市场经济体制与运行机制的生态要素，以及市场主体的厂商追求效用最大化、利润最大化与环境保护、生态建设与发展的尖锐矛盾；从而经济运行不能反映生态学真理，在创造物质生产力、使我国经济发展、日益富裕的同时，消灭了生态生产力，使我国生态资本有效供给不足、生态贫困越来越严重。国内外现代市场经济运行与发展正反两方面事实充分表明，中国特色的社会主义市场经济体制，应该是市场对资源配置的基础性调节作用同国家宏观调控与政府监督对经济社会的主导性调控作用相结合的政府主导型市场经济，这是一方面；另一方面，建立和完善社会主义市场经济必须内在地具有可持续发展的生态机制，使生态环境真正成为现代经济良性运行与可持续发展的内生要素与内在机制，就能表现出超越发达资本主义市场经济的制度优势。这是完善社会主义市场经济市场体制即现代市场经济体制创新的一个根本方向。

因此，符合生态文明发展的绿色经济发展、和谐社会发展要求的

① 吴晓东等译：《人类需要多大的世界 MIPS——生态经济的有效尺度》，清华大学出版社2003年版，第146页。

经济体制，是生态与经济一体化的生态内生经济体制，这就是以生态可持续性为核心的可持续发展经济体制。它要求我们必须推进生态掠夺型的工业文明经济体制向生态发展型的生态文明经济体制转变。唯有如此，才能使我国社会主义市场经济既能反映经济学的真理，又能反映生态学真理。这是建设生态文明和构建和谐社会尤其是发展绿色经济“体制化”的正确方向和重大任务，更是完善社会主义市场经济体制的正确方向与重大任务。

早在10多年前，我在《可持续发展经济学》一书中批判了传统经济体制的根本缺陷与主要弊端，深刻论述了可持续发展经济体制的本质内涵与基本特征，提出了我国经济体制改革的本身应当实现两个根本转变：一是从传统计划经济体制向现代市场经济体制的根本转变，即建立社会主义市场经济体制：二是从现代市场经济体制向可持续发展经济体制的根本转变。这种体制的要义应是基于生态关怀和人文关怀的生态可持续性，在此基础上构建全新的生态内在现代市场经济体制，即中国特色的社会主义可持续发展经济体制，它实质上是中国特色的社会主义生态市场经济体制，是对现行的现代市场经济的现实超越与理论超越。因此，实践“三大法宝”都内在要求现行市场经济体制和运行机制，克服自身的根本缺陷，使之具有生态向度和人文向度及其统一性，真正建立起生态与经济一体化的、生态内在的可持续发展经济体制。这种经济体制才是符合生态文明发展、绿色经济发展、和谐社会发展的崭新的经济体制。这是一个新的历史跨越、新的伟大实践。在理论上，尤其在实践上，这是个21世纪中国改革与发展的难题。

九

建设生态文明、发展绿色经济、构建和谐社会，都需要一场彻底的生态革命，形成整个社会主义社会运行与发展机制的全面生态化即全面绿化。20世纪下半叶以来，发达国家的工业文明高度发达，把现代人类逼进了生态危机的深渊，现今全人类还处于大规模的生态灾难之中。它不仅吞噬着自然生态（即人身外的自然），而且毁坏着人体生态（即人自身的自然），使现存的人类生存方式具有毁灭性。这是资本主义工业文明和自由市场经济的反生态和反人性的集中表现。这种人类生存方式危机的深刻根源，就是人们经济社会活动的价值观念、行为方式、社会经济、政治文化、科学技术机制的反生态化和人性化。因此，当今人类可持续生存与全面发展，需要一场深刻的生态革命，推进人类生存与发展的生产方式和生活方式的生态化转型，实现人类生存方式的全面绿化；其关键又在于现代经济领域里必须进行一场彻底的生态革命，实现现代经济运行与发展的全面绿化。生态革命要求现代经济社会活动必须按照反映自然生态规律的自然生态原则去实现世界系统运行的生态合理性，也就内在要求经济、科技、文教、政治、社会活动等经济社会运行与发展的全面绿化，当代中国的生态革命的根本目标，就是追求生态经济社会有机整体内部机制的生态化，形成社会主义生态市场经济体制机制，使中国特色的社会主义经济社会体系运行朝着人性化与生态化的方向发展，这是科学发展观和社会主义生态文明对工业文明的时代性扬弃和实践超越。生态文明、绿色经济、和谐社会是生态化和人性化内在统一的现代文明、现代经济、现代社会。因此，实践“三大法宝”，都内在要求现代经济社会运行与发展机制的人性化与生态化，实现自然生态、社会生态和人体生态的和谐协调发展。

进行经济社会的彻底生态革命，不仅要用生态理性绿化现代经济和现代社会，更重要的是而且首先是用生态理性绿化思想观念，进行彻底的思想观念的生态革命。近年来，世界各国应对国际金融危机和气候变化的过程，正如李克强同志所说：“是人们思想革故鼎新的过程，也是世界经济创新发展的过程。”在今日之中国，实践“三大法宝”的过程，确实是中国特色社会主义创新发展的过程，是推动中国特色社会主义经济发展从要素驱动向创新驱动转变的过程，这是首先要创新思想观念。从根本上说，应当是革工业文明思想观念之故，鼎生态文明思想观念之新。然而，不要说包括当代中国在内的发展中国家，就是当代发达国家已经发展到后工业社会，进入“后工业文明时代”，但人们的价值观、财富观、发展观、实现观还停留在工业文明社会，基本处于工业文明时代。正如美国学者 H. 梅多斯所说的：“生活在今天的人们是很难理解工业革命是如何深刻改变人类思想的，因为我们自己一直都在运用工业革命的思维模式进行思考。”① 因而需要一场彻底的思想观念生态革命。建设生态文明、发展绿色经济、构建和谐社会，当务之急就是进行新一轮的思想解放，其主旨是思维模式的生态革命。这就是从建设工业文明观念、思想、理论的禁锢下解放出来，树立和践行建设社会主义生态文明的价值观、财富观、发展观、实现观和政绩观，才能保证中国特色社会主义经济社会运行与发展朝着生态化与人性化方向发展。

十

建设生态文明、发展循环经济、构建和谐社会的最大难题和严峻挑战，就是今日之中国“资本的逻辑”已差不多成为支配社会生活一切的逻辑。“资本的逻辑”是同“三大法宝”的“劳动的逻辑”相对立的，尤其是与生态和谐、经济和谐、社会和谐不相容。因此，如何克服、摆脱“资本的逻辑”的束缚，构建和谐生态、和谐经济、和谐社会，并推进当代中国生态经济社会有机整体和谐协调发展，这是发

① ［美］唐标勒·H. 梅多斯等著，赵旭等译：《超越极限》，上海译文出版社 2001 年版，第 231 页。

展中国特色社会主义的“歌德巴赫”猜想。

首先，马克思主义对资本主义社会的批判，就是对资本逻辑的批判。在资本主义私有制下，建设工业文明是通过发展市场经济（从总体上看，主要表现为自由市场经济）来创建资本主义工业文明。于是“资本霸权逻辑”就成为资本主义工业文明和市场经济的内在性的社会经济属性。它们就完全被资本主义制度的反人性和反自然的本质特征所浸透，使反人性和反自然成为它们的内在特质。马克思曾经强调指出，资本家是“人格化的资本”，贪婪和惟利是图是他们的本性，在他们看来，世界上没有一样东西不是为了金钱而存在，他们活着就是为了赚钱。因此，资本[①]的惟一价值取向，就是要使自身不断增殖，以赚钱为本，追求资本利益最大化，最大限度地获取经济利益，实现赚钱发财的目的。这种资本的本性支配着企业乃至整个社会生活，它们就围绕利润最大化这一核心运转，在这种“资本霸权逻辑”支配下，资本主义工业文明与市场经济发展，就必然以牺牲精神道德为代价，以牺牲生态环境为代价，以牺牲人的生命安全与心身健康为代价，尤其是掠夺自然，破坏环境，蹂躏生态，成为“资本霸权逻辑”支配、主宰自然的必然逻辑。当今发达国家资本主义文明在“资本霸权逻辑”的支配下，不仅发生金融危机与经济危机；而且是生态经济社会极不公平、不和谐、极度片面发展的现代文明。可见，资本逻辑确实是与生态文明、绿色经济、社会和谐相对立的，资本的价值取向和生态的价值取向是相对抗的。

其次，当今之中国，处于社会主义初级阶段，改革开放初步建立起社会主义市场经济，已从排斥资本变为接纳资本，甚至允许资本扩张。在我国是以公有制为主体的多种所有制并存，个体经济、民营经济、外资经济等私人资本在数量可能超过国有资产；加之私营企业家也可以入党，以赚钱为主旨的人们无疑已成为中国社会的中坚。这样

① 这里所说的资本，是指物质资本，即是马克思《资本论》中所说的资本概念。

"资本的逻辑"已差不多成为支配中国经济社会运行的主导逻辑。从我国前段时期利用资本所带来的负效应来看，出现了许多企业见利忘义、惟利是图，道德滑坡，不择手段牟取非法暴利，官商勾结，权钱交易，腐败现象日益严重。贫富差距日益扩大，生态环境日益恶化，制造出癌症村越来越多等破坏经济和谐、生态和谐、社会和谐，使我国发展陷入了"挤资源求发展"、"有发展无幸福"的困境。这是新自由主义经济学在实践中酿成的必然恶果，其罪魁祸首，就是"资本的逻辑"。2008年的山西溃坝事件和三鹿奶粉事件的罪魁祸首也正是"资本的逻辑"。因而，在我们面前出现了这样一个世界难题，中国现代化事业尤其经济发展离不开资本的扩张，发展私营资本经济，而在我国现阶段又难以消解、改变资本的本性，社会主义市场经济和工业文明，又不能克服市场经济和工业文明的反人性和反生态的特性，那么我们究竟如何破解这个难题呢？

再次，丰富和发展中国特色社会主义理论，消除马克思主义生态文明与和谐社会理论同我国工业文明发展与市场经济发展实践之间的尖锐矛盾，这就必须把建设工业文明纳入建设生态文明的轨道，探索中国特色社会主义生态文明、绿色经济、和谐社会发展道路。按照马克思主义观点，社会主义的最终目标，是要消灭私有经济，逐步克服、消除"资本霸权逻辑"。然而，今日之中国资本存在具有合理性，但不能认为只有等到资本的合理性完全丧失殆尽以后再去考虑超越资本。因此，"为了确保经济的发展和社会的稳定，国家不能让资本权力无限地张扬，而是通过国家的调节，以缓解资本与社会的对抗。"这就是说，"在现阶段，我们需要资本，但必须限制资本的霸权，这就是基本结论。"[①] 所以，我们为了建设生态文明、发展绿色经济、构建和谐社会，"我们不仅要利用资本与限制资本结合在一起，还要把

① 详见孙承叔：《真正的马克思》，人民出版社2009年版，第398—400页。

利用资本与超越资本结合在一起。"[1] 这就是我们要实行利用、改造、限制、超越资本的"八字"方针。利用资本发展经济，使物质生产力高度发展；改造资本就是利用资本绝对不能拜倒在资本的脚下而自由放任，而要逐步改变它的反人性和反生态性的负面影响；限制资本就是绝对不能任凭资本逻辑的横行霸道，不能让资本权力无限张扬，必须采取种种限制措施，把资本增殖、追求利润最大化，以"三个牺牲"为高昂代价降到最低限度；超越资本就是摆脱"资本的逻辑"束缚，逐步扬弃资本原则。只有这样，我们探索中国特色社会主义发展道路，才能实现生态和谐、经济和谐、社会和谐，使中华文明发展走向生态经济社会有机整体和谐协调可持续发展的理想境界，最终建设成为富强民主文明和谐的社会主义现代化国家。

最后，我还要指出的是，自党的十七大以来，建设生态文明问题已成为我国学术理论界的研究热点，引起多学科学者的极大兴趣，发表了大量的论文，出版了不少著作，国家社科基金也立项了多项课题。然而，令人遗憾的是，运用马克思主义的立场、观点、方法，研究生态文明理论，真正认识建设社会主义生态文明问题的学者（如像陈学明教授那样）却是少数；多数学者没有真正认识生态文明本身所特有的基本范畴、基本理论及其发展规律；甚至有些学者把西方经济学的环境污染治理思想，这种西方工业文明发展先污染后治理的理论表现，也归纳成为生态文明理论，这是把工业文明和生态文明混为一谈，在理论上是很不科学的。所以，我认为，在今日之中国，对建设生态文明理论的马克思主义研究，还是刚刚起步。因此，目前和今后加强对建设社会主义生态文明与和谐社会、发展中国特色的绿色经济及其相互关系研究，是中国特色社会主义生态经济社会发展理论研究的一场硬战。虽然说，本论丛存在着不少值得商榷之处，但它的出版，会为我国学术理论界更深层次的研究，提供有益的丰富的思想材

① 陈学明：《生态文明论》，重庆出版社2008年版，第63页。

料，必将推动中国特色社会主义生态经济社会理论与实践的不断探索与日益发展。

刘思华

2010年11月于湖北恩施

目　录

第一章
绪　论

20世纪中期以来，世界工业发展已经达到了很高的程度。传统经济发展使人类在享受越来越丰富的物质生活的同时，也带来了资源短缺、环境恶化等诸多威胁人类社会发展的生态危机。协调人与自然、发展与环境的关系，实现不可持续发展向可持续发展、工业文明向生态文明、传统经济向绿色经济的转型，已成为人类在21世纪的共同选择。

绿色经济是以生态、知识、智力为基本要素，以人与自然和谐发展和生态与生态文明为价值取向，以传统产业经济为基础，以经济协调发展为根本目标而发展起来的一种新的经济形式，是现代经济为适应自然和人类的生态健康需要而产生并表现出来的一种发展状态。绿色经济将环保技术、清洁生产工艺等众多有益于环境的技术转化为生产力，并通过有益于环境或与环境无对抗的经济行为，实现经济的可持续增长。作为可持续经济发展的代名词，绿色经济能够实现生态效益、经济效益、社会效益的统一与平衡，是全球社会经济发展的必然趋势和时代潮流。

改革开放30多年来，中国逐渐探索出了自己的经济发展模式并创造了世界经济史上的奇迹。但是，人们越来越认识到，这种以自然资源的过度消耗、对环境的掠夺和高强度的破坏为代价的经济发展模式缺乏可持续性。作为世界上的第一大二氧化碳和二氧化硫排放国、煤炭消费国和全球第二大能源消费国，中国必须实现经济发展方式的转变。从20世纪90年代中期开始，中国政府确立了走可持续发展新道路的基本战略与方针政策。这实质上是探索中国特色的绿色经济发展道路。因而，绿色经济对于实现中国资源、环境与经济的协调发展，真正走出一条具有中国特色的可持续发展道路，具有重大的现实意义。虽然绿色经济的理论探索与实践应用在中国都处于初级阶段，但与发达国家相比，中国在推动绿色经济发展方面具有比较优势。中国具有强大的国有部门，且国家对经济具有较强的干预能力，国家可以通过各种经济和金融工具，控制和影响国有部门和非国有部门的投资方向。更为重要的是，目前中国社会层面积聚了足够的环保压力和动力来促使经济发展方式的转变。国家意志、政治干预能力和社会压力所形成的合力，必将推动中国绿色经济的发展，实现经济发展方式的转变。

当前中国正处于全面落实科学发展观、建设资源节约型和环境友好型社会的战略转型期，同时在全球能源、粮食、气候变化及金融危机等多重危机下也面临着加快产业结构调整、转变经济发展方式的重大契机。新的历史背景和发展阶段赋予了绿色经济新的内涵与使命，因而需要重新认识和理解绿色经济，不遗余力地进行相关理论与实践探索。

第一节 绿色经济的演变

经济形态是对人类文明史上不同历史时期代表当时先进生产力水平的经济活动及其结构和特点的一种抽象表述。以生产力和技术发展水平及与此相适应的产业结构为标准可将人类历史的社会形态进行三种划分：农业社会、工业社会和后工业社会。每种社会形态均有其特定的经济形态。约公元前8000年至公元1762年，经济形态最大的特征是以农业生产为主，农业起着决定性的作用，这一阶段被称为农业经济形态。公元

1763 年至 1970 年，瓦特发明蒸汽机成为人类社会进入工业社会的标志，这一阶段经济形态的最大特征是以工业生产为主，被称为工业经济形态。1971 年至今，随着工业经济发展带来的系列危机如石油危机、生态环境危机、粮食危机等，人们开始关注经济“增长的极限”和“我们共同的未来”并要求实现经济发展模式的转型；而工业经济能够得到持续发展，主要得益于知识经济的不断发展与融入，此时，绿色经济开始萌芽并逐步发展，作为人类社会的第三种经济形态已经成为 21 世纪后工业社会的主要经济形态。人类社会的经济发展和现代化进程就体现为这三种经济形态的顺次形成、演变和替代升华。

一、传统农业社会向工业社会的转变：灰色经济的发展

农业经济是人类向自然界获取生存物质的起步阶段，经历了漫长的发展过程。这是一种基本上不超过大自然承载能力和再生能力，带有一定掠夺性的生产方式。农业文明前期是原始农业，后期进入传统农业。原始农业阶段对自然资源只取不予、土壤营养平衡完全靠自然植被的自我恢复；传统农业阶段依靠人力、畜力进行耕作和以有机肥为主要肥料来源，技术基础十分落后，是一种低级形态的、纯天然的有机农业。由于农业经济时代人类对生态系统的干预能力较小，生态平衡基本上没有被打破，所以传统农业经济具有初级的生态合理性，是一种原始意义上的绿色经济。

随着人口与需求压力的增加，人类的生产技术水平和对自然资源环境利用的能力也在增长。17 世纪末，英国开始了近代农业革命，具体表现为作物连续轮种代替休耕制、新作物推广和选种育苗、农具改进等，推进了农业资本主义化。生产关系变革带来经济方式的变化，近代金融制度的建立与银行业的发展，促进了信息工具的发展。贸易从重商主义转向自由贸易政策。工业革命则成为一系列革命性变化的结果，它不仅包括技术上的革命，也包括社会制度的变革，其核心是机器的广泛应用和

工厂制度的兴起。第一次工业革命标志着人类由农业时代进入工业时代。

在传统的农业社会向工业社会的转变过程中，开始出现有关经济增长与资源承载力和环境容量之间相互关系的朴素观点。17 世纪英国古典政治经济学的奠基人威廉·配第（William Petty）已开始意识到劳动创造财富的能力要受到自然条件的制约，他提出了著名的“劳动是财富之父，土地是财富之母”的论点，将劳动和土地看做是财富的本源[①]。古典经济学的创始人亚当·斯密（Adam Smith）在其巨著《国富论》（1776 年）中提出了著名的“看不见的手”的理论，从自由市场发展中的资源“稀缺”角度研究了经济增长与自然资源之间的关系，认为可以通过市场机制的作用解决自然资源的稀缺问题。18 世纪下半期开始于英国的产业革命带来了生产技术的变革，同时也引起了整个生产方式的变革。机器的资本主义使用，使大量妇女、儿童进入工厂成为产业工人。这种廉价劳动力的使用降低了成年工人的工资，使绝对贫困人口和相对贫困人口大量增加，一方面引发了资产阶级和无产阶级之间的矛盾，同时也使资本主义生产不断扩大的趋势与有支付能力的购买需求相对不足之间的矛盾凸显。资本主义大机器所引起的生产中的问题突出表现为 1825 年英国爆发的第一次周期性普遍生产过剩的经济危机。针对大机器生产及其带来的问题，继亚当·斯密之后，19 世纪初期对后世有着重大影响的一批经济学家，从各自所代表的阶级利益出发，对资本主义的发展前途和前景提出了各自不同的看法。法国经济学家西斯蒙第（J. S. Sismondi）从劳动者的利益出发，认为大生产的发展和机器的应用会导致工人工资下降，城乡小生产者破产，进而出现产品过剩，社会购买力下降，因而生产过剩的经济危机是资本主义大机器生产和自由竞争的必然产物，只有在小生产组成的社会中，生产和消费才能平衡[②]。他因赞美中世纪行会手工业

① ［英］威廉·配第著：《配第经济著作选集》，陈冬野、马清槐、周锦如译，商务印书馆 1983 年版，第 42 页。

② 参见［法］西斯蒙第著：《政治经济学新原理》，何钦译，商务印书馆 1964 年版，第 215 页、第 217 页。

和宗法式农业的原则和规范而成为小农经济的捍卫者。同时代的英国经济学家马尔萨斯（Thomas R. Malthus）吸取了西斯蒙第的思想，但从地主阶级的立场出发关注人口与土地、粮食的关系，认为随着人口的增加，土地越来越稀缺，若不加限制，人口增加必将超出维持生存所需的资源极限，从而提出了“资源绝对稀缺论”①。李嘉图（David Ricardo）则坚持并发展了斯密的基本思想，提出了不同于马尔萨斯的“资源相对稀缺论”，他从分析资本主义土地收益递减规律出发，认为较高肥力的土地资源在数量上不存在绝对稀缺，只存在相对稀缺，但是他也提示经济增长迟早会被自然资源的匮乏所遏阻②。约翰·穆勒（John Mill）提出了“静态经济”的观点，认为随着利润的日趋下降，经济增长的最终结局将是社会处于静止状态，自然环境、人口和财富均保持在一个静止稳定的水平上，而生产的限制是两重的，表现为资本不足和土地不足③。马克思、恩格斯也对资源环境问题进行了论述。与其他流派的经济学家相比较来说，马克思、恩格斯的观点和论述显得更加全面深刻。马克思和恩格斯阐述了人和自然的物质交换关系，社会生产力和自然生产力之间的内在联系，经济再生产和自然再生产间的发展关系。马克思认为，劳动和自然界一起才是财富的源泉，他指出，在社会生产中“人和自然，是同时起作用的。”由此，社会劳动生产力与自然生产力也是同样起作用的；而自然界中自然资源和生态环境的状况，直接影响着作为社会生产力中最主要因素的人的生存和发展。同时，马克思认为，开发自然的物质技术和生产工艺在实际应用中具有反自然的本性。随着由社会条件决定的生产率的提高，自然资源却是日益枯竭的。1876 年，恩格斯在《自然辩证法》里警戒人类“我们不要过分陶醉于我们对自然界的胜利。对于每一

① 参见［英］马尔萨斯著：《人口原理》，郭大力译，商务印书馆 1961 年版，第 4—5 页，第 7 页。

② 参见［英］大卫·李嘉图著：《政治经济学及赋税原理》，郭大力、王亚南译，商务印书馆 1983 年版，第 101 页、第 107 页。

③ 参见［英］约翰·穆勒：《政治经济学原理及其在社会哲学上的若干应用》（下），胡企林、朱泱译，商务印书馆 1991 年版，第 99 页、第 108 页。

次这样的胜利，自然界都报复了我们。每一次胜利，在每一步都确实取得了我们预期的结果，但是在第二步和第三步都有一完全不同的、出乎意料的影响，常常把第一个结果取消了”①。总之，20世纪之前，人们对生态与环境问题的关注主要体现在人口与粮食的矛盾，主流经济学则一直主张环境对经济增长的制约是微不足道的。

这一时期的经济可以称之为“灰色经济”。这种灰色经济不同于普遍意义上的介于违规与违法之间、不被纳入国民经济核算的影子经济。灰色色度弱于黑色，表明农业社会向工业社会转变初始，工业化程度不高，对资源的消耗和对生态环境的破坏污染强度较小，但是已经开始远离农业文明的原始绿色经济，开始警示着工业文明到来而伴随的系列危机。特别是开始出现对生态环境的破坏，经济发展出现由原始绿色经济向黑色经济过渡，这种过渡阶段的经济特征在生态环境方面就表现为灰色经济。因此，传统农业社会向工业社会的转变实际上就是灰色经济的发展。

二、传统工业的发展与经济增长：黑色经济的发展

自18世纪初工业革命以来，人们关于社会发展的看法基本上是把人类社会的发展视同为经济发展，又把经济发展等同于经济增长，而将经济增长的目标确定为产值利润的增长和物质财富的增加。为达到此目标，推行工业化生产方式，而这种传统的工业化生产方式则把经济增长建立在贪婪地索取自然资源、大量地消耗能源的基础之上，以牺牲生态环境为代价来换取工业经济的迅速发展。工业文明加速了科学技术和生产力的发展，推进了科学技术的工业化进程，创造了巨大的物质文明与技术文明，但人类也为此付出了巨大而惨痛的生态和发展代价。工业革命以来的200年间，工业文明建设正耗尽地球资源，“三废”（废气、废水、

① 恩格斯著：《自然辩证法》，中央编译局译，人民出版社1971年版，第158—159页。

废渣）的大量排放在持续扩大全球废物库，并带来酸雨、毒雾、水体污染、水土流失、沙尘暴等自然灾害以及生物物种的不断灭绝。尤其是20世纪以来，世界工业化达到其鼎盛阶段，工业黑化也达到它的最高点，传统工业模式走向了恶性发展的困境，已经达到一种非常危险的程度。

此时，传统经济学理论由于完全忽略了经济社会健康发展的前提条件，即自然资源和自然环境承载力的有限性，从而不能有效解决经济与生态、人与自然之间的协调发展问题。20世纪50—60年代，在经济增长、工业化、城市化形成的环境压力下，人们对经济增长等同于社会发展的理念产生怀疑并对工业文明展开反思。一些经济学家、环境学家、生物学家、历史学家、社会学家等纷纷著书立说，提出转变经济增长模式、改变生产生活方式等主张，并为未来绿色发展勾画了蓝图。

美国生物学家莱切尔·卡尔逊（Rachel Carson）在其1962年出版的《寂静的春天》一书中，描绘了一幅由于农药污染所带来的环境破坏的可怕景象，警告人们将会失去“明媚的春天”，该书的问世引起了人们的广泛关注，客观上推动了公众环境意识的快速形成，越来越多的经济学家和生态学家试图重新考量传统经济学的局限性。美国经济学家肯尼斯·鲍尔丁（Kenneth E. Boulding）是第一个在主流经济学中激发生态观点的人，他早在20世纪40年代就提出宇宙飞船经济学思想，并于1966年发表了《宇宙飞船经济观》，系统阐述了“循环经济”理念和“经济—社会—自然”协同发展的初始模型。他将地球比做太空中的宇宙飞船，其资源与生产能力是有限的，而人口和经济的无序增长将使飞船内有限的资源耗尽，同时生产和消费中排出的废弃物将使飞船受到污染，最终导致飞船坠落，社会随之崩溃。他将现代西方资本主义经济模式比喻为“牧童经济”，即追求高生产量和高消费量，指出经济发展目标应以福利为主，而非单纯追求产量。为此，必须将经济增长方式从“消耗型”改为“生态型”、从“开放式”转为“闭环式”，构建具有良性生态系统特点的“宇宙飞船经济”。1968年，鲍尔丁又在《一门新兴科学——生态经济学》一书中对人口控制、资源利用、环境污染以及国民经济与福利核算等问题进行了研究。他的研究成为生态经济、循环经济等相关理论的思想渊源。

1968 年，由一些世界知名科学家、经济学家和社会学家组成的“罗马俱乐部”开始利用数学模型和系统分析方法研究“人类困境”问题。同年，英国科学家加勒特·哈丁（Garrett Hardin）在美国《科学》杂志上发表了《公用地的悲剧》一文，描述了追求利益最大化的理性的个体行为将如何导致公共利益受损的恶果①。后来“公地悲剧”被引申出“救生艇伦理”，即把地球比喻为救生艇，由于救生艇的载重有限，只有让一些人淹死，才能让其他人获救。1972 年，以美国生态经济学家丹尼斯·米都斯（Dennis L. Meadows）为代表的 17 人研究小组发表了“罗马俱乐部”第一份全球问题研究报告——《增长的极限》，该报告基于资源有限性原理，认为“如果在世界人口、工业化、污染、粮食生产和资源消耗方面，现在的趋势继续下去，这个行星上增长的极限有朝一日将在今后 100 年中发生。最可能的结果将是人口和工业生产力双方有相当突然的和不可控制的衰退。”② 其核心思想是主张人类社会要想避免这种衰退就必须自觉地抑制增长，从经典的经济增长转向“全球均衡”，这一理论也被称为“零增长”理论。同年，英国生态学家爱德华·哥尔德史密斯（Edward GoldSmith）在《生存的蓝图》中指出，现行的工业方式是不能持续的，只有通过政治和经济的改变，灾难才可以避免。

上述结论尽管在当时看来显得有些悲观，但对后来经济、社会、自然协同发展理论的形成与发展起到了极大的促进作用。1972 年 6 月 5 日，第一次联合国人类环境会议在瑞典斯德哥尔摩召开，由美国经济学家芭芭拉·沃德（Barbara M. Ward）、生物学家勒内·杜博斯（Rene Dubos）合著的《只有一个地球——对一个小小行星的关怀和维护》一书受到与会者的广泛关注，成为当时生态经济学领域最具开创性的文献之一。1973 年英国经济学家舒马赫（E. F. Schumacher）在其《小的是美好的》

① Garrett Hardin.：《The Tragedy of the Commons》，《Science》，Dec，1968，Vol. 168. 12 – 44.

② 丹尼斯·米都斯：《增长的极限》，四川人民出版社 1984 年版，英文版序言：第 3—4 页。

一书中指出大规模生产是由于现代科学技术的发展而引起的，它促进了消费需求的不断增长，同时造成了不可再生资源的严重短缺，加剧了人和自然的矛盾。他分析了小企业在经济发展中的优势和作用，提出了小型化经济发展理论①。该书至今仍被奉为发展经济学的宝典。

1974 年，美国著名生态经济学家莱斯特·R. 布朗（Lester R. Brown）出版了一系列“环境警示丛书”，掀起了全球环境运动的高潮。1976 年，英国历史学家汤因比（Arnold J. Toynbee）的遗作《人类与大地母亲》出版。这是一部对世界历史进行全景式综合考察的著作，叙述了上起约 50 万年前人类形成、下迄 20 世纪 50 年代间人类与其生存环境（即“大地母亲”）的相互关系，着重论述了文明形成和发展的地理、气候、水利、交通等外部条件。作者深刻意识到人类物质技术力量的进步对大自然的毁坏所造成的恶果，呼吁保护人类和一切生命的生存环境。

世界工业化的历史和现实表明，传统工业化“先污染后治理”和改良工业化“边发展边污染边治理”的发展道路是一条工业黑化的黑色道路。传统的工业经济无论是一种经济形态，还是一种经济发展模式，都可以称之为黑色经济，由此决定了工业经济发展的不可持续性，造成现代经济不可持续发展的危机。一系列理论研究成果表明，推进现代经济向可持续发展转变，必须抛弃传统工业化的发展道路，变革传统工业发展模式，探索工业化、现代化与生态化、绿色化有机统一和协调发展的绿色道路，建立绿色经济发展模式。

三、现代工业社会的转型：绿色经济的发展

20 世纪 70 年代的生态环境公害问题加剧和能源危机出现，促使人们进一步认识到把经济、社会和环境割裂开来谋求发展的危险性，这导致可持续发展理论在 20 世纪 80 年代逐步形成。1987 年，联合国世界与

① 参见［英］E. F. 舒马赫著：《小的是美好的》，李华夏译，译林出版社 2007 年版。

环境发展委员会发表报告《我们共同的未来》，正式提出“可持续发展”(Sustainable Development)概念，并以此为主题对环境与发展问题进行了全面论述。20世纪90年代以后，可持续发展理论和生态经济价值理论受到各国学者的密切关注和重视。1992年，丹尼斯·米都斯等人在《逾越极限的增长》中再一次对人类经典的经济增长方式提出警示。1992年6月，联合国环境与发展大会在巴西里约热内卢召开，大会通过了《里约环境与发展宣言》、《21世纪议程》等重要文件，这次会议揭开了全球可持续发展的序幕。此后，世界各国对可持续发展理论展开了广泛而深入的研究。2001年11月，美国布朗教授在《生态经济——有利于地球的经济构想》一书中提出经济系统是生态系统的一个子系统的观点，这一思想在生态经济学界掀起轩然大波，给人们提供了一种全新的视角。2003年布朗撰写的《B模式：拯救地球　延续文明》一书问世，这一研究成果尽管带有一定悲观色彩，但对人类社会经济的发展仍有较强的警示作用和积极意义。

随着国外学者关于环境与经济发展关系问题研究的逐步深入，绿色经济因日益完美地诠释了可持续发展的理念，开始成为可持续经济发展的代名词。其萌芽可追溯到20世纪60年代的一场“绿色革命”。当时，发展中国家的人口增长迅猛，对粮食的需求剧增，而粮食作物存在易倒伏、不耐肥、产量低等问题，世界粮食供需矛盾凸现，因此爆发了“绿色革命”。最初，绿色革命主要针对的是绿色植物种植的改进，这场革命随后演变成一场全球的“绿色运动”，不仅涉及资源与环境问题，还渗透到社会各个方面。人们开始认识到生态资源作为一种稀缺资本在经济发展中所起到的基础而重要的作用，而同时以电子计算机为代表的高新技术得到了飞速发展，工业经济开始转变传统的高消耗、高浪费、高污染的发展模式，向着绿色经济演变。

绿色经济作为一个概念最初由英国经济学家皮尔斯（David Pearce）在1989年出版的《绿色经济蓝皮书》中提出来。绿色经济是相对于传统经济模式而言的，它是经济发展模式的创新。传统经济把征服自然作为主要生产能力，追求以牺牲自然生态环境为代价的增长方式。绿色经济追求的目标，是在人与自然和谐统一的前提下，运用最少的资源来最大程度的满足人类发展的需要。它遵循以人为本的基本观点，满足人类提高生活质量的需求。绿色经济的产生和发展，必然促进绿色社会的出现；绿色社会建立在“低消耗、低污染、适度消费”的生产和消费模式基础上，是一个“资源节约、环境友好、和平合作”的整体和谐社会。

但此前理论界对于绿色经济，只是提及了概念，并未作深入系统的研究。在2007年年底巴厘岛气候会议上，联合国秘书长潘基文指出：“人类正面临着一次绿色经济时代的巨大变革，绿色经济和绿色发展是未来的道路。”“绿色经济正在为发展和创新产生积极的推动作用，它的规模之大可能是自工业革命以来最为罕见的。”这段讲话才使得绿色经济开始成功引领世界经济活动走向。2008年10月，联合国环境规划署发起了“绿色经济倡议”，其目标和使命是在全球金融危机和经济衰退的背景下，使全球领导者以及经济、金融、贸易、环境等相关部门的政策制定者意识到环境投资对经济增长、增加就业和减少贫困方面的贡献，并将这种意识体现到经济危机重建的相关经济政策中；通过绿色投资等推动世界产业革命，推动国家经济的“绿色化”，创造新的绿色工作机会，从而复苏和升级世界经济。该倡议所秉承的宗旨和理念是：经济的“绿色化”不是增长的负担，而是增长的引擎。这项倡议得到了国际社会的积极响应。2009年4月，联合国环境规划署以“全球绿色新政”倡导世界向绿色经济转型，并将其作为应对全球金融危机、实现“后危机”时代经济可持续发展的良方。

总体来看，绿色经济本身并不是一个新的概念，但在目前全球能源、粮食和金融等多重危机的背景下，联合国环境规划署首次较为系统地提出了发展绿色经济的倡议，具有倡议的政治性、时机的恰当性和影响的广泛性，并已经成为全球环境与发展领域新的趋势和潮流。

第二节 绿色经济的内涵与特征

一、绿色经济的内涵

发展绿色经济，就是要从社会及其生态条件出发，建立一种“可承受的经济”。也就是说，经济发展必须是自然环境和人类自身能够承受的，不会因盲目追求生产增长而造成社会分裂①。

(一) 对绿色经济内涵的探讨

中国对绿色经济的研究从20世纪80年代开始。中国学者以国情为立足点从不同角度进行了多方面的探讨，但是总体来说，与发达国家相比，中国对绿色经济的研究仍处于探索起步阶段，其研究范畴主要集中于绿色经济内涵的界定、国外绿色经济发展实践与政策经验的介绍与比较以及对中国发展绿色经济的政策进行一般性分析等方面。

关于绿色经济的内涵，中国学者提出了不同的看法，代表性的观点主要有以下几个方面：

1. “‘绿色经济’是指以环境保护为基础的经济。主要表现在：一是以治理污染和改善生态为特征的环保产业的兴起；二是因环境保护而引发的工业和农业生产方式的变革，从而带动了绿色产业的勃发。绿色经济是围绕人的全面发展，以生态环境容量、资源承载能力为前提，以实现自然资源持续利用、生态环境的持续改善和生活质量持续提高、经济持续发展的一种经济发展形态”②。

2. “‘绿色经济’是那些有利于资源节约和环境保护的经济，它是

① 大卫·皮尔斯、阿尼尔·马肯亚：《绿色经济的蓝图——绿色世界经济》，北京师范大学出版社1996年版，第10页。

② 曲格平：《中国的环境与发展》，中国环境科学出版社1992年版，第93页。

和绿色技术和绿色管理相联系的经济。绿色经济或以不污染人们的生存环境为目标，或以节约资源的消耗为内容，以此来改善人与自然、环境的关系，也为后代留下更多的资源和更好的环境。因此，绿色经济是符合可持续发展要求的经济，它把资源的节约和环境改善的要求实现在生产过程和社会过程中，而不是置于生产过程之外，它是力求以一种新的发展模式来协调资源、环境的保护与经济的增长的关系，因此成为可持续发展的实现形式。"①

3. 绿色经济是一种使知识经济与生态经济相结合的经济。绿色经济"就是充分运用现代科学技术，以实施生物资源开发创新工程为重点，大力开发具有比较优势的绿色资源，巩固提高有利于维护良好生态的少污染、无污染产业，在所有行业中加强环境保护，人口、资源和环境相互协调、相互促进，实现经济社会的可持续的经济模式。"② 绿色经济是"以生态资本为前提和基础、知识资本为主导和关键、物质资本为支撑和杠杆、社会资本为保障和助力，在良性互动和相互协调的过程中转变人类生产生活方式，并以整体提高人类生活质量为目的的可持续经济形态。从狭义上看，绿色经济就是指在生产、消费、管理等环节中，以生态资本的保护、合理开发和及时修复为前提，以知识经济为依托，以循环经济为主要经济技术手段的经济模式。"③

4. 绿色经济是一个崭新的概念，可以从发展绿色经济是为了经济社会可持续发展这一目的出发，将其解释为生产、流通、分配、消费过程中不损害环境和人的健康并且是能盈利的经济活动。"④ "绿色经济不是局部的经济现象，也不是狭义的环保产业或生态产业，而是一种环境合理性和经济效率性在本质上相统一的市场经济形态。"⑤ "绿色经济是在现代市场经济条件下，以绿色产业为基础，实施清洁和绿色消费为途径，

---

① 廖福林：《生态文明建设的理论与实践》，中国林业出版社2001年版，第25页。
② 李向前、曾莺编：《绿色经济》，西南财经大学出版社2001年版，第35页。
③ 张兵生：《绿色经济学探索》，中国环境科学出版社2005年版，第180页。
④ 张叶：《绿色经济问题初探》，《经济研究参考》，2002年第39期。
⑤ 崔如波：《绿色经济：21世纪持续经济的主导形态》，《社会科学研究》，2002年第4期。

以经济与环境和谐为目的而发展起来的新的经济结构模式，是产业经济为适应人类环保与健康需要而产生的一种发展状态。”①

5. “‘绿色经济’是一种经济发展模式。所谓绿色经济是一种以节约自然资源和改善生态环境为必要内容的经济发展模式。它是以经济的可持续发展为出发点，以资源、环境、经济、社会的协调发展为目标，力求兼得经济效益、生态效益和社会效益，实现三个效益统一的经济发展模式”②。

6. 绿色经济具有明显的产业特色。绿色经济是“一个国家或地区在市场竞争和生态竞争中形成了能够发挥比较优势、占有较大国内外市场份额，并成为国民经济主导或支柱的绿色产业、绿色产品和绿色企业。”③ 这从市场竞争角度对绿色经济的产业特色和产业含义做了比较明确的界定。

7. 绿色经济的本质是以生态经济协调发展为核心的可持续性经济。绿色经济是指“以生态经济为基础，知识经济为主导的可持续发展的实现形态和形象体现，是环境保护和社会全面进步的物质基础，是可持续发展的代名词”④。“这个界定肯定了绿色经济的生态经济属性，揭示了它的可持续经济的本质特色”⑤。因此，绿色经济就是可持续发展的经济。“绿色经济是指人们在社会经济活动中，通过正确处理人与自然及人与人之间的关系，高效、文明地实现对自然资源的永续利用，使生态环境持续改善和生活质量持续提高的一种生产方式或经济发展形态”⑥。绿色经济是“可持续发展的经济，而可持续发展的经济是经济、社会、自然生态以及环境资源的协调发展、统一共进的经济。研究绿色经济的发

---

① 何玉长：《节约型社会的经济学研究》，人民出版社2009年版，第10页。

② 张春霞：《绿色经济发展研究》，中国林业出版社2002年版，第2—3页。

③ 邹进泰、熊维明：《绿色经济》，山西经济出版社2003年版，第9页。

④ 刘思华：《绿色经济导论》，同心出版社2004年版，第3页。

⑤ 方时娇：《绿色经济思想的历史与现实纵深论》，《马克思主义研究》，2010年第6期。

⑥ 黄海燕：《循环经济理论的起源及其概念的内涵和外延》，《经济要参》，2010年第19期。

展是 21 世纪的重大课题”[1]。

8. 绿色经济是一个行政的表述。它包含了环境友好型经济、资源节约经济、循环经济的取向和特征。“绿色”的概念在社会上广为运用，很多与环境保护、资源节约、循环有关的概念、行为、活动都把绿色作为一个想象的说法。绿色经济是以市场为导向、以传统产业经济为基础、以经济环境的和谐为目的而发展起来的一种新的经济形式，是产业经济为适应人类环保与健康需要而产生并表现出来的一种发展状态[2]。

（二）绿色经济与可持续发展、循环经济、低碳经济的关系

可持续发展是指既满足当代人的需求，又不对后代人满足其自身需求的能力构成危害的发展。可持续发展是以保护自然资源环境为基础，以激励经济发展为条件，以改善和提高人类生活质量为目标的发展理论和战略，是人类社会为解决环境危机、能源危机而达成的一种共识。可持续发展已成为 20 世纪 70 年代以来指导全人类社会、经济、生态发展的一种新的发展观、道德观和文明观。为解决人类可持续发展的问题，相继出现了循环经济、生态经济、绿色经济和低碳经济等几种经济形态。它们都是经济发展的形态或者形式，有着相同的理论基础，也有各自的特点。

一般来说，循环经济是指通过资源循环利用，使社会生产投入自然资源最少、向环境中排放的废弃物最少、对环境的危害或破坏最小的经济发展形式。目前生态学界关于生态经济的概念有两种代表性的观点：一种观点认为，生态经济是指在生态系统承载能力范围内，运用生态经济学原理和系统工程方法改变生产和消费方式，挖掘一切可以利用的资源潜力，发展一些经济发达、生态高效的产业，建设体制合理、社会和谐的文化以及生态健康、景观适宜的环境。另一种观点认为，生态经济是让整个产品的生产、使用和废弃的全过程像生态系统一样形成全封闭循环，最终达到资源的零输入和废弃物的零排放，使生产系统自持，也

① 孙正甲：《发展绿色经济论析》，《边疆经济与文化》，2004 年第 12 期。

② 王旭波：《浅论绿色经济》，《科技情报开发与经济》，2008 年第 16 期。

就是真正的可持续发展；它是一个理想化的发展，只有在知识经济发展的后期才有可能做到。目前，各个国家生态经济的发展仅仅是经济活动的生态化趋势。

绿色经济的“绿色”，不是人们感知意义上的颜色，而是一种象征性用语。一般认为绿色经济是指人们在社会经济活动中，通过正确处理人与自然及人与人之间的关系，高效地、文明地实现对自然资源的永续利用，使生态环境持续改善和生活质量持续提高的一种生产方式或经济发展形态。低碳经济则是碳生产力即单位碳排放的经济产出达到一定水平的经济形态，它的着眼点是未来几十年的国际竞争力和低碳技术产品市场，目标是实现经济的低碳高增长。低碳发展以低能耗、低污染、低排放为基础，通过技术跨越式发展和制度约束得以实现，表现为能源效率的提高、能源结构的优化以及消费行为的理性。低碳经济的实质是高能源利用效率和清洁能源结构问题。

从相互联系的角度来看，循环经济、绿色经济和低碳经济都是20世纪后期和21世纪初期在可持续发展观念指导下产生的新经济思想，是对人类与自然关系的重新认识和总结的结果，是人类反省自身发展模式与改进的产物。循环经济、绿色经济和低碳经济都追求人类的可持续发展和环境友好的实现，要求人类在考虑生产和消费时不能把自身置于这个大系统之外，而是将自己作为这个大系统的一部分来研究符合客观规律的经济原则。在三种经济形态中，绿色经济又是一个象征性的、广义的概念，循环经济和低碳经济都可以纳入绿色经济的大范畴，二者的结合形成了绿色经济的实体及具体现实形态。它们都从自然—经济—社会的大系统出发，追求人类可持续发展的实现。

从相互区别的角度来看，这四种经济形态从经济活动的不同角度与层面来认识问题，在研究的侧重点、核心和使命上存在各自的特点。

生态经济则吸收了生态学的相关理论，核心是实现经济与生态的协调，注重经济系统与生态系统的有机结合，以太阳能、风能或生物质能等可再生能源为基础，要求产品生产、消费和废弃的全过程密闭循环；

生态经济强调通过人类经济社会与自然生态环境的相互创造、依存和协同进化的关系达到人类经济系统的可持续发展，其最终实现需要长期的努力和坚持；现实中的生态经济以农业生态经济为重要实践内容，其使命是解决生态系统（例如草原、森林、海洋、湿地等）的恢复、利用和发展问题。

循环经济侧重于整个社会的物质循环，强调在经济活动中利用“3R”原则①以实现资源节约和环境保护，提倡生产、流通、消费全过程的减量化、再利用和资源化；其突破口是资源的有效利用和生存环境的改善；其核心是物质的循环，以提高资源效率和环境效率；循环经济的使命主要是解决废弃物对生态环境的污染问题。

低碳经济是针对碳排放量来讲的，提高能源利用效率和采用清洁能源，以期降低二氧化碳的排放量进而缓和温室气候，使在较高的经济发展水平上实现碳排放量比较低的经济形态，其核心是能源技术制度创新和人类消费发展观念的根本性转变。当前，低碳经济已成为全球范围内得到认同的应对全球气候变化、保障能源安全的基本途径和战略选择。

绿色经济以人为本，鼓励创新，突出以绿色科技进步为手段来实现绿色生产、绿色流通、绿色分配，以发展经济、全面提高居民生活福利水平为核心，保障人与自然的和谐共存、人与人之间的社会公平最大化的可持续发展。在应对全球金融危机、凝聚全球力量以期获得新发展的背景下，绿色经济在实践中更强调以绿色投资为核心、以绿色产业为新的增长点。

进入21世纪，随着绿色经济实践内容的拓展和完善，各国的经济指导方针和规划中又出了“绿色发展”这一新名词。绿色发展是以绿色经济为主要实践内容的发展模式，是新时代背景下对可持续发展理念的全新诠释。中国科学院发布的《2010中国可持续发展战略报告》指出，绿

① “3R”原则即减量化原则（reduce）、再使用原则（reuse）和再循环原则（recycle），是循环经济的三个基本准则。

色发展是中国的必由之路以及未来十年绿色发展的基本思路。加快中国绿色发展应采取四大对策，即加快制度创新，优先制定绿色发展的相关政策；投资绿色科技创新；调整对外经济合作战略，提升海外开发的社会和环境责任；加快发展资源节约、环境友好的战略性新兴产业。提高绿色发展认识，加大绿色发展力度是贯彻科学发展观的必然要求，是社会发展的必然趋势，是各国科学发展的必然选择。

综上所述，绿色经济是一个象征性的、广义的概念，是生态经济与可持续经济的实现形态和形象概括，是人类经济发展的新方向。目前各个国家所倡导的低碳经济和循环经济，都可以纳入绿色经济的大范畴。绿色经济、低碳经济和循环经济都从自然—经济—社会的大系统出发，追求人类可持续发展的实现。这些经济发展模式是从经济活动的不同角度与层面来认识问题。其中，低碳经济强调的是以较低的碳排放来实现经济发展，是绿色经济发展的主要内容；循环经济强调的是在生产、流通和消费等过程中进行减量化、再利用和资源化，是资源节约和循环利用活动的总称，是绿色经济的主要发展模式。绿色经济既是指具体的一个微观单位经济，又是指一个国家的国民经济，甚至是全球范围的经济。根据世界新的政治经济形势和各国发展绿色经济的具体实践，本书将绿色经济的内涵界定为：绿色经济是以可持续发展为原则，以稀缺性生态资源为基本要素，以知识经济为主导，以循环经济为主要发展方式，以低碳经济为主要内容，能够实现经济效益、生态和谐与社会公平的全新的经济形态与人类生存发展模式。

二、绿色经济的特征

绿色经济的本质是生态文明的发展观和实践观。这就是把包括现代经济在内的整个现代发展建立在节约资源、增强环境承载能力及生态环境良性循环的基础之上，实现经济、社会、生态的可持续发展。作为一种新的经济形态和人类生存发展模式，绿色经济在新的经济形势下呈现出新的特征。

（一）以人为本，追求福利最大化

人类社会的福利是指人的生活质量得到全面的提高，人类社会和人类代际之间更加公平，经济、社会与生态环境、自然资源发展更加协调，人类自身也得到全面发展。绿色经济以人为本，围绕人的全面发展，强调人的经济活动要遵循自然环境生态规律，通过人与自然的和谐相处来更好地实现人类自身的全面健康发展。同时，绿色经济强调以实现人类自身的生存价值为目标，是要推动人的全面发展，包括代际间的全面发展，以提高人的生活质量为经济活动的目标，而不是片面地追求人的物质占有能力和规模、以简单的 GDP 和利润的最大化来衡量经济的发展。与传统的经济活动“追求利润最大化”相比，绿色经济发展的根本动力与最终目的是追求福利的最大化。

（二）强调可持续性，充分考虑生态环境容量和自然资源的承载能力

生存与发展是人类的永恒主题，它是建立在尊重自然规律、合理利用资源环境的基础之上的。发展绿色经济，环境资源不仅是其内生变量，而且也是其前提条件，生态环境容量和自然资源的承载能力是其刚性约束。因此，绿色经济重点强调可持续性，将经济规模控制在资源再生和环境可承受的界限之内，既要考虑当代的可开发利用，又要考虑后代的可持续利用，全面提高人的生活质量；同时，经济要具有可持续的发展，以原生资源投入为主的工业发展模式最终是不可持续的，必须形成以绿色产业为支柱的经济发展模式。

（三）促进经济活动的全面“绿色化”和生态化

在过去，绿色经济的发展主要以经济活动中涉及环境保护等绿色产业的发展为重点，而在新的经济发展阶段和新的国际竞争形势下，绿色经济已经成为一种振兴经济、实现经济发展方式转变的战略选择。因此，新时期所倡导的绿色经济，不仅要求大力发展节能环保等绿色产业，而且还要求加大对传统产业的绿色化、生态化、循环化、低碳化改造。在这一方面对于当前正处在工业化、城市化和市场化快速发展阶段的中国

来说显得尤为重要。发展绿色经济，必须加大对传统“两高一资”[①] 产业进行绿色化、生态化、循环化、低碳化改造的力度，坚决淘汰落后产能，提高环境保护的准入门槛，优化经济发展的结构，提升经济发展的质量。

（四）以绿色投资为核心、以绿色产业为新的增长点

在新的经济发展阶段发展绿色经济，必须准确地把握绿色经济的核心和增长点。根据联合国环境规划署的倡导，每个国家必须加大绿色投资的力度。这里所指的绿色投资，既包括传统的环境保护、节能减排方面的投资，也包括一切有利于环境保护、可持续发展的投资行为。特别是在联合国环境规划署提出的几大绿色投资优先领域，要着力扶持和培育新的经济增长点，实现经济的绿色复苏和振兴，最终促进人类社会迈向绿色繁荣。在应对全球气候变化、国际金融危机、凝聚全球力量以期获得新发展这一国际背景下，绿色经济在实践中更强调以绿色投资为核心、以绿色产业为新的增长点，以实现经济的绿色复苏和振兴。

总之，只有正确把握绿色经济的内涵和基本特征，将各种经济形式和概念之间的逻辑关系分析清楚，才能准确把握绿色经济的发展方向。

三、节能减排、低碳经济是绿色经济发展的主要内容

最先将绿色经济思想付诸于实践的是发达国家，绿色经济实践逐步由发达国家向发展中国家扩展，现在已经成为全球的主要趋势。从这些国家实践的经验来看，在黑色经济向绿色经济转型过程中，发展绿色经济的手段可分为两类：一类是通过“看得见的手”即政府干预来解决外

① 2005年颁布的《中华人民共和国国民经济和社会发展第十一个五年规划纲要》明确提出：“控制高耗能、高污染和资源性产品出口……促进国内产业升级。”此后，在产业经济、商品贸易和环境保护等领域，开始将“高耗能、高污染和资源性”称为“两高一资”，将具有这3种特点的行业称为“两高一资”行业，生产过程中具有这3种特点的产品称为“两高一资”产品。中国对“两高一资”行业有了明确的规定，限制或禁止高污染、高能耗、消耗资源性外资项目准入，鼓励能够缓解中国“两高一资”发展的，比如发展循环经济、清洁生产、可再生能源和生态环境保护等方面的投资。

部不经济问题促进绿色发展；另一类侧重于“看不见的手”即运用市场机制进行产权界定和产权交易来限制黑色发展。实践表明，单独运用一只手都难以有效地在国际范围内解决生态环境问题，只有实现二者的相互配合才能发挥更大的作用。

发达国家发展绿色经济所涉及的内容也十分丰富。例如，在欧洲地区，英、德、法三国成为发展绿色经济的主导力量，这些国家绿色经济的发展主要体现在绿色能源、绿色生活方式和绿色制造以及重点是发展生态工业、核能和可再生能源等方面。在美洲地区，美国将发展绿色经济作为振兴美国经济的突破口，巴西的生物能源发展位居世界前列。在亚洲地区，日本高度重视节能减排，倡导建设低碳社会；韩国也依靠“低碳绿色增长”以振兴经济。而注重开发清洁能源是非洲国家努力发展绿色经济的一个重要体现，生物能源、风能、太阳能和地热等可再生能源逐渐受到一些非洲国家的青睐。在中国，以循环经济为主体的绿色经济实践得到初步发展，目前已经取得了积极的进展。众多企业从自身战略目标出发，努力开拓绿色产品、低碳技术，打造绿色供应链。如有的企业以节能减排、清洁生产为核心进行技术改造；有的企业不断提高资源利用率，大力发展循环经济；有的企业注重发展生态建筑、节能建筑、绿色建筑；还有的企业在发展清洁能源、可再生能源等方面取得了相当的成效。

从各国发展绿色经济的实践情况来看，由于各国的资源禀赋、经济状况和绿色发展水平不同，其绿色经济发展模式也各有特色，但节能减排、大力发展低碳经济都是其一揽子绿色经济发展计划中的主要内容。为应对全球金融危机和更长期的气候变暖危机，以低能耗、低污染、低排放为基础的低碳经济模式正在全球兴起。

“低碳经济”一词最早出现在2003年英国颁布的《能源白皮书——构建一个低碳经济》报告中，使得英国成为世界上最早提出“低碳经济”的国家。此后，随着应对气候变化“后京都谈判”的开启、联合国气候变化专门委员会第四次评估报告的发布、“巴厘岛路线图”的通过等一系列事件，低碳发展道路逐步成为全球共识。

一些欧洲国家倡导发展“低碳经济”，日本提出建设低碳社会，世界各地争相发展低碳城市。借鉴西方发展低碳经济的经验与有效措施，中国也高度重视低碳经济的发展。在应对气候变化问题方面，中国政府颁布了《应对气候变化国家方案》，把应对气候变化纳入经济社会发展规划。中国政府提出要培育以低碳排放为特征的新的经济增长点，加快建设以低碳排放为特征的工业、建筑、交通体系；继国务院制定实施十大产业调整振兴规划之后，正在积极制定新能源发展规划。发展低碳经济不仅是实现产业结构调整与优化升级、培养新的经济增长极其重要的途径，更是建设生态文明、构建和谐社会、贯彻科学发展观的具体实践。中国的一些地区和城市正在把低碳城市、低碳产业作为新的发展方向，大力打造低碳经济区，因为低碳经济区的建立与否及如何建立，考验着各级政府的政治远见和政策水平，但是从发展态势看，低碳经济区将成为中国一次生态经济革命的示范区、未来中国大规模经济转型的实验地。

同时，随着控制二氧化碳等温室气体排放的全球舆论环境和政治环境的形成，对大多数国家而言，排放权等同于发展权，已经成为一种稀缺资产。建立碳等排放物的交易市场，是应对气候变化这一全球性问题最有效的措施之一。交易机制能发挥市场优化环境资源配置的基础性作用，不仅可以体现排放权的稀缺性和价值，而且能有效确定排放权价格，为遏制气体变暖的努力提供有效激励。在这种背景下，碳等排放权交易市场规模迅速扩大：2006 年全球碳排放交易市场成交额增幅为 187.5%；2007 年为 101.7%；2008 年，即使在全球金融危机影响下，其增幅仍高达 100.5%，全球碳排放市场交易额达到 1260 亿美元。世界银行预测，2012 年全球碳排放交易市场将达 1900 亿美元，可能超过石油期货市场成为世界第一大市场[①]。中国的碳排放交易市场在节能减排政策导向和清洁发展机制等因素的影响下迅速成长，已成为世界上最大的碳排放权供应

① 参见黄海燕：《循环经济理论的起源及其概念的内涵和外延》，《经济要参》，2010 年第 19 期。

国之一。经过各方面的共同努力，中国节能减排工作取得积极进展，但面临的形势仍然严峻，要全面完成“十一五”期间单位 GDP 能耗降低 20%左右、主要污染物排放总量减少 10%的约束性指标，还须更加努力。2010 年，中国政府宣布 2020 年单位 GDP 二氧化碳排放量较 2005 年减少 40%—45%，作为约束性指标纳入国民经济和社会发展中长期规划，并制定相应的国内统计、监测、考核办法；中央政府对各地节能减排工作将提出更加严格的要求。可见节能减排已成为影响区域发展的重要显性因素，只要机制设计得当，节能减排就能有力地推进区域经济的可持续发展，促进经济发展方式的有效转变。

第三节　中国绿色经济制度的建立与发展

自 1978 年改革开放以来，中国经济保持了 30 年的快速增长，但是中国也为经济高速增长付出了沉重的代价，开始遭遇“增长的极限”。中国的经济发展主要面临两个问题：一是经济增长以牺牲生态环境质量为代价，环境污染和生态退化严重；二是在目前的经济增长模式下自然资源支持体系已经无法持续地发挥有效作用。产业结构调整升级与经济发展方式转变已成当务之急。随着经济全球化趋势的加强，中国已越来越融入国际主流社会，面对严重的生态危机与复杂的政治环境，中国需要表现出大国应担当的责任与义务，发展能够实现生态与经济协调的可持续发展的绿色经济，将低碳经济、节能减排作为绿色经济的主要内容。

一、中国发展绿色经济的必要性

（一）发展绿色经济是中国促进经济发展方式转变的必然要求

当前，中国正处于经济体制从计划经济向市场经济转型、经济发展方式从粗放型向集约型转型的时期。从环境与发展的关系看，中国已经进入了一个重要的战略转型期。绿色经济的基本内涵与中国当前环境与发展的基本形势及战略目标是一致的，对于深入贯彻落实科学发展观、建设生态文明等国家重大战略目标具有重要的政策启示和借鉴意义。可以说，发展绿色经济既是中国实现环境与发展战略目标的根本保障与必然要求，更是中国促进经济发展方式转变的必然要求。

（二）发展绿色经济是推动“两型社会”建设的重要手段

2007 年 12 月 14 日，国务院批准武汉城市圈和长株潭城市群为全国资源节约型和环境友好型社会建设综合配套改革试验区。“两型社会”建设的核心就是促进经济转型，即从过去那种“高投入、高能耗、高污染、低产出”的模式向“低投入、低能耗、低污染、高产出”转变。发展绿色经济，首先要调整产业结构，减少以重化工业为特征的制造业比例，提高以信息技术、金融服务等为主要内容的服务业比例，从源头上减少资源消耗和污染物排放；不仅要淘汰落后产能，在现有的传统制造业中实现清洁生产，对传统工业进行“绿色化”改造，还要发展新能源、节能环保等新兴产业，提高国家经济的竞争力和可持续发展能力；其次要大力进行绿色技术创新，为实现经济、产业和产品结构调整以及清洁生产提供技术保障。因此，从发展途径以及实现的目标看，发展绿色经济与建设资源节约型和环境友好型社会是一脉相承的，可以说发展绿色经济是建设“两型社会”的重要手段。

（三）发展绿色经济是实现以生态环境保护优化经济增长的战略选择

发展绿色经济需要不断增强生态环境与经济的协调性，关键在于加快推动环境保护和生态建设“历史性转变”，即从重经济增长、轻环境保护转变为保护环境与经济增长并重，从环境保护滞后于经济发展转变为环境保护和经济发展同步，从主要用行政办法保护环境转变为综合运用法律、经济、技术和必要的行政办法解决环境问题。环境保护和生态建设“历史性转变”的核心内容是以生态环境保护优化经济增长，必须从再生产的全过程制定生态环境经济政策，将生态环境保护贯穿于生产、流通、分配、消费的各个环节；坚持将保护生态环境的要求体现在工业、农业、交通运输、建筑、服务等各个领域；不断创新生产理念，推进清洁生产，发展循环经济，对传统产业实行生态化技术改造，从生产源头和全过程减轻环境污染。因此，发展绿色经济是实现以环境保护和生态建设优化经济增长的战略选择。

（四）发展绿色经济是中国应对国际政治经济变化的有效途径

近年来，随着世界经济一体化的不断推进和国际政治格局的逐步演变，国际能源价格剧烈震荡、全球气候日趋变暖及所谓的“中国威胁论”的出现等，成为国际政治经济中的热门话题。在此情况下，必须以国际的视野来分析中国发展战略的选择，正确看待中国绿色经济建设对国际政治经济的影响。首先应正视的是西方国家提出的所谓“中国能源威胁论”。20 世纪 90 年代以来，随着世界制造业不断向发展中国家转移，中国作为“世界工厂”的职能不断强化。中国在为世界生产大量产品的同时，必然要消耗大量的能源，必然成为“世界能源消费大国”。其次，环境保护已成为大国博弈的新课题。美国从 2001 年至今，一直拒绝批准《京都议定书》，重要理由是“发展中国家也应该承担减排和限排温室气体的义务”、“中国和印度这样的发展中国家也是导致全球变暖的主要责任者”。问题的关键在于《京都议定书》给予发展中国家削减温室气体排放的豁免期截止到 2012 年。2009 年，哥本哈根气候变化会议上虽然最后达成的是发展中国家在减排目标上的自愿性承诺，但是可以肯定的是，中国作为世界上经济增长速度最快的新兴经济体、第二大温室气体排放国，所承担的温室气体减排义务将会越来越重。面临复杂的国际政治环境，作为一个负责任的发展中大国，我们必须承认：以牺牲环境为代价求发展的模式再也不能继续下去了。中国必须改变传统的粗放型经济发展模式，必须将资源节约、环境友好作为中国的长期发展目标。只有发展绿色经济，中国社会经济的长期、健康、稳定发展才能得以实现。可见，发展绿色经济是中国应对国际政治经济变化的有效途径。

二、中国绿色经济在发展中存在的制度问题

良好的经济制度能够确定有效的规则，以规范使用者的行为，使其在维护自身权利时，不损害其他使用者或后代人的利益。正如美国经济学家布坎南（James McGill Buchanan）所说："没有适当的法律和制度，市场就不会产生任何体现价值极大化意义上的有效率的自然秩序。"① 绿色经济的本质特征决定绿色经济应有自己的运行机制和资源配置方式，其发展离不开制度的保障。随着经济发展形态的转换，进行经济制度的创新就显得尤为重要。

绿色经济制度是指绿色经济建立和发展的一系列绿色规则和绿色考核指标的制度框架。其实质是建立生态环境政策与经济政策一体化的经济制度，将自然资源与生态环境成本纳入到规范经济行为与经济绩效的考核中，从而促进经济与资源环境协调发展。这一系列制度既包括由长期交易方式确定并由政府立法认可的正式制度，也包括随着市场不断发展而萌发的非正式制度，这些制度对经济主体从激励与约束两个方向起着作用。具体而言，绿色经济制度包括四个方面的内容：绿色基础制度、绿色规范制度、绿色激励制度和绿色考核制度。

作为在传统经济基础上发展起来的绿色经济，有自己的特性，在制度构建上也要与传统制度不同，不仅在立法理念上应体现生态文明与可持续发展，更需要在具体制度上体现资源与环境的价值即生态价值。虽然自20世纪80年代以来，中国在绿色经济方面也进行了若干富有成效的实践，但绿色经济这一本质要求在中国现有制度供给上并没有得到较好的体现，导致绿色制度不健全，主要体现在以下几点：

（一）绿色制度理念模糊不清

目前，中国正处在工业化中后期的关键时刻，但是与发达国家和现

① ［美］布坎南：《自由、市场和国家》，平新乔、莫扶民译，上海三联书店1989年版，第127页。

代工业社会还有较大的距离，生态文明与绿色经济的时代正在到来。由于经济全球化、全球生态危机加速了世界向后现代工业转化的步伐，绿色经济成为后现代工业发展的主流，因此积极促进绿色经济发展成为中国的必然选择。然而，落后的法制理念使中国现有的制度体系中很少出现专门的绿色制度，绿色制度理念模糊，对绿色经济制度的设计更多地运用计划手段，强制性、限制性的制度较多，缺乏促进绿色经济发展的鼓励性、指导性制度，这导致制度的激励不足，使制度的受用者要么正面抵触制度的实施、要么采取迂回的方式避开制度的约束，从而使制度的效用难以有效地发挥出来。

（二）绿色制度设计粗糙，可操作性不强

中国绿色经济制度设计非常粗糙，涉及的绿色经济规则和指标不具体，难以量化。当今世界各国包括中国在内，对怎样计算、评估生态环境破坏与资源浪费所造成的直接经济损失，对怎样计算保护环境、治理污染、保护生态、挽回资源损失所必须支付的投资，都已积累了一些初步经验，形成了一套初步可行的评估、计算方法。创建的绿色制度完全可以量化而进入实际操作之中，用绿色经济制度体系这个新的“指挥棒”去规范和考核经济行为及其业绩，但是强烈的利益冲突使已有的研究成果难以在绿色制度的精确设计及其规范操作中体现出来。

（三）绿色制度供给的范围狭窄

绿色经济的发展涉及生产、流通、分配、消费等环节，但是中国目前绿色制度的供给主要是在生产领域，如循环经济促进法、清洁生产法等，在流通、分配和消费领域还鲜有制度涉及。由于资源在流通和消费过程中存在着非常严重的污染和浪费问题，过度消费、超前消费等现象愈演愈烈，因此，需要拓宽制度供给领域，加强对流通领域中企业、政府采购行为的规范，对居民的消费给予合理引导，鼓励绿色采购和绿色消费，使终端的绿色消费引导前端的绿色生产，从而形成经济过程的绿色化。

（四）缺乏国家对绿色经济的协调性制度

中国各个地区经济发展基础和速度都不相同，导致各地经济发展状况既有鲜明的特色又存在很大差异。客观地说，有很多地区并没有做好绿色经济的软硬件准备。在软件方面，资源贫乏地区没有绿色经济相关的人才和技术，中国要解决经济发展中的高排放问题就需要进行大量的科研投入，而行政强行的减排可能会导致一些政治影响，特别是失业人员的安置与新人才的引进问题处理不好很容易引起社会问题。在硬件方面，绿色经济需要硬件的支撑，这使其成为成本昂贵的经济，这也是西方国家是否该发展绿色经济而不断争论的原因所在。发展经济与保护环境在某种程度上是冲突的。比如发电，如果只考虑投入产出比，则火电是最见效的发电方式，前期投资少，发电功率高，科技含量低，但是污染比较大，而发展核电则需要高技术和大量资金的投入并有泄露危险，水电地热对地理环境要求苛刻，风力发电、太阳能发电的电量太低且维护成本太高，风力发电、水力发电存在占地面积和水库淹没面积太大等诸多缺点。倘若中国在短期内突然关停所有的火电以换成风力发电和核电等清洁能源，则必然导致电价的飙升和工业成本的暴涨，这对一个发展中国家的经济发展来说是非常不利的。国家缺乏一个从总体上对发展绿色经济进行协调的战略与制度，其结果是使得各个地方政府很容易将绿色经济、低碳经济当做提高经济效益甚至扩大 GDP 的救命稻草，从而造成不顾经济发展实际而“一窝蜂”地开工建设项目的情况。目前，国内有 18 个省份提出打造新能源基地或把新能源当做支柱产业来发展，有近百个城市把太阳能、风能作为城市的支柱产业。“一窝蜂”式的发展是对资源的浪费，将对整个产业的有序发展带来不良影响。这说明，中国的“绿色现代化”不能采取“大跃进”的方式，其关键是要实现健康发展。绿色经济要“绿色”地发展，要协调发展、错位发展，各地区要找好各自优势，不要一窝蜂发展。最主要的是，政府应站在全球高度制定一个长远的、符合国情的、操作性强的整体战略以统领绿色经济的发展。

三、中国绿色经济制度的构建

中国绿色经济制度的构建不是对国外绿色经济制度的照抄照搬，中国绿色经济制度的创新必须建立在国情的基础上。这是一项涉及范围十分广泛、极其复杂、开创性的系统工程，需要进行全方位、多方面的制度创新与制度设计。目前只能分阶段分步骤对中国绿色经济制度进行渐进式的改革与构建。可从以下几个方面着手构建中国绿色经济制度。

（一）完善和践行绿色法律约束制度

建立完善的法律制度是推行一种经济发展模式最重要的途径之一，发展绿色经济必须构建完善的绿色法律制度，特别是要以完善绿色社会法律体系为前提。在中国目前的法律体系中有关发展绿色经济的法律制度比较多并且法律条文分散，主要的法规包括 5 部防治环境污染和保护生态环境方面的立法，3 部资源利用方面的立法，11 部与可持续发展相关的法律如环境保护法、清洁生产促进法、固体废物污染环境防治法、节约能源法、可再生能源促进法、循环经济法等，见表 1－1。

表 1－1　　中国有关绿色经济的法律、法规

年份	立法机关	形式	法律、法规名称	领域
1982	国务院	创制	《中华人民共和国对外合作开采海洋石油资源条例》	石油
1983	国务院	创制	《中华人民共和国海洋石油勘探开发环境保护管理条例》	环境
1986	全国人大	创制	《中华人民共和国矿产资源法》	矿产
1986	全国人大	创制	《中华人民共和国土地管理法》	土地
1988	全国人大	修订	《中华人民共和国土地管理法》	土地
1988	全国人大	创制	《中华人民共和国水法》	水
1990	国务院	创制	《中华人民共和国城镇国有土地使用权出让和转让暂行条例》	土地
1991	全国人大	创制	《中华人民共和国水土保持法》	水土
1993	国务院	创制	《中华人民共和国对外合作开采陆上石油资源条例》	石油
1994	国务院	创制	《城市供水条例》	水
1995	全国人大	创制	《中华人民共和国电力法》	电
1995	全国人大	创制	《中华人民共和国固体废物污染环境防治法》	环境
1996	全国人大	修订	《中华人民共和国矿产资源法》	矿产
1996	全国人大	创制	《中华人民共和国煤炭法》	煤炭
1997	全国人大	创制	《中华人民共和国节约能源法》	能源

续表

年份	立法机关	形式	法律、法规名称	领域
1998	全国人大	修订	《中华人民共和国土地管理法》	土地
2001	国务院	修订	《中华人民共和国对外合作开采海洋石油资源条例》	石油
2001	国务院	修订	《中华人民共和国对外合作开采陆上石油资源条例》	石油
2002	全国人大	创制	《中华人民共和国清洁生产促进法》	生产
2003	全国人大	创制	《中华人民共和国环境影响评估法》	环境
2005	全国人大	修订	《中华人民共和国固体废物污染环境防治法》	环境
2006	全国人大	创制	《中华人民共和国可再生能源法》	能源

说明：本表所指立法仅包括全国人大、国务院的法律、法规，不包括部委规章及地方性立法。

资料来源：参见杨志、郭兆辉：《循环经济可持续发展的经济学基础》，石油工业出版社2009年版，第42—43页。

现阶段，中国不应急于进行绿色经济促进法的立法，而应注重理顺并完善现有的与绿色经济有关的法律体系，在有法可依的前提下，做到有法必依、执法必严。中国近年来推出了“预防为主”、“谁污染谁治理”、“强化环境管理”三项政策，并将“危害环境罪”纳入《中华人民共和国刑法》，加大了环境保护力度。虽然有关绿色经济的立法不断完善，但是执法却比较软弱，部分地区为谋求局部经济发展而大量破坏生态环境，地方保护主义严重，出现了有法不依、违法不究的现象，这不仅弱化了绿色经济的法律约束，破坏了绿色经济法律制度，而且不利于公民形成健全的环保意识。因此必须依法打击破坏生态环境和资源的行为，同时对执法犯法的行为予以严厉惩罚，只有这样才能有效践行绿色经济制度，才能强化公众的环境保护意识。

（二）推进绿色GDP核算制度

传统的国民经济核算没有核算自然环境因素，忽略了自然环境对社会经济的影响。这种核算方式不符合可持续发展的要求，它不能核算出在社会可持续发展前提下的真实财富。因此学术界提出了绿色GDP的概念，主张采用绿色国民经济核算。绿色GDP是指用来衡量各国扣除自然资产损失后新创造的真实国民财富的总量核算指标。这种核算方法将自然环境作为经济社会的一大要素进行核算，考虑了自然资源（主要包括土地、森林、矿产、水和海洋）与环境因素（包括生态环境、自然环境、人文环境等）的影响之后，将环境污染及其治理成本、自然资源退化、人口数量失控、教育低下等从GDP中予以扣除。

1992年，联合国召开的世界环境与发展大会正式提出绿色GDP，此后中国积极推进绿色GDP核算进程。建立绿色GDP核算体系，首先需要建立一套科学完整的环境统计指标体系，其基本框架可分为反映自然资源、生态环境、环境污染的三类统计指标，以科学反映各自的消耗成本及其经济损失。这是一项涉及众多指标、诸多部门的极其复杂的工作。目前，国际上已有20多个国家实施绿色GDP核算体系，但还没有一个普遍适用的通用做法。应该说中国在绿色GDP核算方面已经做出了很大的努力，2004年的绿色GDP核算①就是一个很好的证明。但是，由于存在核算的技术困难，此次核算的绿色GDP没有获得地方政府的普遍支持，有不少省份要求退出核算试点。除了绿色观念落后的原因，资源分配不均使区域经济发展不均衡及产业结构落后等特殊国情也导致绿色GDP核算的实施存在较大难度。尽管如此，推行绿色GDP核算制度特别是推行绿色GDP核算方法与绿色考核体系已成为走可持续发展道路、落实科学发展观和促进绿色经济发展的必然选择。这说明，要不断提倡“绿色”思想观念，促进区域经济协调发展，调整落后的产业结构，为绿色GDP核算制度的实施扫除障碍。

（三）建立绿色产权制度

中国目前实行自然资源国家所有制，国家主导着自然资源的分配。这种资源制度在实践中会使微观主体缺乏产权主体意识，从而造成资源低效率运用。同时，由于环境资源所固有的共有产权的非排他性，外部

① 2004年国家社会科学基金“项目指南”第一次明确列出绿色GDP研究项目。2004年全国人大和全国政协“两会”关于绿色GDP的提案达到60项。中国绿色GDP核算体系框架初步建立，2004年下半年选择6个省进行绿色GDP核算试点。

性问题难以避免，表现为环境污染难以被有效控制，因此，有必要改革目前的资源产权制度，建立有利于节约资源的绿色产权制度。

1. 明确界定绿色产权，核心是界定资源产权。在保持资源最终公有制的前提下，可通过招标、资源产权入股、有偿划转等方式尝试将资源的使用权转让给微观主体，并与微观经济主体订立长期使用合约，明确其占有、使用资源并获得收益的权利以及履行保障资源可持续性使用和保护资源的义务。资源产权的界定，有助于促使产权主体形成对利用资源带来的经济收益的合理预期，从而促进其改进技术与管理，尽可能提高资源的利用效率。

2. 增强绿色产权的流动性，重点是增强资源产权的流动性。允许资源使用权在市场中进行交易流通，有助于资源在市场交易中体现其应有的经济价值，促进资源的价格形成机制及合理定价，促进资源的优化配置。政府应该在资源产权明确界定和保护的前提下履行资源市场调控和监管的职能。

3. 促进绿色产权制度创新，主要是促进资源产权制度创新。应该将更多涉及资源环境问题的对象纳入绿色产权制度中，确定其产权地位。例如确立和推行企业排污权及其交易制度。中国从 1991 年开始在包头、开远、柳州、太原、平顶山和贵阳等城市尝试大气污染物的排污权交易，试点工作取得了一定的效果，但是从试点向全国范围推广，还有诸多具体问题需要深入探讨并得到解决。因此，中国应该加快相关产权交易组织创新，为绿色产权制度创新提供条件。

（四）提供绿色财政支持

发展绿色经济需要财政的支持，可以将财政与绿色发展有机地结合起来。财政政策的主要手段包括财政收入政策和财政支出政策，在构建绿色经济制度的过程中，应该考虑财政收入政策对于促进绿色经济发展的作用，可通过税收手段来提高消耗资源和影响生态环境的经济行为的成本，以减少外部负效应，达到节约资源和保护环境的目的；同时考虑财政支出政策对于促进绿色经济发展的作用，可通过国家预算、财政拨款和政府采购，为绿色产业提供政策扶植、经济激励和资金保障。

西方发达国家一直重视税收在绿色发展中的积极作用，长期将税收作为治理资源环境问题的主要手段。中国在发展绿色财政时应该借鉴西方发达国家的这些经验。在中国现行的税制中，资源税、消费税、企业所得税等税收规定，对于治理资源环境问题和促进绿色经济发展会起到一定的积极作用。但是，中国目前的税收体制尚不完善，税收手段单一，难以直接表达政府保护资源环境和促进资源合理利用的价值取向①。可以借鉴发达国家经验，增设细分污染种类的环境税，扩大资源税的征收对象，并对一些产生较大外部负效应的消费行为和消费品开征消费税。除此以外，政府还应从财政投资、信贷补贴、税收等方面扶持和激励生态工业、有机农业、生态农业等绿色产业的发展。同时，及时调整不利于资源和环境保护的财政政策，为绿色经济发展和环保产业、环保工程建设等提供资金支持。

（五）实行绿色信息公开化

绿色信息特别是环境信息可以独立于政府、法规、政策，信息公开成为独立而有效的绿色发展途径，如公开环境信息是污染控制的重要手段，通过市场和公众对污染源起到限制和刺激作用。中国目前已具备了一定的社会公众参与基础。通过发展民间环保组织、群众监督举报、媒体舆论、上访和听证，使公众一定程度上参与了社会资源与环境的决策与监控。但是这些对于绿色发展来说还远远不够。还需要进一步完善公众参与的信息交流机制，形成政府与公众之间的信息沟通，建立咨询机构和信息网络，完善信息公开途径。

从人类的发展历程来看，人类最终选择绿色经济是必然的。发展绿色经济有利于形成节约资源、保护环境的生产方式和消费模式，有利于提高经济增长的质量和效益，有利于建设资源节约型和环境友好型社会，有利于促进人与自然的和谐，充分体现了以人为本，全面协调可持续发

① 胡怡健：《税收学》，上海财经大学出版社2003年版，第373页。

展的本质要求，是实现全面建设小康社会宏伟目标的必然选择，也是关系中华民族长远发展的根本大计。我们要从战略的高度去认识、用全局的视野去把握发展绿色经济的重要性和紧迫性。在发展绿色经济的过程中，首先需要构建完善的绿色经济制度。作为世界上最大的发展中国家、作为新兴经济体的重要组成部分，发展绿色经济，不仅是政府和企业的责任，还需要加大绿色教育和绿色宣传力度，形成绿色发展的非正式制度环境，争取每个公民的积极参与则是推动绿色发展的重要途径。

第二章
绿色经济发展的制度环境

绿色发展是2002年联合国计划发展署结合中国国情指出的中国发展之路。改革开放以来，中国经济在高速增长获得巨大成就的同时，环境形势也日益严峻。未来的中国发展要实现经济增长和环境保护的“双赢”，必须改变粗放型增长，从传统的“黑色发展”转向“绿色发展”，走出一条新的绿色发展的道路。增长方式的转变首先涉及技术创新和制度创新，技术创新不仅是技术问题，更是一个制度问题，从一定的社会意义上可以说，技术创新能力的提升是以社会制度创新能力提升为基本制度前提和保障的。因此，在中国经济发展模式转变过程中，制度创新对于这种转型是相当重要的。

第一节　转型期绿色经济发展的制度环境

20世纪70年代末开始，我国就进入了社会转型期。党的十一届三中全会公报指出：“实现四个现代化，要求大幅度地提高生产力，也就必然要求多方面地改变同生产力发展不适应的生产关系和上层建筑，改变一切不适应的管理方式、活动方式和思想方式，因而是一场广泛、深刻的革命。”党的十四届五中全会也曾明确提出：“可持续发展战略是国家今后发展的大战略，经济体制和经济增长方式要实现两个根本性转变：一是经济体制从传统的计划经济体制向社会主义市场经济体制转变；二是经济增长方式从粗放型向集约型转变”①。而我国改革开放 30 多年来的发展，主要是经济总量规模的扩张，在经济质量提升与经济整体素质提升方面尚没有出现明显改善。当今中国正面临着转变发展方式的新的历史课题。目前我国粗放式的经济增长方式并没有根本转变，经济发展中的市场、能源、资源、环境、技术的瓶颈制约日益突出，实现可持续发展遭遇的压力越来越大。缓解和破解这些压力，最终要靠科学发展。而实现科学发展的关键是要形成有利于科学发展的体制机制和有利于科学发展的发展方式。

随着科学发展观的提出，中国已将生态环境保护提升为新世纪的国家发展战略。2002 年召开的中共第十六次代表大会明确提出中国工业化要走新型工业化的道路，即要坚持以信息化带动工业化，以工业化促进信息化，走出一条科技含量高、经济效益好、资源消耗低、环境污染少、人力资源优势得到充分发挥的新型工业化道路。党的十七大报告和新修订的党章对科学发展观均作了重要论述，“科学发展观第一要义是发展，核心是以人为本，基本要求是全面、协调、可持续，根本方法是统筹兼顾”②。

在世界各国都把发展绿色经济作为实现经济复苏的重大战略举措背景下，中央政府明确提出了大力发展绿色经济和绿色产业，推进中国经济发展的绿色转型，把中国进一步引向绿色增长的科学发展道路。转型时期“绿色发展”的核心思想是指，“实行低度消耗资源的生产体系；

---

① 1995 年 9 月 28 日中国共产党第十四届中央委员会第五次全体会议通过的《中共中央关于制定国民经济和社会发展“九五”计划和 2010 年远景目标的建议》。

② 中共中央理论宣传部：《理论热点面对面 2008》，学习出版社、人民出版社 2008 年版，第 17 页。

适度消费的生活体系；使经济持续稳定增长、经济效益不断提高的经济体系；保证社会效益与社会公平的社会体系；不断创新，充分吸收新技术、新工艺、新方法的使用技术体系；促进与世界市场紧密联系的，更加开放的贸易与非贸易的国际经济体系；合理开发利用资源，防止污染，保护生态平衡”①。简单地说，和谐的、协调的、可持续的科学发展就是绿色发展。

绿色经济的发展需要一定的环境和条件，其中最重要的就是制度环境。在中国经济转型时期，发展绿色经济的意义虽然十分明确，但制度环境仍存在一定局限，具体体现在市场失灵和政府失灵两个方面。

一、导致环境问题的市场失灵

在经济学中，市场失灵有狭义和广义之分。狭义的市场失灵，是指市场对资源的配置偏离了帕累托最优状态，即偏离了被经济学的一般均衡理论及福利经济学证明了的理想状态。也就是说，市场失灵是用效率和福利标准来判断和评价市场经济功能的。广义的市场失灵不仅包括狭义的市场失灵，而且还通过引入其他一些标准如经济发展和社会公平等标准来判断和评价市场经济的功效，从而认为，市场经济的“无形之手”由于其固有的缺陷而存在不尽如人意的地方，例如，市场不能解决社会和谐问题，市场不能解决收入分配公平问题，市场不能解决环境污染问题等等。由此可见，狭义的市场失灵针对的是微观经济领域，而广义的市场失灵不仅包括微观领域，而且还包括宏观经济领域中的经济波动和发展以及从公平道德观来看的社会问题。

正常运行的市场通常是资源在不同用途之间和不同时间上配置的有效机制。但是，按照新制度经济学的观点，市场有效应该包括若干条件，如资源产权清晰、所有稀缺资源必须进入市场、完全竞争、外部性不明

① 郭强主编：《中国绿色发展报告》，中国时代经济出版社2009年版，第5页。

显或公共产品不多以及短期行为、不确定性和不可逆决策不存在等。如果这些条件不被满足，市场就不能有效地配置资源，即出现市场失灵。导致环境问题市场失灵的主要原因有以下几个方面：

（一）环境资源产权不存在或不安全

产权是指财产的广义的所有权，包括归属权、占有权、支配权和使用权。产权是经济主体通过财产而形成的经济权利关系，是具有明确定义的、专一的、安全的、可转移的和可实行的涵盖所有资源、产品、服务的产权，是市场机制正常发挥作用的前提条件，只有这样的产权才能保证对资源的高效利用、管理和投资。

（二）环境资源没有形成市场或市场竞争不足

当环境资源的市场不存在时，市场就不能反映这些环境资源的价格。没有价格或价格偏低，会导致资源的过度利用。例如，江河湖泊、海洋、空气等提供的环境“服务”，通常没有市场，没有价格，利用者不花什么钱就可以任意占用，因而容易造成水环境和大气环境的不断恶化。有些水资源、能源和许多其他矿产资源虽有市场，但价格偏低，价格构成中并没有反应其开发利用中的环境成本，从而加剧了不合理的开发利用。总之，当环境资源的成本为零或价格不能包括其全部成本（含生态成本、机会成本）时，必然会造成环境资源的浪费。

竞争不足也是市场失灵的原因之一。完全竞争市场能够使市场机制发挥最大作用，如果参与市场的买者或卖者数量较少，就是不完全竞争，这将导致市场效率损失。环境资源市场往往具有自然垄断的特征，例如水、电、气等行业，造成垄断的主要原因是规模经济，即随着产量的提高企业生产成本持续下降。这些企业或行业凭借其垄断地位控制产量，并提高产品价格，使消费者利益受损。

（三）环境资源利用中存在着广泛的外部性

因产权无法确定而导致的外部性很容易被观察到，例如，企业污染了周围环境，给周围居民和企业带来了危害；上游砍伐森林导致水土流失，淤积了下游河道，加剧了洪涝灾害等等。由于产权无法确定，行为者不必为其行为承担任何责任或付出任何成本。外部不经济之所以会导致私人成本低于社会成本，原因就在于企业一般不会承担有关企业和居民在防止污染、医疗等方面的损害费用。从整个市场情况来看，如果政府不对污染大、社会成本高的企业进行控制，这些企业实际上就以损害社会为代价获得了某种竞争优势。如果产权可以确定但成本较高的话，外部性的产生同样不可避免。而环境资源领域建立产权和市场的交易成本太高。交易成本是指取得信息、相互合作、讨价还价和履行合同所需的费用。如对海洋渔业资源，特别是那些洄游性鱼类资源，很难建立有效的产权，即使划定了产权，如把某一群鱼划给某一个渔民，而对其监视、保护的难度很大，成本太高。

（四）环境资源具有“公共物品”属性

公共物品是指其利益不可分割地被分配给全体消费者，而无论个人是否想要购买这种物品。典型的公共物品具有非排他性、强制性、无偿性和不可分割性等特征。非排他性是指一个物品要排除他人使用既不可能也不值得，这导致“搭便车”行为在环境资源消费领域大量存在。“搭便车”行为的存在使私人生产者或投资者不愿意主动提供环境资源公共物品的服务，从而导致对环境资源物品的过量使用，结果是整个环境资源物品的供给能力接近枯竭，损害到所有的企业和公民的持续发展。

正是这些“市场失灵”问题的存在，引致了各种各样的环境问题，包括从局部区域到全球环境问题。显然，缺乏市场外部的力量，市场自身并不能解决由“市场失灵”所造成的环境问题。这就要求政府干预，为全体国民提供必要的资源环境公共物品。

二、导致环境问题的政府失灵

市场失灵成为政府干预的一个理由，也为政府干预提供了一定的空间。然而，市场失灵并不一定总需要政府干预，市场失灵只是政府干预的必要条件，而不是充分条件，即使政府干预的目的是为公共利益服务，这也不构成纠正市场失灵的充分理由。如果政府干预的效果好于市场机制调节的效果，政府干预的收益将大于政府干预的成本，那么，政府的干预是有效的。如果政府干预达不到这样的效果，就会出现“政府失灵”。所谓“政府失灵”是指政府的行动不能增进经济效率或政府把收入再分配给那些不恰当的人。导致环境问题“政府失灵”的原因主要有以下几个方面：

（一）信息不足与扭曲

一方面，政府不可能收集到完全的信息，在不完全信息基础上制定的政策只具有相对有效性；另一方面，宏观层面上收集到的各类不同信息通常要“积累”到一定程度后，才能为政府的决策提供参考。由于信息过多，“积累”的链条过长，因而这些“积累”起来的信息有可能存在扭曲或失真，导致政府做出的每一次决策变化成本较大。正因为政府管制机构的管制者不可能收集和汇集分散的市场信息，管制者显得“无知”，管制者制定的“游戏规则”难以有效的确立或发挥作用①。

（二）公共决策存在局限性

尽管政府公务员队伍中的每一个人都是比较优秀的，但由于个人的时间、精力、阅历、见识、知识、经验能力等方面存在一定的局限性导致决策者的智慧不可能是全面的。由于信息表达者、负责传递信息的政府官员和决策者对信息效用函数的认识不完全一致，会产生两种机会主义行为：一是政府官员只上报有利于自己的信息，而不利于自己升迁的信息则尽量压制，以此博得领导的赏识；二是企业有意夸大自己生产所需资源的信息，意欲提高企业的社会地位。这两种机会主义行为的存在使政府的公共决策将或多或少地存在一定的局限。由于公共决策是一个“集体行为”，“集体行为”的决策远比“个人决策”要复杂得多，因而公共决策存在一定的局限是在所难免的。

（三）政府政策的实施存在一定的时滞性

政府制定的法律制度、政策，要贯彻落实会有一段时间。政策实施

① 陈东琪：《新政府干预论》，首都经济贸易大学出版社2000年版，第33页。

本身是要付出成本的，实施者要学习、领会、理解有关精神，同时政策的实施可能并不一定符合实施者的目标。譬如，组织更多的人上街检查纳税情况，处理这一过程中的纠纷，对违反者实行强制措施如扣车等，这些都要花费大量的人力财力物力。成本的额外支出对于本来就人手不足、资金短缺的管制部门来说常常难于做到。这样，即使政府想强化政策实施，也未必能实现。另一方面，通过强化实施，税收增加了，但增加的收入都要上缴财政，与管制部门本身的利益并无多大关系，这也使政府实施的动力不足。由于对政府政策的理解认识需要一定时间，加之执行部门的动力不足，因而一项制度、政策真正实施、落实，显然需要一段时间，而此时实际情况可能发生了变化，导致政府政策难以达到预期效果和目的。

（四）寻租活动的存在使政府决策在一定程度上受到利益集团的控制

租金是超过社会成本的收入，从某种意义上说，就是不需要吸引资源用于特定用途的一种分配上不必要的支付款项①。因此，寻租活动是用较低的贿赂成本获取较高的收益或超额利润。在现代社会中，政府获得权力以后，本来目的是为了维持市场秩序，由于这种权力带着租金，自然会引起寻租。当政府利用权力通过行政法律手段来阻碍市场的正常运作以维护和攫取既得利益时，就产生了寻租活动。寻租活动会使政府决策和运作受利益集团或个人所摆布，而且，寻租活动的存在引起了市场资源的错误配置。由于可以寻租，因而人们不将主要精力用于寻利而是用于寻租，不是将主要精力、时间及财富用于增加社会财富的生产性活动而用于非生产性的寻租活动之中。因此，寻租活动的存在严重扭曲了社会收入的分配，导致了不同部门的政府官员的争权夺利，严重影响了政府的声誉，降低了政府的权威。

环境问题上的“政府失灵”既包括需要政府干预时的政府没有干预，又包括不需要政府干预时的政府干预。前者如政府没有对环境资源

① 布坎南：《寻求租金与寻求利润》，载《经济社会体制比较》，编辑部编：《腐败：权力与金钱的交换》，中国经济出版社1993年版，第112—113页。

自然垄断行业实施公共管制、对环境资源的产权界定不够规范等，后者如采取支持价格和限制价格等手段对市场价格的任意干预使市场价格机制发生扭曲。总的来看，环境问题的“政府失灵”不外乎环境政策失灵和环境管理失灵等两大类。

环境问题上既面临着“市场失灵”的危险，又面临着“政府失灵”的危险，两者共同构成“制度失灵”①。

三、环境问题的外部性

外部性概念最早由英国经济学家马歇尔（Alfred Marshall，1842—1924）在其代表作《经济学原理》一书中提出，后被福利经济学的创始人、英国经济学家庇古（Arthur Pigou，1877—1959）发展并据此提出了外部性理论。庇古主要吸收了马歇尔关于内部经济和外部经济的概念，并从社会资源最优配置的角度，依据收益和成本递减规律，对外部性问题进行了系统阐述，因而外部性理论又被称为庇古理论。庇古的研究发现，在商品生产过程中存在着社会成本与私人成本的不一致，两种成本之间的差距构成了外部性。

（一）环境污染的负外部性

环境污染是指人类生产和生活产生的污染物或污染因素排入环境，超过了环境容量和环境的自净能力，使环境的构成和状态发生了改变，环境质量恶化，影响和破坏了人们正常的生产和生活条件。一般来说，环境污染被看做是一种负的外部效应，是“市场失灵”的一种体现。由于个体行为者无法衡量环境污染的成本，因而环境污染并不是人类行为所能决定的。追求利润最大化的行为主体在做出决策时没有动力顾及环境污染所带来的损失，而那些遭受损失的人又不能减少这一损失。因而环境污染的成本就由其他社会成员承担，而造成环境污染的人并不一定

① 沈满洪：《论环境问题的制度根源》，《浙江大学学报（人文社科版）》，2000年第3期。

为此付出代价。

由于外部性活动没有经过市场交易，当事人不必承担外部性活动对他人所造成的损失，因而外部性活动的私人成本与社会成本、私人收益与社会收益会出现不一致，从而使社会最优和私人最优产生偏离，资源配置出现低效率。在不存在外部性时，私人成本就是生产或消费一件物品所引起的全部成本。当存在负外部性时，由于某一厂商的环境污染导致另一厂商为了维持原有产量必须增加一定的成本支出（安装污染处置设施），因而给该厂商带来了一定的外部成本。当某些经济活动引起环境污染使他人福利减少时，就产生了负外部性。

考虑某钢铁厂环境污染的外部性。某钢铁厂生产钢铁的私人成本主要包括材料、运输、资本、劳动和管理等成本，但从整个社会来看，除了上述钢铁厂承担的私人成本外，生产钢铁的成本还包括炼钢所排放的废水、废气对社会所造成的污染成本，这两种成本之和就是社会成本。在竞争性市场经济中，私人经济的最优活动是按照私人成本等于私人收益的原则进行决策的，此时，如果没有外部性，私人成本与社会成本是一致的，因而市场是有效率的。在存在外部性的情况下，就发生了私人成本与社会成本的差异。对于污染排放者来说，由于无需承担消除对其他人造成的不利影响的成本，其私人成本小于社会成本。这样，污染者仅从自己的私人成本和私人收益出发选择“最优”产量，具有过度生产的动机，其产量远远将超过从整个社会角度考虑所需要的“社会最优产量”。而对于其他受影响的生产者来说，由于要承担污染者造成的不利影响，其私人成本往往大于社会成本。这些生产者从私人成本和私人收益出发选择自身的“最优”产量，一般具有缩小生产规模的动机，其产量达不到“社会最优产量”所要求的水平。这就说明，在存在外部效应的情况下，竞争企业的利润最大化行为并不能自动导致有效率的资源配置。它只能使某些私人的福利达到最大，却无法使社会的福利达到最大。可用图形来对此进行说明。

图2-1中，*D*为需求曲线，*MPC*为钢铁厂的私人边际成本曲线，

MSC为社会边际成本曲线。如果市场是完全竞争的，那么，边际成本曲线就是该钢铁厂的供给曲线，因而，由私人边际成本曲线与需求曲线的均衡点所决定的 Q_1 就是最优产量。但从社会成本来看，生产钢铁的成本还包括污染成本，即外部性成本 MEC。从图 2－1 中可以看出，社会边际成本曲线 MSC 高于私人边际成本曲线 MPC，它等于 MPC＋MEC。这样，社会边际成本曲线与需求曲线构成的交点所决定的 Q_0 就是其最优产量。显然，它低于 Q_1。由此可见，在存在外部性的条件下，完全竞争导致生产或消费过多，社会资源没有得到最有效的利用，市场失灵了①。

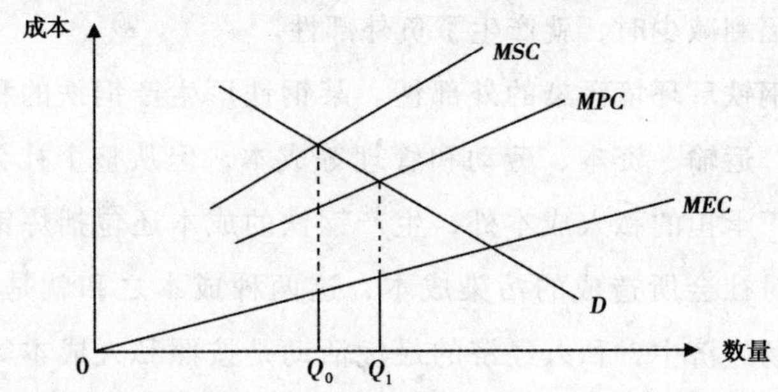

图 2－1　私人成本与社会成本的关系

（二）环境保护的正外部性

由于外部性问题的存在，市场机制便不能达到社会资源的最有效配置，也就是说，市场机制对外部性问题无能为力。因此，为降低或消除外部经济带来的效率损失，经济学提出了解决外部性问题的课题。大多数经济学家认为，既然市场机制在外部性问题上失效了，那么，自然应该由国家出面对此进行干预，以解决外部性问题。

在大多数情况下，环境都在无偿地发挥作用，比如它可以吸收空气中的有害物质。假如没有环境政策，就不会有人对大气污染承担责任，谁都可以将废水排入河流；一个人污染环境也不会妨碍他人做同样的事，市场上无人问津诸如“公共物品”、“公共安全”之类的问题。

① 程启智：《中国：市场失灵与政府规制研究》，中国财政经济出版社 2002 年版，第 37 页。

环境保护是一种为社会提供集体利益的公共物品和劳务，它往往被集体加以消费。环境保护是指采取各种政策措施，防止环境污染和环境破坏，以求保持生态平衡，扩大有用自然资源的再生产，保障人类社会的发展，如环境保护法规的制定与执行、环境科学技术的研究与开发、环境管理队伍的建设与提高、环境保护工程的建设与养护等。这种物品一旦被生产出来，没有任何人可以被排除在享受它带来的利益之外。因此，环境保护是正外部效应很强的公共物品。环境保护提供给社会的是清新的空气、优雅的环境及持续不断的环境资源。正因为环境保护是一种具有正外部性的公共物品，企业在是否对环境进行保护的问题上会进行成本收益分析，以获得利益最大化。可以借用囚徒困境原理（如图2－2）来对企业是否进行环境保护的问题进行分析。

企业乙 \ 企业甲	保护	不保护
保护	(a, a)	(b, c)
不保护	(c, b)	(d, d)

图2－2　保护环境的囚徒困境

图2－2中，若两个企业都积极保护环境，努力创新技术，提高资源能源利用效率，进行节能减排，则都会获得良好的声誉，企业竞争力得到提高，两个企业获得同样的好处 a。若两个企业都不承担环境责任，对环境的破坏不采取任何措施，不积极主动进行环境保护，任其违反社会道德或者法律，长此以往，将会对企业形象造成很大的影响。环境的进一步恶化，也有损于企业未来的发展，两个企业的收益都将为 d。若一个企业采取措施保护环境，而另一个企业不积极保护环境，则选择“保护环境”的一方将要付出更多的成本，而没有积极保护环境的那一方则可以减少保护环境的成本支出获得更多的利润。这样，保护环境的企业的收益为 b，不保护环境企业所获收益为 c，$c>b$。最后，出于经济人的理性选择，甲、乙两个企业都选择“不保护环境”，从而 (d, d)

为最优策略。如果每个企业都选择"不保护环境"，就会出现环境保护供给为零的局面。

环境保护事业的公共物品属性，使得一些人愿意为此支出付费，而更多的人也许不愿意为此付费，但却仍然可以从环境保护中得到好处。这就产生了"搭便车"问题，即经济主体不愿主动为公共产品付费，总想让别人来生产公共物品，而自己免费享用。"搭便车"行为的存在使得市场对公共品的供给往往达不到社会所需要的水平。

生态林建设就是正外部性问题的典型例子。生态林可以涵养水流，防止水土流失，还能促进营养物质的循环利用，调节气候、净化空气、美化环境，这些都是它向所在地域提供的公共品。不仅如此，全球经济都能够从中获益，因为它的作用还体现在维持生物多样性，促进生态系统间的联系，以及吸收人类排放的二氧化碳等诸多方面。但由于"搭便车"行为的存在，导致生态林建设不足。因此，在市场经济条件下，生态林建设的公共物品属性、经济外部性和社会性，决定了需要政府加大宏观调控和依法组织管理，以合理配置各种资源，保障生态建设。

（三）外部效应的内部化

外部性问题的实质是社会成本与私人成本存在某种偏差。负外部性的产生是因为外部性施放者没有承担外部性的成本，导致其私人成本小于社会成本。如果某项经济活动的外部性从当代人延伸到后代人、后几代人和未来人，那么，不言而喻，社会成本远远超出私人成本，或者说根本无法计算未来的社会成本。如何解决这种私人成本与社会成本之间的巨大偏差，不同学者有不同看法。最有代表性的理论是以庇古为代表的政府干预理论和以科斯为代表的产权安排理论。

1. 庇古税。庇古解决外部性问题的方法就是，或者严厉禁止企业即损害方排污，或者向企业征收等值于外部成本的税收。庇古认为，应当根据污染所造成的危害对排污者征税，用税收来弥补私人成本和社会成本之间的差距，使二者相等，这种税被称为"庇古税"（Pigovian Taxes）。庇古税的特点是对排污者而不是受害者征税。庇古税也被称为

“排污收费”。这一管制办法的关键在于如何来确定合理的收费水平，使得外部性施放者的产出水平正好与最优负外部性产出水平相吻合。可用图形来进行说明。

假设排污费按照平均每一单位污染量征收。在图 2-3 中，横轴表示某钢铁厂生产钢铁排放的污染量，纵轴表示污染造成的边际成本或降低污染花费的成本。*MSC* 曲线表示污染造成的边际社会成本。*MC* 曲线表示降低污染所花费的边际成本。对每一单位污染征收 T_1 数额的排污费可以使污染符合社会最优水平，即达到 W_1 的水平。在单位排污费为 T_1 的情况下，无论污染量超出 W_1 的标准还是未达到 W_1 的标准，对于钢铁厂来说都是不利的。在污染量超出 W_1 标准的情况下，企业降低污染的边际成本低于排污费 T_1，企业减少污染是有利的。因为，每减少一单位污染，企业都可以减少 T_1 数额的支出，而增加的降低污染开支小于 T_1。

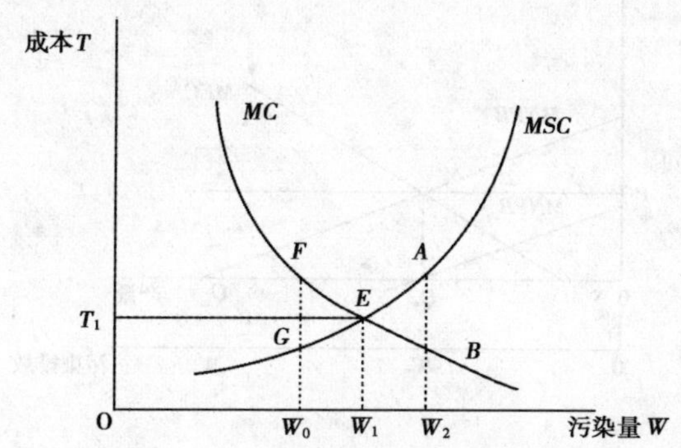

图 2-3　最优污染水平

在污染量低于 W_1 标准的情况下，企业降低污染的边际成本高于排污费 T_1，企业增加污染是有利的。因为，每增加一单位污染，企业所节约的降低污染的开支都大于应交纳的排污费 T_1。因此，企业宁愿上交排污费，也不愿花费巨大的成本去降低污染。只有使污染量达到 W_1 时，才是企业的最优点。所以 T_1 数额排污费率的征收使得企业的产出水平符合社会最优标准。

可用图 2-4 来分析庇古税效应。图中 *MNPB* 为企业的边际私人净收益曲线，MEC为边际外部成本曲线。企业为使利润最大化将生产所有$MNPB>0$的产品，即把产量扩展到Q_m。而社会最优要求当$MEC>MNPB$时停止生产，即生产Q_s。税t^*使企业在$t^*>MNPB$时停止扩展生产，即把生产限制在社会最优产量Q_s的水平。换句话说，t^*把$MNPB$向左下方移动到$MNPB_{-t^*}$。相应地，税使污染排放从W_m下降到W_s。图中，税率恰好等于最优产量Q_s所对应的边际外部成本MEC，即污染对外部产生的边际损害。这样，如果企业的产量超过Q_s，所付的税款就会超过边际私人净效益。因此企业愿意把生产限制在Q_s水平，从而把污染排放限制在W_s水平。因此，t^*是最优税收，它使最优污染量等于MEC。很明显，最优庇古税是在最优污染水平等于边际外部成本（边际污染损害）时的排污收费。

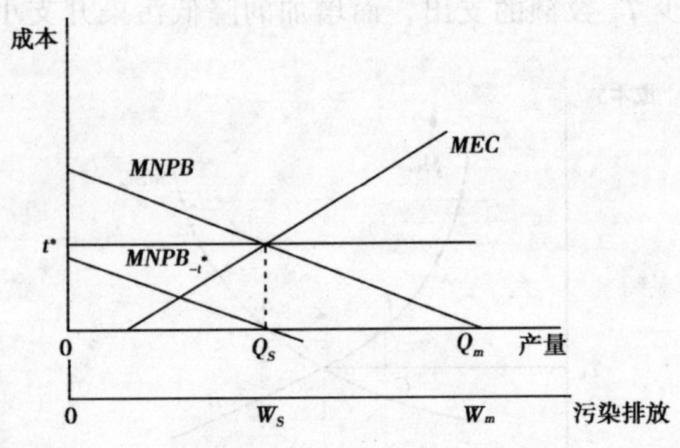

图2－4　庇古税效应

最优庇古税的制定不仅需要知道边际外部成本的信息，而且还要知道边际私人净收益的信息。但是政府往往很难得到企业的这类信息，企业也没有动力向政府提供这类信息，因此政府要通过庇古税来降低污染在现实生活中难度很大。

2. 科斯定理。20世纪60年代以前，理论界在解决外部效应的看法上基本沿袭庇古传统，认为在外部性内部化过程中应该引入政府干预力量，通过对外部性生产者课税、惩罚，同时对外部性受害者进行补偿，可以使私人外部成本与社会外部成本一致，从而消除外部性。这一传统被美国制度经济学家科斯所打破，科斯（Coase，1960）在他那篇经典性论文《社会成本问题》中，对外部性问题进行了分析，指出了外部性问题的要害：是允许A损害B，还是允许B损害A，以及如何避免较严重的损害。这就是被科斯的信徒命名的“科斯定理”。

科斯定理的基本内容是：只要产权界定清晰，而且协商谈判是无成本的即交易成本为零，那么在外部效应市场上，交易双方即外部性问题的损害方和受害方，总能够通过协商谈判达到某一帕累托最优点。科斯强调产权和排污者——受害者之间讨价还价对解决污染问题的重要性。他认为，在资源的产权有保障等前提下，应当由排污者和该污染的受害者谈判，通过贿赂或补偿来自行解决污染问题。科斯的观点很明确，只要有了明确的产权界定，就会明确损害责任，实现外部性的内在化，使社会成本转化为私人成本。

科斯定理把明确产权视为提高市场交易达到资源最优配置的必要条件。在产权不明的情况下，有关各方都认为自己有权做对自己有利的事，因而不肯为自认为不属于对方的财产损失支付补偿。所以，产权不明导致资源配置的低效率。在现实生活中，由于交易成本太高，有效率的谈判实际上难以成行，从而难以实现帕累托最优。也就是说，科斯定理有自身固有的理论缺陷，难于在实践中运用。对此，国内外著名经济学家对所谓“科斯定理”是持否定态度的。例如斯蒂格利尖锐指出：“科斯定理是‘科斯谬误’”。吴易风认为“科斯定理连假设都不够格”。何秉孟还强调“所谓‘科斯定理’不过是伪科学而已”①。尤其是在今日之中国，在科学发展范式理论指导下，探索和构建以低碳经济与循环经济为基本内容的绿色经济范式，庇古外部性理论和科斯产权安排理论等，这些工业文明的末端治理范式理论已经无法再支撑起现实分析的框架。何况这些理论并非科学，尤其“科斯定理”是个私有制产权理论，是新自由主义经济学的一个核心理论，是“产权神话”，它不可能解决人类文

① 何秉孟主编：《产权理论与国家改革——兼评科斯产权理论》，社会科学文献出版社2005年版，第20页、第5页。

明发展面临的生态环境问题，相反，它只会使生态环境恶化。因为它是工业文明时代黑色经济发展的理论表现。“无论是‘庇古税’还是‘科斯定理’；无论是‘环境库兹涅茨曲线’还是‘环境资源的最大最小’理论，都是‘人类中心主义伦理在不同时期的理论抽象’，在一定程度上对环境恶化、资源枯竭起到了推波助澜的作用”①。

四、绿色经济发展的博弈行为

外部性存在于任何社会。当今跨国污染现象仍然明显。在发达国家和发展中国家之间的经济交往中，负外部性通常被强加于弱者。例如，污染工厂往往在发展中国家落户，富国将穷国作为堆放有毒废物的场所，等等。当理性的企业发现迁址的成本小于制度约束下发展循环经济、绿色经济所承担的成本时，他们一般会选择将厂址改迁在那些没有生态约束或约束力较小的国家或地区。如果各个国家和企业都以追求各自的最大利益为目的，这就容易产生“公共资源的悲剧”。悲剧的所在是每个国家和企业都被锁定在一个迫使其在有限范围内无节制地利用生态的制度中。众所周知，环境净化能力和承载力是有限的，当生态的包袱日益沉重并逐渐不堪承受人类的经济活动时，生态环境将成为每个国家进一步发展的瓶颈，因此最终所有的国家都应该而且必须选择合作。

我们把地球生态称为大生态系统，国家生态称为小生态系统。在不完全信息的条件下，假如所有的国家开始达成一致意见，都选择发展绿色经济，并在国际上制定针对企业具有约束行为的标准制度，由于发展中国家的大部分企业刚刚起步，规模较小，国际市场占有率低，在制度的限制下将会面临失去市场、丧失竞争力的危险，容易使刚刚起步的民族工业胎死腹中，这对发展中国家的经济发展来说无疑是极其不利的。这时，如果有个国家认为应该优先发展，追求国民生产总值的高速增长，

① 冯之浚等：《循环经济与末端治理的范式治理研究》，《光明日报》2003年9月22日。

而暂不考虑生态，不注重培育和发展绿色生态经济，且认为其他国家都会选择合作，自身的行为对大生态系统影响不是很大，对自己国家的小生态系统在长期可以通过发达的经济实力和水平修复而不选择合作，那么它不仅能够培育本国工业的发展，而且还可因为比其他国家低的市场约束而吸引外国企业的进入，从而加速本国经济的发展。最终，其他国家也有可能作出同样的选择。结果是，国际合作和统一标准范式就很难得到推广。在这场博弈中，只有每个国家都从未来长远发展考虑，达成绿色经济发展的共识，才有可能在国际范围内形成合作，最终推动全球绿色经济的发展。

发展绿色经济是一场涉及经济社会各领域、生产生活方式各方面的深刻变革，在这场深刻变革中，标准化具有不可替代的重大支撑作用，是衡量绿色经济发展方式转变的重要标尺。中国是一个发展中的国家，改革开放以来，经济的高速发展引发的外部性问题尤为严重，企业超标排放或偷排严重污染了环境。社会对企业污染排放会有两种反应：要么听之任之；要么督促企业拿钱出来进行污染治理。如果公众听任企业污染排放，企业环境成本就由社会来承担，在这种免费排放的情况下，污染的这部分成本被转移到了企业“外部”。如果企业迫于社会压力愿意购买污染处置设施，愿意投资进行污染治理，这种在治理中产生的成本会在产品价格中体现出来，并在企业“内部”得到体现。因此，企业在是否要对污染进行治理的问题上必然要进行成本收益分析，以使其利益最大化。也就是说，发展绿色经济实际上是一个博弈过程。如果企业选择不合作行为，仍然片面追求利润最大化目标，千方百计地逃避社会责任，并将内部成本外部化，将环境污染造成的损失转嫁给他人或社会，让他人或社会承担治理环境的成本，同时人为地割裂经济与社会、经济与资源全面、协调、可持续发展的关系，那么，企业最终很难实现自身行为的绿色化、生态化，更谈不上实现社会经济的绿色化。而如果企业选择合作，转变经济发展模式，即由人与自然相背离以及经济、社会、生态相分割的传统发展模式，向人与自然和谐共生以及经济、社会、生态协调发展的科学发展模式转变，创新绿色技术，培育绿色新产业，发展绿色新经济，尽管短期内会提高企业投资成本，可能使其收益下降，但从长期来看，则会提高企业的竞争力，赢得公众的信任，提高企业收益，并使人与自然的关系逐渐走向和谐，从而提高社会总收益。

第二节 生态文明时代的制度环境

生态文明是指人类遵循人、自然、社会和谐发展的客观规律而取得的生态、物质与精神成果的总和，是人与自然、人与人、人与社会和谐共生、良性循环、全面发展、持续繁荣为基本宗旨的文化伦理形态。它是人类文明的一种形式，是继农业文明、工业文明发展之后的一个更高阶段。生态文明是对现有文明的超越，它将引领人类放弃工业文明时期形成的重功利、重物欲的享乐主义，摆脱生态与人类两败俱伤的悲剧。由于生态文明以尊重和维护生态环境为主旨，以可持续发展为根据，以未来人类的继续发展为着眼点，因而生态文明的建设需要一定的条件和制度环境。

一、生态演变与人类文明

人类是生态环境的产物，要依赖自然环境才能生存和发展；人类又是自然生态的利用者，可以通过社会性生产活动来利用和改造自然环境，使其更适合人类的生存和发展。人类改变自然环境的能力，是由人们的生存方式及其生存方式所带来的文明决定的。不同的生存方式决定了人类文明的不同类型。

人类文明的兴衰与生态环境的变迁是密切相关的。著名的历史学家汤因比（Arnold Joseph Toynbee，1889—1975 年）曾在其代表作《历史研究》中将几千年来的世界史分为若干种文明，并进行了分析和归纳，对文明的起源、成长、衰落、解体进行了描述。他认为，古往今来共有26个文明，在这26个文明中，5个发育不全，13个已经消亡，7个明显衰弱。而在其最后一部著作《人类与大地母亲》中，汤因比十分重视并着重论述了文明形成和发展的地理、气候、水利、交通条件等外部生态环境。他注意到了不适当的行为对大自然的毁坏所造成的恶果。那些衰落的文明尤其是那些消亡的文明，都直接或间接地与人与自然关系的不协调有关①。也就是说，人与自然、人与环境之间关系的变化，或者说生态的演变会直接影响到人类文明的形成及其变化。每一种文明都有与之相适应的生态环境。人类文明的发展和进步，标志着人类改造自然环境能力的提高、规模的扩充、程度的加深和范围的扩展。总之，人类文明的发生和发展都与对自然环境的利用程度息息相关。

（一）农业文明时代的生态环境

农业文明是人类历史上最早的文明，也是人类文明史上时间最长的文明，它起源于尼罗河流域、美索不达米亚、印度河流域和稍后的黄河流域，这些地区的共同特点是气候温和、雨量适中、土壤肥沃、土地平坦。由于水资源、土地资源、森林资源以及野生动植物资源相对丰富，人们可以生产足够的小麦、大麦、小米等农作物，供人们消费并有了“剩余产品”。这些剩余产品是维系文明发展的自然条件。由于长期在一个地方种植一种作物，会破坏原有的生物多样性，使自然循环的互补能力遭到破坏，地力消耗得不到补充，从而导致产量逐年下降。于是，人们不得不重新开辟新的耕地，这样又使得大片森林、草原遭到破坏。农业文明的出现和发展，改变了地球上一部分生态环境，森林、草原受到大面积的破坏，部分生态群落的组成、结构和分布被破坏，部分地区出现土地沙化、水土流失、土地盐渍化以及局部的环境污染，等等。玛雅文明的消失、印度河文明的衰落都是因为人类无节制的开发，森林植被

① 参见中国社会科学院经济学部编：《生态环境与经济发展》，经济管理出版社2008年版，第134页。

遭到毁灭性的破坏，改变了生物圈的面貌，使地球生态系统失衡，失去生命支撑能力。所以，农业文明同样是人类对生态系统的一次重大打击。从本质上看，农业文明是一种使生态环境呈现为黄色的文明形态。正是基于这种原因，我们将农业文明称之为“黄色文明”①。

（二）工业文明时代的生态环境

人类经过漫长的奋斗步入了工业社会，生产工具得以大规模的革新，各种新兴的科学技术得以广泛应用。特别是从产业革命以来，人类在改造自然和发展经济方面写下了极其辉煌的一页，人类创造了比过去几千年的积累的总和还要多的财富，展示出了人类灿烂的工业文明。工业文明虽然创造了人类历史上前所未有的成就，但同时也使自然界遭受了前所未有的浩劫。这种工业化生产体系：一方面吞噬着地球57亿年积累的有限资源；另一方面又排放出大量有害废弃物。这些有毒废气、废水、废渣等通过多种渠道进入水圈、大气圈和地表，造成环境质量的急剧恶化，资源面临枯竭、污染日趋严重。根据世界自然基金会公布1999年度全球环境指数报告，从1970—1975年，全球环境指数约下降了30%，也就是说，在这25年中，人类拥有的自然资源量减少了3成，消耗数量相当于过去一个世纪的总和。与此同时，在这25年中，全球森林面积减少约10%，每年消失的森林面积达15万平方公里。各种污染物的排放量也与日俱增，从1960—1996年，全球二氧化碳排放量已由原来的100亿吨突增至230亿吨，大气中的二氧化碳含量已接近16万年来的最高水平。这一现象在北美地区尤为严重，该地区人均二氧化碳排放量是全球平均水平的5倍，是发展中国家平均水平的10倍。目前，大气中二氧化碳增多已导致全球气候变暖，两极冰川出现融化迹象。

随着科技的不断进步，人类改造自然环境的能力也在不断提高。机械工业、钢铁工业、纺织工业、化学工业、军火工业、建筑业、运输业、印刷业的出现和迅猛发展，以及农业、畜牧业、林业的产业化发展，从

① 参见李慧明：《环境与可持续发展》，天津人民出版社1998年版。

根本上改变了人与自然的发展关系，人类逐步摆脱了受自然奴役和主宰的地位而成为自然环境的统治和主宰。随着人类改造自然能力的增强，人类与自然之间的矛盾也日益尖锐。由于工业文明主要以煤炭的运用和钢铁的制造为标志，而号称工业的“血液”的石油也是黑色，城市的大气长期被黑色的烟雾笼罩，黑色可以说是工业社会的典型颜色。因此，工业文明又被称为“黑色文明”①。

（三）绿色文明时代的生态环境

黄色的农业文明和黑色的工业文明推动了人类社会的发展，提高了人类生活水准，是历史的进步。但是，这两种文明的共同特点是以牺牲环境为代价去换取经济和社会的发展，从长远来看，这两种文明由于破坏了自然环境这一发展的基础和条件，因而这种发展是不能持久的。特别是在20世纪50~60年代，世界公害事件层出不穷，对人类的生存和发展构成了严重的威胁。人们开始对环境问题及其危害进行反思，并开始提出解决环境问题的要求。在反思过程中，人类逐步认识到，要克服人类面临的环境危机，拯救人类的未来，使人类社会实现可持续发展，就必须创造一种新的文明形态。这种新的文明形态，应该能够彻底解决农业文明与工业文明时代存在的生态环境问题，体现出人与自然之间的和谐。由于这种新的文明形态特别强调“绿色”，因而被称为“绿色文明”。绿色文明也指未来人与自然和谐相处的一种文明形态。绿色是植物的颜色，是生态学中所说的“生产者”的颜色，而“生产者”是生物圈中所有生命的源泉，是生命之本，因而绿色又是生命的象征。因此，要保护人类的生存环境，实际上就是要保护生命之本，保护绿色。

目前，由于各国经济发展水平不同，其所处的文明时代也存在差异。发达国家已实现了工业文明，而大多数发展中国家正处于从农业文明向工业文明过渡的阶段，还存在着种种环境问题。因此，各国应共同努力，尽可能克服农业文明和工业文明破坏污染环境的弊端，加强对人类生存

① 曲格平：《我们需要一场变革》，吉林人民出版社1997年版，第188页。

环境和资源的保护，为建设一种人与自然环境和谐相处的文明形态即绿色文明而共同努力。

在这种背景下，兴起了各种世界性的环境保护运动。如1972年联合国在斯德哥尔摩召开人类环境大会，试图就各国共同面临的环境污染与生态破坏日益加剧的问题达成共识并提出解决办法。由于各国所面临的问题存在差异，如发达国家面临的主要问题是污染、自然资源枯竭和人口老龄化等问题，而发展中国家面临的主要问题则是饥荒、疾病、文盲和就业机会不足，因而各国对环境问题的意见分歧较大。尽管如此，会议最终通过了著名的《人类环境宣言》。该《宣言》指出，"保护和改善人类环境是关系到全世界各国人民的幸福和经济发展的重要问题，也是全世界人民的迫切希望和各国政府的责任。""为了在自然界里取得自由，人类必须利用知识在同自然合作的情况下建设一个较好的环境。为了这一代和将来的世世代代，保护和改善人类环境已经成为人类的一个紧迫的目标。"斯德哥尔摩人类环境会议最重要的功绩，在于唤起世人环境意识的觉醒。事实上，斯德哥尔摩会议以后的很长时间内，国际社会在如何处理环境与发展关系上并没有取得实质性突破，与此同时，全球环境却在继续恶化。为此，1983年联合国大会作出决议成立世界环境与发展委员会（WCED），负责研究人类长远的环境与发展战略和国际社会应对环境问题的措施。1987年，联合国世界环境与发展委员会提交了题为《我们共同的未来》的报告。该报告正式将可持续发展作为关键概念采用，并将其定义为"可持续发展是既满足当代人的需要，又不对后代人满足其需求的能力构成危害的发展。"1992年6月，联合国在巴西里约热内卢召开了联合国环境与发展会议。大会围绕环境与发展的主题，在维护发展中国家主权和发达国家提供资金和技术等根本问题上，进行了艰苦谈判，最后通过和签署了《里约环境与发展宣言》、《21世纪议程》、《关于森林问题的原则声明》、《气候变化框架公约》和《生物多样性公约》等重要文件。里约热内卢大会标志着人类环境意识的升华，标志着在环境与发展的领域人类自觉行动的开始。人们已经认识到，环境变化是由发展引起。不解决发展问题，就不可能扭转环境退化的趋势。如果说传统的发展模式是黑色的，那么解决环境问题的根本，就是要使黑色发展转向绿色发展。

二、绿色经济与可持续发展

绿色经济是环境革命的产物。绿色经济作为一种新的经济发展模式，它与可持续发展有着密切的内在联系。一方面，可持续发展思想孕育着绿色经济的产生；另一方面，绿色经济又为可持续战略的实现提供基础。

（一）可持续发展的基础保障

可持续发展的概念提出以后，越来越多的人认识到，可持续发展既不是单纯经济发展或社会发展，也不是单纯的生态可持续，而是指自然—社会—经济复合系统的可持续。

如何才能实现可持续发展呢？关键是要保证产生福利的一般能力不断提高（至少不退化）。具体地说，就是要保证生产的各种要素，资本（含技术和各种生产要素）、劳动力（含知识、技能、健康）、资源（含作为生产要素投入的各种能源、矿物资源以及作为生产和人类生存条件的土地资源和其他环境资源等）能够永续利用①。要使资本、劳动、资源要素效率能够得以提高，难点就在于怎样保证环境资源的永续利用。这是因为，随着科学技术的进步和教育水平及健康水平的提高，资本和劳动要素的供给能力会不断提高。而环境资源具有不可替代性的特点，一旦这些环境资源遭到破坏，很难逆转，会直接危及人类社会的生存和发展。环境资源的不可替代性，取决于其特殊的生长规律——自然生态规律。如果自然生态规律被破坏，生态系统就处于一种失衡状态。失衡的生态系统常常表现出生物与环境之间的不协调，并影响到人类社会的持续发展。

① 李慧明：《环境与可持续发展》，天津人民出版社1998年版，第71—72页。

基于以上原因，《我们共同的未来》在论述可持续发展思想时，特别论述了可持续发展的限制因素。该报告指出，“人类对自然资源的耗竭速度应考虑资源的临界性”，“可持续发展不应损害支持地球生命的自然系统：大气、水、土壤、生物……[①]”，“发展”一旦破坏了人类生存的物质基础，“发展”本身也就衰退了。

因此，有学者强调要从生态、资源和环境保护的视角去理解可持续发展。在国际生态学联合会（INTECOL）和国际生物科学联合会（IVBS）于1991年联合举行的有关可持续发展的专题探讨会上，学者们一致强调要“保护和加强环境系统的更新”。美国生态学家 R. T. Forman 也认为可持续发展是寻找一种最佳的生态系统和土地利用的空间构成以支持生态的完整性和人类愿望的实现，使一个环境的持续性达到最大。这就是说，可持续发展要以生态、资源、环境的保护为前提和基础，可持续发展催生了绿色经济的产生与发展，同时，绿色经济的发展又是可持续发展的基础和保障。

（二）可持续发展面临的困难

1992年里约热内卢大会以后，可持续发展在实践上进展甚微。发达国家实现可持续发展的热情虽然很大，但在行动上并不认真。以削减二氧化碳排放为例，排放量最大的美国一方面强烈呼吁要保护环境，同时又拒绝作出具体承诺，其实际排放量一直不断增长。在其影响下，最早作出承诺的加拿大也于1997年撤消了先前削减碳排放的承诺。直到1997年年底的京都会议达成全球性协议，这一状况才有所改观。五年多的时间才就某一类污染物的排放达成一项并没有多大约束力的协议，其进展之艰难对全球的可持续发展无疑是重大的打击。在可持续发展的国际论坛上，各国之间的争论持久而激烈。富国的目标是使其高标准生活可持续，穷国的目标则是谋求生存和发展。富人想通过可持续发展来改善环境，而改善环境是进一步改善其生活质量的手段。穷人则想通过可持续

① 世界环境与发展委员会著：《我们共同的未来》，王之佳、柯金良译，吉林人民出版社1997年版，第54—55页。

发展来实现更快更好的发展。因此，可持续发展概念虽被冠以全人类的共同发展目标，但实际被用来强调特殊利益而非调和其矛盾。

各国之间在可持续发展问题上的争论主要集中在三个方面：第一，优先性问题，包括环境与发展的优先性和环境与资源保护不同方面的优先性。第二，世界技术共享问题。由于环境问题是世界性问题，发达国家掌握的高效低耗技术应与发展中国家共享，以此推进全球可持续发展进程。出于各自的国家利益考虑，实现技术共享非常困难。第三，责任和权利问题。发达国家以1/4的人口消耗了世界资源的3/4，并排放了一半以上的污染，虽然学术界压倒性的意见是发达国家对全球环境问题负有主要责任，实际上，发达国家既不为其排放作出道歉，更不愿意就削减污染承担明确的义务①。实际上，发达国家和发展中国家就责任与权利问题的争论一直没有停止过。发达国家为保持竞争优势而在可持续发展上逃避责任，发展中国家则在坚持发展权的同时拒绝承担责任。如果每一个国家都受短期利益驱动，按照自己既定的发展模式走下去，全球的环境退化就会让后代人付出更大的代价。面对未来，除可持续发展这条路外，别无选择。因此，国际社会必须共同努力，坚决抛弃黑色的传统发展模式，走向绿色的可持续发展。

当前，温室气体排放导致全球气候变暖，引起生态系统严重失衡，不断加剧了人与自然的冲突与对立。如何减少温室气体排放，遏制人类活动对大气环境的破坏等问题是目前各国面临的共同难题。为应对全球气候变化，国际社会从20世纪90年代起采取了一系列应对措施，其中《联合国气候变化框架公约》（1992年）、《京都议定书》（1995年）、《巴厘岛路线图》（2007年）等，都深刻影响着世界各国经济社会发展模式的转变以及未来发展道路的选择。由于《京都议定书》的减排协议将于2012年届满，2009年12月在丹麦哥本哈根举行的缔约方第15次会议将成为“后京都时代”谈判的重要关口，确定2012年之后的全球减排框

① 戴星翼：《走向绿色的发展》，复旦大学出版社1998年版，第13—18页。

架，之前无需承担减排义务的发展中国家也将被纳入量化减排协议之中。然而哥本哈根大会开成了一个争吵大会。围绕温室气体减排指标，发达国家和发展中国家的斗争主要表现在：发达国家当前所承诺的温室气体减排指标不仅远低于发展中国家的要求，而且还向发展中国家转嫁减排的义务。发展中国家普遍认为，发达国家在过去200多年工业化的进程中毫无节制地排放温室气体，是造成当前全球气候变化的主要原因，而发展中国家是气候变化的最大受害者。因此，发达国家一方面要通过落实具体的减排指标来大幅度减少其温室气体排放；另一方面要向发展中国家提供必要的资金、技术支持，帮助他们应对气候变化。

哥本哈根大会经过艰难的谈判，最后达成一个没有法律约束力的《哥本哈根协议》。但本次哥本哈根会议中的五大关键问题尚未解决，这五大关键问题是：谈判的基础文件，减排目标，"三可"问题（可测量、可报告和可核实），长期目标，资金问题等。除了发达国家与发展中国家之间存在矛盾，在本次会议中一些中下水平的发展中国家与其他国家的利益差异也开始凸显。这充分说明，要在全球范围内推进可持续发展，任重道远。

（三）全球绿色经济转型任务迫切

2009年2月，在肯尼亚首都内罗毕举行的联合国环境规划署（UNEP）第25届理事会会议暨全球环境部长级论坛。发布了《UNEP2009年鉴》（以下简称《年鉴》）。《年鉴》主要对目前全球所面临的环境问题进行了评估。

根据《年鉴》的统计和预测，目前，全世界每年产生了超过20亿吨废物，发达国家每人每天丢弃的固体废物达1.4公斤。而发展中国家尤其经济快速发展的国家正在产生更多的废弃物。《年鉴》预测，到2030年，中国每年将产生5亿吨固体废物，印度则为每年2.5亿吨。这一增长速度实在惊人。更为严重的是，全球气候变化仍在加剧。据美国国家冰雪中心的观测，2008年，北极海冰覆盖面积仅为452万平方公里，其范围缩小到历史倒数第二位。与此同时，自然灾害发生频率上升。

2000—2007年，暴风、洪水、干旱等灾害发生的频繁度以每年8.4%的速度增长。灾害的总数量从1900—1940年之间的每年约100次增长到20世纪90年代的每年3000次。而且，生态系统恶化趋势仍在继续。2005年发布的《千年生态系统评估》指出，约60%的生态系统——从森林到土地，从珊瑚礁到草地——都遭到破坏或退化。至少25个国家的整个森林系统几乎完全消失，另外29个国家的森林系统退化了90%。而海洋渔业保持了近十年的停滞状态，且仍在继续。有害化学品和有毒废弃物污染也在不断加剧。2008年被称为是食物和产品污染危机年①。由此可见，全球面临的环境问题十分严重，发展绿色经济迫在眉睫。

在全球面临严重环境问题的大背景之下，中国所面临的环境形势也不容乐观，在实现可持续发展方面所面临的制约因素也很多，主要表现在以下几个方面：

1. 水污染十分严重。根据《中国环境状况公报（2008年）》提供的数字，2008年全国地表水污染形势依然严重，七大水系水质总体为中度污染，所监测的200条河流的409个断面中，Ⅰ—Ⅲ类、Ⅳ—Ⅴ类和劣Ⅴ类水质的断面比例分别为55.0%、24.2%和20.8%。全国近岸海域Ⅰ、Ⅱ类海水占70%，与上年相比略有好转。湖泊富营养化问题突出，在监测的26个湖（库）中，重度富营养化占3.8%、中度富营养化占19.2%、轻度富营养化占23.0%。

2. 大气污染严重。根据中国空气污染指数的数据表明，目前至少有2.7亿城市居民生活在不同程度的空气污染环境中。据估计，每年由空气污染引起的支气管炎疾病有1500万例，有23000人死于呼吸道疾病，13000人死于心脏病②。极端气候事件频繁发生③。中国东北、华北、西北地区近50年来气温明显增高，华北降水明显减少。黄河径流量大幅度

① 《全球绿色经济转型任务迫切》，《中国环境报》，2009年2月24日第4版。

② 胡鞍钢：《实施绿色发展战略是中国的必选之路》，http：//www.tt65.net/zonghe/luntan/wenxian/1/mydoc009.htm 中国环境文化促进会网．2006.11.2。

③ 极端气候事件是指天气、气候的状态严重偏离其平均态，几十年一遇甚至百年一遇的小概率事件。

减少，湖泊水位下降、面积萎缩。随着气温的升高，极端天气事件不断出现。2006 年是我国 1951 年以来最温暖的一年，2007 年，东北等地出现了 1951 年以来历史同期最强的暴风雪，2008 年出现罕见的大范围冻灾、汶川大地震、大范围强降雨和涝灾，2009 年 6 月 1 日至 8 月 8 日，我国有 22 个省（市、区）454 个气象站点达到了极端高温事件标准，17 个省（市、区）110 个站点日降水量达到了极端强降水事件标准[①]。2010 年以来，西南干旱、东北高温、南方暴雨极端天气事件频繁发生。这些极端天气事件导致部分地区水资源短缺加剧，自然生态环境恶化，粮食安全压力增大，海平面持续上升，人类的生存环境和社会、经济发展受到严重威胁。

3. 土地资源大规模退化。中国人口占世界人口总数的 1/5 而其土地面积的 2/3 以上是无法利用的山地和沙漠，可用于人类居住和发展的有效土地十分贫乏。人类与土地之间关系的紧张情况进一步恶化，与之相伴的是大规模的草原退化、土地沙漠化荒漠化。西北草原正在以每年 100 万公顷的速度消失，90% 的天然草原呈现不同程度的退化。据估计，中国北方草原过度放牧的总体程度超过承载能力的 30% 以上。中国 1/4 的土地面积已经沙化。目前约有 30% 的耕地面积出现盐碱化[②]。荒漠化导致沙尘暴频发。2000—2007 年，各年全国沙尘暴天数累计分别为：15 天、18 天、12 天、19 天、18 天、11 天[③]。生物多样性锐减。淡水资源日益紧张。

4. 资源消耗增长过快，资源利用效率低。从 1990 年到 2001 年，中国石油消耗量增长 100%，天然气消耗量增长 92%，钢铁消耗量增长 143%，铜消耗量增长 189%，铝消耗量增长 380%，锌消耗量增长 311%，10 种有色金属消耗量增长 276%。目前，我国的钢材消费量已经

① 《光明日报》2009 年 8 月 17 日。

② 郭强主编：《中国绿色发展报告》，中国时代经济出版社 2009 年版，第 2 页。

③ 潘岳：《直面中国资源环境危机——呼唤新的生态工业文明》，http：//www.people.com.cn/GBhuanbao/2329598.html。

达到大约2.5亿吨，接近美国、日本和欧盟钢铁消费量的总和，约占世界总消费量的40%；水泥消费约8亿吨，约占世界总消耗量的50%；在铁、铜、铝等重要矿产的储量上，中国已无大国地位[①]。而且，资源利用效率过低。我国每新增GDP一元钱要比世界其他国家平均多消耗3倍以上，比日本多消耗13倍以上的能耗。自2003年以来，我国先后出现煤荒（2003年）、电荒（2005年）、油荒（2003年）。过量消耗资源、能源和环境污染的发展模式已经承载不了中国的高速经济增长。中国的绿色经济转型也迫在眉睫。

长期以来由传统的发展模式引发的资源、环境和气候变化问题，正威胁着世界经济的持续、稳定增长。如何权衡经济发展的短期阵痛与气候变化的长期影响之间关系，成为对各国战略智慧的重大考验。联合国环境规划署（UNEP）推出的全球绿色新政概念，其目的就是要在应对这些风险的同时，寻求一条有效而可持续地解决这些多重危机的道路，绿色经济转型势在必行。

三、绿色发展与生态文明

自皮尔斯于1989年提出来“绿色经济”一词后，经过多年的努力，联合国环境规划署于2008年发起了“绿色经济倡议”。倡议所秉承的宗旨和理念是：经济的“绿色化”不是增长的负担，而是增长的引擎。该倡议得到了国际社会的积极响应。

如前所述，绿色经济是人类经济发展的新方向。作为一种新的经济形态或经济模式，绿色经济强调经济活动的全面“绿色化”、生态化，同时强调以绿色投资为核心、以绿色产业为新的增长点，发展要考虑生态环境容量和自然资源的承载能力，注重发展可持续性。可以说，绿色发展是生态文明构成的重要内容。

① 冯之浚：《转变经济增长方式，缓解环境压力》，《中国经济周刊》，2007年第29期。

（一）生态文明是人类社会文明史上一种新的文明

生态文明是一种新的文明，是人类社会发展过程中出现的较工业文明更先进、更高级、更伟大的文明。生态文明是实现人口、资源、环境、生态相协调的社会结构范式，在经过农业文明、工业文明两次选择后进行的第三次选择。生态文明包括两个方面的内容：一是人们通过对生产方式和生活方式进行生态化的改造以改善人与自然之间的关系，促进生态系统自身生产能力、自净能力、自组织能力和稳态反映能力的提高，从而为人类的生存与发展提供一个可永续利用的资源环境；二是人们思维方式的绿化、生态意识的觉醒和一系列生态学化的大学科群如生态哲学、生态伦理学、生态经济学、生态美学以及生态工程技术等的崛起。生态文明的核心是人类经济活动与社会发展必须保持在地球资源环境的承载力的极限以内，将现代经济社会发展建立在生态环境良性循环的牢固基础之上，为人类生存与发展提供一个可持续利用的资源环境条件①。因此，生态文明是一种高层次的绿色文明，是对黑色文明的扬弃，是人类社会的更高文明状态。

生态文明观让我们认识到，人类的各项活动，不论作为个人行为或群体活动，都会体现在人与自然关系的相互作用过程中。人类应当抛弃那些不应当的活动或行为，应以自然与人类双重利益为准则，约束人类的意识行为。“人与自然和谐”是马克思主义历史观。生态文明追求的就是“人与自然界的和谐”。“人与自然界的和谐”是生态文明的价值观②。确切地说，它是生态文明的核心价值观。生态文明的价值观是一种‘自然—经济—社会’的整体价值观和生态经济价值观。

总的来看，生态文明作为人类文明的一种形式，首先是一种伦理观念，一种反映人与自然关系的正确环境伦理观念，它强调尊重自然规律，爱护自然环境，实现人与自然的和谐；同时，它又是一种发展方式和生

① 邱耕田：《三个文明的协调推进：中国可持续发展的基础》，《福建论坛》，1997年第3期。

② 黄承梁、余谋昌：《生态文明：人类社会全面转型》，中共中央党校出版社2010年版，第13页。

活方式，一种以资源环境承载力为基础、以自然规律为准则、以可持续发展为目标的发展方式和生活方式，它强调保护环境是发展的前提和基础，而又通过发展来改善环境，实现经济社会环境的协调发展。因此，生态文明建设，不是简单回到农业社会以前的原生态文明，也不是回到农业社会的次生态文明，不是简单的环境保护，也不是单一的经济发展，而是在工业文明基础上改善和优化人与自然及人与人的关系，建设工业、市场与生态和谐共存共进的生态文明。

生态文明具有文明的现代性，属于工业市场文明基础上的现代文明，是对传统工业市场文明的超越和提升。生态文明具有发展的可持续性。要求经济社会发展必须以生态科学原理为指导，遵循生态系统演化规律，把生态修复、生态建设与生态和谐相结合，有效阻滞生态退化和生态恶化。“生态文明建设，是根据我国社会主义条件下，劳动者与自然环境进行物质交换的生态关系和人与人之间的经济关系的矛盾运动，在开发利用自然的同时，保护自然，建设现代化生态环境，提高生态环境质量，使现代经济社会发展建立在生态系统良性循环基础上，有效解决人们经济社会活动的需求同自然生态环境系统的供给之间的矛盾，以既保证满足当代人福利增长的生态需要，又能够提供保障后代人发展能力的资源和环境基础”①。“生态文明建设具有其自身的独立性。这是因为：第一，生态文明往往要通过一定具体的物质形态表现出来，有些生态产品要物化为一定的具体的物质形式。所以，我们肯定地说，生态财富的载体是物质的，但与精神文明一样，不能以此否定它的相对独立性。第二，一个国家或社会的国民财富应该由生态财富、物质财富和精神财富构成。与这种国民财富的新构成相对应的现代文明建设的构成，也应该由过去的物质和精神两个文明建设扩展为三个文明建设，即由物质、精神、生态文明建设构成。第三，生态文明建设的一个重要内容就是恢复和保持生态系统的整体有用性。我们既不能把它仅仅看成为物质生产，也不能把它仅仅看成为精神生产；而它在

① 刘思华：《可持续发展经济学》，湖北人民出版社1997年版，第217页。

本质上生产生态产品的生态生产与再生产。因此，我们必须把它独立地当作一项现代文明建设即生态文明建设”①。

（二）走向生态文明的新时代

20世纪80年代至90年代初，由于生态环境问题而引发的遍及世界的生态环境保护运动与绿色文明浪潮一浪高过一浪，使可持续发展成为全人类的共识和各国关注的热点问题。于是，生态时代与生态文明问题成为学术界研究的重要课题。

什么是生态时代？国际上有些科学家从当代生态环境问题的严重性出发，认为生态环境破坏带来的灾难，将是本世纪人类发展面临的最大威胁。要走出这种困境，必须重建被破坏的生态基础，就会出现一个发展的新时代，这就是生态时代。在我国一些学者认为目前人类历史发展处于大转变的历史时期。从人与自然的发展关系来看，要使人由自然的主宰变为自然的伙伴，由征服、掠夺自然变为保护、建设自然，使其与自然保持和谐统一，已成为人类历史发展的必然趋势。这是一个划时代的大转变，正是从这个意义上说，现在我们开始重建人与自然和谐统一的时代，就是生态时代②。生态文明时代具有以下本质特征：第一，生态时代不仅是人与自然环境的协调发展，而且是人与社会环境的协调发展，这两种发展关系是相互依赖、互相制约、互相作用的有机统一；第二，生态时代的人与自然环境的协调关系是人与社会的社会关系，人与社会环境的协调关系是人与人的生产关系；第三，人与自然的协调关系，是生态时代的自然属性，人与人的协调关系，是生态时代的社会属性。这两种属性的有机统一，构成了生态时代的本质，这两种属性的协调发展，形成了生态时代的自然史和人类史，并推动生态文明从低级向高级不断发展。因此，生态时代的本质特征，就是把现代经济社会发展切实转移到良性的生态循环和经济循环的轨道上来，使人、社会与自然重新成为

① 刘思华：《可持续发展经济学》，湖北人民出版社1997年版，第218页。

② 刘思华：《刘思华文集》，湖北人民出版社2003年版，第309—310页。

有机统一体，实现生态与经济协调与可持续发展[①]。

1. 中国建设生态文明的有益探索。21世纪是生态文明建设的世纪，将是重建人与自然和谐统一，生态与经济协调持续发展的生态时代。人类正在进入建设生态文明的伟大实践。

改革开放以来，中国经济快速增长的同时，环境、生态问题也日益突出。理论界和社会各界开始对人口、资源、环境等问题进行新的思考，政府也积极采取各种措施推动环境保护及生态文明的建设。如，政府明确提出了可持续发展战略，并于1994年制定了《中国21世纪议程——中国21世纪人口、环境与发展白皮书》，以此为指导各级政府制定国民经济和社会发展长期计划的重要文件。《21世纪议程》系统阐述了可持续发展的战略思想，规划了可持续发展的总体目标，制定了实施可持续发展的战略步骤，为中国实现可持续发展指明了方向，因此，这是一部迈向新世纪的发展蓝图。此后，中央政府先后制定和通过了《国民经济和社会发展"九五"计划和2010年远景目标纲要》、《全国环境保护纲要》、《可持续发展纲要》等纲领性文件，明确提出经济体制和经济增长方式要实现两个根本性转变：一是经济体制从传统的计划经济体制向社会主义市场经济体制转变；二是经济增长方式从粗放型向集约型转变。中国经济要走科技含量高、经济效益好、资源消耗低、环境污染少、人力资源优势得到充分发挥的新型工业化道路，即走可持续发展能力不断增强，生态环境得到改善，资源利用效率显著提高，促进人与自然的和谐，推动整个社会走上生产发展、生活富裕、生态良好的文明发展道路[②]。这些文件所阐述的思想被概括为科学发展观。科学发展观的提出，对于推进经济、社会与生态环境全面发展，推进经济、社会与生态环境协调发展，推进经济、社会与生态环境的可持续发展具有重要意义[③]。尤

① 刘思华：《刘思华选集》，广西人民出版社2000年版，第267—271页。

② 参见《十六大以来重要文献选编》（上册），中央文献出版社2005年版，第15页。

③ 《十一届三中全会以来历次党代会、中央全会报告、公报、决议、决定》汇编，中国方正出版社2008年版，第821—832页。

其是构建社会主义和谐社会概念的提出，更进一步明确了生态文明建设的前提条件及主要内容，即应按照民主法治、公平正义、诚信友爱、充满活力、安定有序、人与自然和谐相处的要求，加快推进和谐社会建设。为了实现这一要求，必须加强环境治理和保护，以解决危害群众健康和影响可持续发展的环境问题为重点，加快建设资源节约型、环境友好型社会；必须实施重大生态建设和环境整治工程，有效遏制生态环境恶化趋势；同时，加快技术创新，优化产业结构，完善有利于环境保护的法律法规政策，等等。

应该说，中国绿色经济的发展是自上而下推动的。2004 年 4 月《关于发展资源节约活动的通知》的颁发，意味着我国开始了建设节约型社会的有益探索，从此也拉开了我国绿色发展的序幕。2006 年开始，政府在促进节能方面采取了一系列措施，包括提高资源性产品价格、淘汰高耗能行业落后产能、限制资源性产品出口、实施十大重点节能工程等。

生态文明与以往的农业文明、工业文明相比，其相同点在于它们都主张在改造自然的过程中发展物质生产力，不断提高尊重和保护环境的意识，强调人类改造自然的同时必须尊重和爱护自然，而不能随心所欲，为所欲为。生态文明的提出标志着人类社会进入了生态时代。这就是把现代经济社会运行与发展切实转移到良好的生态循环和经济循环的轨道上来，使人、社会与自然重新成为有机统一体，实现生态环境与经济社会的可持续协调发展[①]。

2. 生态文明建设和绿色生产的法律制度。法律是保护社会和谐的强制性工具，许多国家都采取了一条以法治促进经济发展与环境相协调的道路。中国的环境立法开始于 20 世纪 70 年代末期，包括自然资源保护立法和污染防治立法两大领域。1993 年以后，在联合国环境与发展大会的影响下，中国加快了环境立法的进程，除制定了 6 部新的环境保护法律以外，还对 5 部已有的环境保护法律进行了大范围的修改。特别是在

---

① 《刘思华文选》，湖北人民出版社 2003 年版，第 318 页。

全球推行清洁生产的影响下，2002 年 7 月颁布了《中华人民共和国清洁生产促进法》，2007 年 8 月又通过了《循环经济促进法》。

（1）《循环经济促进法》。2009 年 1 月 1 日开始实施的《循环经济促进法》，对发展循环经济应遵循的方针和原则作出了规定，明确提出发展循环经济是国家经济和社会发展的一项重大战略，应当统筹规划、合理布局，因地制宜、注重实效，同时实行政府推动、市场引导，企业实施、公众参与的策略。该法规定国家机关及使用财政性资金的其他组织厉行节约、杜绝浪费，带头使用节能、节水、节地、节材和有利于保护环境的产品、设备和设施，节约使用办公用品等。同时要求企业、事业单位建立健全管理制度，采取措施，降低资源消耗，减少废物的产生量和排放量，提高废物的再利用和资源化水平，并对有关企业如何在设计、生产、进口、销售、废物回收等环节发展循环经济作了具体规定。要求公民增强节约资源和保护环境意识，合理消费，节约资源，鼓励公民使用节能、节水、节材和有利于保护环境的产品及再生产品，减少废物的产生量和排放量等。为此，该法还设立了财政、金融、税收、价格等激励措施，以利于调动各方面的积极性，引导和支持全社会发展循环经济。

由于循环经济的发展是一个系统工程，因而《循环经济促进法》的实施需要相关配套法规的支持，而目前有些相关法规尚不完善。例如，为了促进废物如废电器电子产品的利用，需要制定强制回收的产品和包装物的名录及管理办法，重点用水单位的监督管理办法，全国循环经济发展规划，禁止在电器电子等产品中使用的有毒有害物质名录，限制生产和销售的一次性消费品名录及限制性的税收和出口措施，发展循环经济的有关专项资金的使用办法，对促进循环经济发展的产业活动给予税收优惠和运用税收等措施鼓励进口节能产品、限制出口耗能产品的具体办法等。这些配套规定有的已经出台并正在实施，有些正在研究制定。

（2）《清洁生产促进法》。我国环境污染的根本原因在于“三高一低”的粗放增长方式，解决环境污染的根本出路在于实施清洁生产。《清洁生产促进法》规定了政府及其有关部门推行清洁生产的责任。明确规定政府要支持、促进清洁生产的具体要求，其中包括制定有利于清洁生产的政策、制定清洁生产推行规划、发展区域性清洁生产、为企业提供清洁生产的技术信息和技术支持、组织清洁生产的技术研究和技术规范、组织开展清洁生产教育和宣传、优先采购清洁产品等。同时，《清洁生产促进法》对生产经营者的清洁生产提出了指导性要求、强制性要求和自愿性规定等三类规定。指导性的要求不附带法律责任；自愿性的规定主要是鼓励企业自愿实施清洁生产，改善企业及其产品的形象，相应可以依照有关规定得到奖励和享受政策优惠；强制性的要求规定了生产经营者必须履行的义务。《清洁生产促进法》还规定对实施清洁生产的企业进行表彰奖励、资金支持、减免增值税等措施，明确实施清洁生产者可以从多方面获益。同时对少数应当采取清洁生产措施而拒不为之的企业给予处罚。《清洁生产促进法》也提出了促进清洁生产的具体措施，如各级政府应优先采购或者按国家规定比例采购节能、节水、废物再生利用等有利于环境与资源保护的产品，对实施国家清洁生产重点技术改造项目和自愿削减污染物的符合规定的技术改造项目，给予资金补助，对实施清洁生产的中小企业给予融资支持。《清洁生产促进法》虽没有直接涉及消费领域，但为消费领域实施清洁生产预留了空间，如鼓励消费者使用有利于资源和环境保护的产品，提高公众的环境保护意识、清洁生产意识、节约资源意识和可持续发展意识，制定产品的环境标志，使公民的消费科学化、绿色化，积极购买和使用环境和资源保护的产品。

（3）环境管理制度。目前，我国在环境保护及管理方面已先后出台了一些制度和措施。主要有以下几类：

第一，排污收费制度。具体包括：缴费不免除治理、排污费强制征收、累进制收费、新污染源收费从严、排污费与超标排污费同时征收、排污费可计入生产成本、排污费专款专用、排污费的补助和排污费有偿使用等原则。从制度实施效果来看，现行的排污收费制度效果并不明显。这主要是由于制度仍存在一些不完善之处，主要是：排污收费标准偏低，排污征收效率不高，排污费使用不规范等。而要更加有效地保护环境和治理污染，就必须对现行的排污收费制度进行改革，科学制定排污收费标准，严格排污费征收和使用管理，有序推进税费改革。

第二，“三同时”制度。所谓“三同时”制度，是指对环境有影响的一切新建、扩建、改建的基本建设项目，技术改造项目，区域开发项目或自然资源开发项目，其防治污染和生态破坏的设施，必须与主体工程同时设计，同时施工、同时投产使用的制度。目前，我国“三同时”制度执行中仍存在一些问题，如实际调查的“三同时”执行率小于统计上的执行率，且运行率低下。该制度在实际操作中还有待进一步完善。

第三，环境影响评价制度。该制度是指在环境的开发利用之前，对该开发或建设项目的选址、设计、施工和建成后将对周围环境产生的影响，拟采取的防范措施和最终不可避免的影响所进行的调查、预测和估计。其内容包括：环境影响评价的范围、环境影响评价的形式、环境影响报批的时间、环境影响评价的审批、对从事建设项目环境影响评价工作单位的规定以及违反环境影响评价制度的法律后果。从实践看，我国的环境影响评价制度在执行中主要存在建设项目审批把关不严，有法不依、执法不严，公众参与环境影响评价的机制不健全等诸多问题。

第四，排污许可证制度。排污许可证制度是以改善环境质量为目标，以污染物总量控制为基础，规定排污单位可以排放哪些污染物、污染物的排放量和污染物排放的去向。该制度包括排污申报、确定污染物总量控制目标和排污总量削减指标、核发排污许可证和监督检查执行情况等四项内容。根据该制度，所有排放污染物的单位，都必须按规定向环境保护行政主管部门申报登记所拥有的污染物排放设施，污染物处理设施和正常作业条件下排放污染物的种类、数量和浓度。然后，环境保护部门根据总量控制目标、污染物实际排放量、削减指标和企业的污染治理状况，进行审核和发证，对申报单位的污染物、排污量、排污方式、排放去向、排放时间都作出明确的数量限制和规定，以确保每个污染源排放的污染量与分配的控制总量相一致，进而整个区域的排污总量与总量控制指标相一致。实施排污许可证制度的关键是界定排污权。界定排污权的主要目的是将总量控制目标真正落到实处，同时最大限度地降低区域内治理污染的费用。目前，排污许可证制度在我国一些地区得以实施，但实施效果在各地差异较大，在实施过程中存在一些问题，因而在全国范围内推广还需待以时日。

总的来看，目前，我国在发展绿色经济、建设生态文明方面已经进行了一系列有益探索和实践，也制定了一系列法律法规，但制度不健全、法律法规不完善的问题仍然存在。

第三章
中外向绿色经济转型的有益探索

面对生态环境的严峻挑战，人们开始寻找一种能使生态可持续、经济可持续和社会可持续的发展之路，可持续发展的理论应运而生。全球可持续发展的趋势已经极大地改变了市场环境和竞争规则，绿色经济作为一种环境合理性与经济效率性在本质上相统一的经济形态，将成为21世纪可持续经济发展的主导形态。绿色经济是建立在生态环境良性循环基础之上的、以生态经济为基础、知识经济为主导的可持续经济发展模式。

第一节　发达国家发展绿色经济的实践

随着全球生态危机的日益加剧和可持续发展观念的深入人心，全球掀起了绿色经济发展浪潮。西方多数发达国家都是从后工业时代开始发展低碳经济、循环经济和绿色经济，这似乎可作为发达国家推行绿色经济的时代界限。但是，同是进入后工业时代的国家，由于各自经济社会发展面临的突出矛盾不尽相同，发展低碳经济、循环经济和绿色经济起步时的“切入点”和推进力度也都各有各的选择。因此，借鉴国外循环经济和绿色经济发展的经验对中国具有重要意义。

一、美德日等国发展绿色经济的实践

20世纪后期开始，各发达国家针对所面临的环境问题，采取了多种措施，如发展循环经济、绿色经济等。其中，美国、德国、日本等国尤为典型，因此，本文主要介绍美国、德国、日本等国发展绿色经济的有益探索及其实践。

（一）美国

美国是发展绿色经济最早的国家之一，具体体现在发展循环经济起步早、立法健全、政策配套、责任明确等方面。美国从20世纪70年代开始重视污染的治理，80年代开始强调从生产和消费的源头上防止污染产生，90年代为提高经济效益、避免环境污染，重新规划产业发展，并提出了循环经济与绿色经济发展的整体思路。

1. 法律法规。美国为发展循环经济和绿色经济提供法律保证是从废弃物处理的立法开始的，然后逐步引入“减量化、再利用、再循环”的循环经济实际操作3R原则，最终引入消费者付费和生产者责任延伸制度。美国于1976年制定了《固体废弃物处置法》，后经过多次修改，目前还没有一部全国性的循环经济法规。但从20世纪80年代中期在俄勒冈、新泽西、罗德岛等州先后制定促进资源再生循环法规以来，全国已有半数以上的州制定了再生循环法规。

美国加州于1989年通过了《综合废弃物管理法令》，要求在2000年以前，实现50%废弃物可通过源削减和再循环的方式进行处理，未达到要求的城市将被处以每天1万美元的行政罚款。美国7个以上的州规定新闻纸的40%—50%必须使用由废纸制成的再生材料。在威斯康星州，塑料容器必须使用10%—25%的再生原料。加州规定玻璃容器必须使用15%—65%的再生材料，塑料垃圾袋必须使用30%的再生材料。

美国国会1990年还通过了《净化空气法》，该法禁止在制冷设备的制造、使用、维修和处理过程中排放含有氟氯化碳的制冷剂，要求对氟氯化碳等有害气体进行回收利用。为推动资源的回收利用，美国环境保护署1988年宣布用5年的时间，使城市垃圾回收利用率达到25%，到2005年，这一指标则要提高到35%。据此，各州纷纷通过立法，对本州居民提出更严格的要求，纽约州和加利福尼亚州提出要使回收利用率达到50%，新泽西州则要达到60%，而罗德岛州的目标则高达70%。

美国选择以开发新能源、发展绿色经济作为其经济的主要动力，绿色经济政策可以进一步分为节能增效开发新能源、应对气候变化等多个方面。其中，新能源的开发是核心。2009年2月15日，美国出台了《美国复苏与再投资法案》，投资总额达到787亿美元，该法案将发展新能源列为重要内容，包括发展高效电池、智能电网碳储存和碳捕获、可再生能源（如风能和太阳能等）。在节能方面最主要的是汽车节能。此外，为应对气候变暖，美国力求通过一系列节能环保措施大力发展低碳经济。

2. 激励政策。为发展绿色经济，美国除了健全法律法规以外，还提供了一系列配套措施，尤其是制定了一系列激励政策。这些激励政策主要有以下几个方面：

（1）政府奖励政策。美国于1995年设立了“总统绿色化学挑战奖”，主要是为了重视和支持那些具有基础性和创新性、并对工业界有实用价值的化学工艺新方法，以通过减少资源消耗来实现对污染的防治。

（2）税收优惠政策。美国亚利桑纳州1999年颁布的有关法规中，对分期付款购买回用再生资源及污染控制型设备的企业可减税（销售税）10%；美国康奈狄克州对前来落户的再生资源加工利用企业除可获得低息风险资本小额商业贷款以外，州级企业所得税、设备销售税及财产税也可相应减免；在2001年美国财政预算中，对新建的节能住宅、高效节能建筑设备等进行了税收减免，规定在2001年1月1日至2005年12月31日期间，凡在美国国家节能标准（IECC）基础上再节约50%的新建住宅，每幢减免 2000 美元，对各种节能设备，根据效能指标分别减税 10%—20%。

(3) 政府优先采购政策。在美国，几乎所有的州都制定了对使用再生材料的产品实行政府优先购买的相关政策或法规。联邦审计人员有权对各联邦代理机构的再生产品购买进行检查，对未能按规定购买的行为将处以罚金。在 2004—2006 年间，美国政府准备每年拨款 34 亿美元给地方州政府，用于旧家电回收和鼓励购买节能新产品。

(4) 价格优惠政策。美国的 200 多个城市根据所倒垃圾数量对其进行收费。美国环境保护机构的一项研究表明，如果每袋 32 加仑的垃圾收 1.5 美元的费用，将使城市垃圾数量减少 18%。美国的一些州和几个欧洲国家对饮料瓶罐采用了垃圾处理预交金制，美国总审计局的一项研究表明，此法可以使废弃物在重量上减少 10%—20%，在体积上减少 40%—60%。预交金一部分用于废弃物回收处理，另一部分用于回收新技术的研究开发。

(5) 现金补贴政策。在美国，联邦政府、州政府及电力公司等公用事业组织每年均会给予大量的经费补贴用于鼓励用户购买节能产品。此外，美国在节能研发方面也采取多种融资方式提供现金支持，并以多种形式进行资金帮助和补贴。

3. 中介组织积极参与。美国通过法律和相关制度明确界定了各利益相关方的责任，鼓励各方广泛参与绿色经济的发展。其中，比较突出的是美国的社区协调中介机构。实行会员制的中介组织代表政府与厂矿企业和社区联系，在政府部门的支持下，和其他公共机构一起推行“环保兰星”项目，并采取多种方式加强废弃物的回收处理、污染源的治理，使废弃物的回收和排放逐步走上规范有序的轨道。通过“兰星”项目的实施，该机构自身每年有 1000 万美元的经费收入，并发展成为一个强有力的组织协调机构，可以协调银行、消防、水、电等公用部门统一行动，对污染源进行治理，在社区的管理中发挥重要作用。

(二) 德国

德国是世界上公认的发展绿色经济和循环经济起步早、水平高的国家之一。其循环经济的发展起源于垃圾处理，然后逐渐向生产和消费领域扩展和延伸。德国发展绿色经济经历了一个不断探索的过程。大体来说，从1972—1996年，德国绿色经济的发展由强调废弃物的末端处理转变到循环经济被正式确认；1996年至今，德国循环经济得到大力发展并不断完善，绿色经济发展提上议事日程。

1. 法律法规。在以循环经济立法为主导通过法制化轨道发展循环经济方面，德国走在世界前列。其循环经济立法渊源可追溯到1935年颁布的《自然保护法》，但真正意义上的环境法律则始于第二次世界大战以后。第二次世界大战结束后，德国致力于经济恢复和发展，在经济迅猛发展的同时也带来了生活和工商业垃圾成倍增加，1972年以前处理垃圾方式是靠堆放或焚烧，到20世纪70年代德国（前联邦德国）大约有5万多个垃圾堆放场，大部分管理混乱，污染环境。为解决这一突出矛盾，1972年出台了《废弃物处理法》，规定关闭不合理堆放场，处置规范化、无害化以及污染者付费，划分处理责任等。从此开启了废弃物排放后依法进行末端处理历史。

1975年，德国政府发布了《国家废弃物管理计划》，明确规定废弃物处置的优先顺序是预防、减少、循环和重复利用；在污染者付费原则之后针对处置增加成本分担的规定，有力推动了从废物处置向废物经济的转变。1986年，德国政府对之前制订的法律进行了修订，颁布了《废弃物限制处理法》，增加了预防优先和垃圾处理后重复利用的原则，提出了由“怎样处理废弃物”到“怎样避免废弃物的产生”的思路。这意味着从最初只着眼于末端处理转为同时要重视源头控制。

1991年，德国通过了《包装条例》，要求将各类包装物的回收规定为义务，设定了包装物再生循环利用目标，规定自1995年7月1日起，玻璃、马口铁、铝、纸板和塑料等包装材料的回收率全部达到80%，2003年，玻璃、塑料、纸箱等包装物回收率超过90%，冶金行业95%的矿渣、75%以上的粉尘和矿泥以及2000万吨废旧铜材被重新利用。1992年，又通过了《废车限制条例》，规定汽车制造商有义务回收废旧车。

在此基础上，政府在1996年颁布了《循环经济与废弃物管理法》，这是世界上第一次在国家法律中出现循环经济概念，使经济社会发展中必然要解决的废弃物处理问题进入了循环经济范畴。该法规定对废弃物要实行“避免产生—循环使用—最终处置”这样一个严格的处理顺序，其要义是，首先要减少经济活动源头的污染物产生量，要求工业企业以及有可能产生废弃物的社会各界在生产阶段和消费阶段就要尽量避免各种废物的排放；其次是对于源头不能削减又有可能利用的废弃物和经过消费者使用的包装废物、旧货等要加以回收利用，使它们再回到经济循环中去；最后，只有那些不能利用的废弃物，才允许作最终的无害化处置。以固体废弃物为例，循环经济要求的分层次目标是：通过预防减少废弃物的产生；尽可能多次地使用各种物品；尽可能使废弃物资源化；对最终根本无法减少、再使用、再循环的废弃物则进行焚烧或以其他方式进行妥善处理。

2000年，德国制订了《可再生能源优先法》，明确了电网运营商对可再生能源电力的接纳义务，并对其偿付义务做了量化规定，对费用的承担做出原则性规定，要求可再生能源电站经营者承担电网连接点的必要费用。该法还对传输电网运营的再生能源电量与偿付额的平衡做了规定。开发新能源是德国能源建设的重要内容。德国的风力发电在世界具有重要地位，2001年，世界风力发电装机容量增加了6500兆瓦，达到2.4万兆瓦。其中德国的风力装机容量为8754兆瓦，占欧洲的一半。据2002年德国风力能源研究所的报告，到2010年，德国风力发电将达到2.2万兆瓦，世界风力发电将达12万瓦。由于风力发电有利于环境改善，提高经济效益，德国关闭了很多的核电站。

2. 激励政策。为促进循环经济的发展，推动绿色生产，德国制定了一些配套政策，主要是价格优惠政策、多渠道环保技术投资政策等。

（1）价格优惠政策。如德国在居民水费中含有足够的污水治理费。德国规定市、镇政府必须向州政府交纳污水治理费，污水治理没达到要求的企业要承担巨额罚款。市民用水每立方米费用为7.5马克，其中的

2.5 马克归饮水公司，5 马克给废水公司。废水公司又将所得款项的 1/3 拨给污水处理厂，2/3 拨给污水输送管道系统。

（2）多渠道投资环保技术。绿色生产所利用的清洁技术需要大量的投入，单靠企业自身的力量很难负担得起，同时为了刺激清洁生产，当时的联邦德国政府采取国家投资、企业集资和提高环保收费的办法，加大投入，仅 1986 年就投资 1036 亿马克，企业每年的环保投资在 60 亿—80 亿马克。德国是个技术大国，国家、企业、学校形成多层次的研究团队，科研的投入增加势必提高环保技术的水平和数量。在 1983—1993 年间，全世界的环保专利技术 5500 项，其中有 85% 来自德国。资金与技术使环保企业获得了极大的发展，德国的环保技术世界领先，不仅技术大幅出口，同时环保行业也提供了大量的工作岗位。

3. 中介组织积极参与。德国推动绿色经济发展的中介组织主要有回收中介组织——DSD。这个组织专门组织回收处理包装废弃物，由产品生产厂家、包装物生产厂家、商业企业以及垃圾回收部门联合组成，按自愿原则将相关企业组成网络，生产者通过该组织来回收产品包装并对收集来的包装进行再利用，该组织的资金来源是按照包装物的重量从生产者处收缴一定的费用。DSD 只接受那些通过绿色认证的被认为是可以回收的包装。一旦通过认证，生产者有权在其产品外包装上打上一个绿色的点，以告知消费者自己的产品是通过了 DSD 认证的。其他没有资格被打上绿点的产品包装则必须被返还给市场商。政府除规定回收利用任务指标外，其他按市场机制运行，盈利作为返还或减少第二年的收费。

德国发展绿色经济的重点是发展生态工业。2009 年 6 月，德国公布了一份旨在推动经济现代化的战略文件，强调生态工业政策应成为德国经济的指导方针。其生态工业政策主要包括六个方面的内容：严格执行环保政策；制定各行业能源有效利用战略；扩大可再生能源使用范围；可持续利用生物智能；推出刺激汽车业改革创新措施以及实行环保教育、资格认证等方面的措施。为了实现从传统经济向绿色经济的转变，德国除了注重加强与欧盟工业政策的协调和国际合作之外，还计划增加政府对环保技术创新的投资，并通过各种政策措施，鼓励私人投资。德国政府希望通过筹集公共和私人资金，建立环保和创新基金，以此推动绿色经济的发展。

（三）日本

20 世纪 60 年代以来，日本优先发展重工业，实现了经济的高速增长，从发展中国家进入发达国家行列。与此同时，为了进口原料出口产品，许多美丽的海岸线变成了工业区，企业追求利润，大量生产，大量排污，消极对待环保，环境污染严重，引发了大量的“公害病”。到 20 世纪 60 年代末期，日本成了举世瞩目的“公害国”。为此，日本完善立法，发展循环经济，治理环境污染。

1. 法律法规。从 20 世纪 70 年代起，日本开始实施建立健全法律法规制度，积极治理污染。自 1967 年颁布《公害对策基本法》后，日本政府先后颁布了一系列环保法律法规，依法对企业进行严格管理，促使企业加大环保投入。据统计，1974—1976 年，民营企业在环保设备的投资占设备总投资的 20%，表明末端治理引起了足够重视。1973 年的“石油危机”给世界带来恐慌，促使日本采取了更严格的环保措施，从高投入、高产出转向重视节约降耗，制定了曾被认为可能扼杀汽车工业的尾气排放标准，逼迫汽车工业加快技术革新，到 20 世纪 80 年代汽车以“节能，优质”称霸世界。

20 世纪 90 年代后，日本经济发展进入平衡阶段，为形成节省能源资源的经济结构，日本制订了促进循环经济发展的一系列法律法规体系。它大致可以分成 3 个层面：第一层面或称基础层面是一部基本法，即《促进建立循环社会基本法》；第二层面是综合性的两部法律，分别是《固体废弃物管理和公共清洁法》和《促进资源有效利用法》；第三层面是根据各种产品的性质制定的五部具体法律法规，分别是《促进容器与包装分类回收法》、《家用电器回收法》、《建筑及材料回收法》、《食品回收法》及《绿色采购法》。由此可见，日本是发达国家中利用法制武器发展循环经济最好的国家，形成了一个比较完整的建立循环经济和绿色经济的法律体系，从法制上确定了国家经济和社会发展的方向。

(1)《促进建立循环社会基本法》。该法于 2000 年 12 月公布实施。主要内容有以下六个方面：第一，关于建立“循环社会”的概念。简单地说，所谓“循环社会”就是指限制自然资源消耗、环境负担最小化的社会。第二，对那些没有考虑其价值而被称为“垃圾”的物质，定义为“可循环资源”并促进其回收。第三，“优先处理”顺序为：垃圾减量→回用→回收→能量利用→安全处理。第四，明确政府、地方主管、企业和公众的责任，鼓励每个人为建立循环社会做出努力。特别是明确企业和公众作为“垃圾产生者”的责任并增加“生产者责任”，即工厂对他们的产品从产地到处理负主要责任。第五，政府制定“促进建立循环社会的基本规则”。①在中央环境委员会颁布的指导原则下，由环境部拟定规划草案；②在制定规划时考虑中央环境委员会的意见；③制定规划必须通过相关部委和内阁的讨论，以保证政府对措施的执行；④一旦内阁对规划做出决定，应将决定报告议会；⑤应明确规划和 5 年评估期；⑥促进建立循环社会基本规划应作为政府制定其他规划的基础。第六，明确建立循环社会的政府措施。这些措施包括：减少垃圾产生量；以法规形式规定“垃圾产生者责任”；在产品回收利用到评估的整个过程中增加“生产者责任”；鼓励使用再循环产品；对妨碍环境保护、产生污染的企业征收环境补偿费。

(2)《促进资源有效利用法》。原法为《促进可循环资源利用法》，1991 年开始生效，2001 年 4 月完成修订并更名。规定企业必须减少垃圾产生量，将零部件作为原材料再生产、分配以及消费过程的各个阶段加以回收利用。提出 5 项措施：即通过节约生产资源和延长使用寿命减少垃圾产生量；回用零部件；企业回收使用过的产品并使之再循环；使用后产品加贴选择性收集标签；减少副产品和其他循环措施。

(3)《固体废弃物管理和公共清洁法》。该法于 1970 年制定，1991 年修订。修订中增加了垃圾产生最小化、垃圾分类及回收等条款；对有毒性的固体废弃物（如医疗垃圾）管理条款更加严格；建立垃圾处理中心系统；将选择性处理的责任分摊到公众身上；地方政府组建促进垃圾减量化委员会。

（4）《促进容器与包装分类回收法》。该法于1995年颁布。规定建立容器与包装回收体系，划定了不同主体要承担不同的责任。对玻璃瓶、PET瓶、纸制品、塑料包装制品等回收制定了具体条款。

（5）《家用电器回收法》。该法于1998年颁布。规定制造商和进口商制造、进口的家用电器有回收义务，并需按照再商品化率标准对其实施再商品化。明确规定了电冰箱、洗衣机的再商品化率（资源回收）必须达到50%以上；电视机的再商品化率必须达到55%以上；空调器的再商品化率达到60%以上。

（6）《建设及材料回收法》。该法于2001年制定，2002年实施。规定要大力推进砼块、沥青块、废木材等废物的再生利用，要求到2010年上述3种废料的再生利用率目标为96%。

（7）《食品回收法》。该法于2001年4月实施。规定食品厂、流通和外售企业对食品废物等负有将其转化为肥料、饲料的义务。

（8）《绿色采购法》。该法于2001年4月实施。规定日本政府各机关在购买商品如纸类、文具用品、汽车时，都要购买减少环境负荷的环境友好型产品，包括再生打印纸、低污染办公车、节能型复印机等。这一行动已经在日本产生了减少环境负荷的效果：2002年，由于政府大量采用再生纸，使得原生纸浆使用量减少了23.4万立方米，环保文具用品和低公害汽车的使用也使二氧化碳的排出量分别减少了58吨和816吨。

2. 激励政策。日本促进绿色经济发展的激励政策主要有以下几个方面：

（1）资源回收奖。这种奖项旨在鼓励市民回收有用物质的积极性。该奖项实施后在日本许多城市收到良好的效果，例如，日本大阪市对社区、学校等集体回收报纸、硬板纸、旧布等发给奖金；在全市设了80多处牛奶盒回收点，回收到一定程度后可凭回收卡免费购买图书；市民回收100只铝罐或600个牛奶盒可付给100日元。

(2) 税收优惠政策。日本对废塑料制品类再生处理设备在使用年度内，除了普通退税外，还按取得价格的14%进行特别退税。对废纸脱墨处理装置、处理玻璃碎片用的夹杂物去除装置、铝再生制造设备、空瓶洗净处理装置等，除实行特别退税外，还可获得3年的固定资产税退还。

(3) 价格优惠政策。日本有关法规中规定废旧物资要实行商品化收费，即废弃者应该支付与废旧家电收集、再商品化等有关的费用。日本规定的4种废旧家电的再商品化费用，每台电冰箱平均4600日元，每台室内空调器3500日元。每台洗衣机2400日元。

(4) 财政补贴政策。为了促进循环经济的发展，制定了一系列资金投入政策，在预算制度、融资制度上都对发展循环经济给予支持，如对废弃物再资源化工艺设备生产者给予相当于生产、实验费的1/2的补助；对引进先导型合理利用能源设备予以补贴，其补贴率为1/3，补贴金额最高上限为2亿日元；对从事3R研究开发、设备投资、工艺改进等活动的各民间企业，根据不同情况分别享受政策贷款利率等等。

3. 中介组织积极参与。为推动循环经济的发展，日本大阪有关部门专门建立了废旧物品回收情报服务机构。该机构出版的《大阪资源信息循环月刊》，定期发布各类废旧物品方面的信息。同时，该机构还定期组织废旧物品调剂交易会（如旧自行车、电视、冰箱），为市民提供淘汰旧货的机会，使市民、企业、政府互通信息，调剂余缺，推动垃圾减量运动发展和消费的节约。

日本非常重视运用各种手段和舆论传媒宣传推广节能减排计划，以提高市民对实现零排放或低排放社会的意识。如日本大阪市结合城市美化宣传活动，每年9月发动市民开展公共垃圾收集活动，并向100万户家庭发放介绍垃圾处理知识和再生利用的宣传小册子，鼓励市民积极参与废旧资源回收和垃圾减量工作。防止过量包装，鼓励绿色购物；尽可能减少垃圾排出量，不浪费食物；对一次性易耗品加强反复使用和多次使用，旧衣服家电家具用品送别人使用、不随意丢弃等等。2009年4月，日本政府公布《绿色经济与社会变革》的政策草案，目的是通过实行削减温室气体排放等措施，强化日本的绿色经济。2009 年 5 月，日本正式启动支援节能家电的环保点数制度，通过日常的消费行为固定为社会主流意识，集中展示绿色经济的社会影响力。在对企业执行国家节能环保标准的监督管理方面，日本有一套完整的“四级管理”模式，即首相→经济产业省→其下属的资源能源厅→各县的经济产业局。在相关政策的引导下，日本企业纷纷将节能视为企业核心竞争力的表现，重视节能技术的开发。日本政府还通过改革税制，鼓励企业节约能源，大力开发和使用节能新产品。

除此以外，日本从 1997 年就从“零排放”的构想出发，采取“政府主导、学术支持、民众参与、企业化运作”的模式，开始规划和建设生态工业园，并把它作为建设循环经济和生态社会的重要举措。据统计，日本政府先后批准建设了 26 个生态工业园区。

二、美国、德国、日本等国发展绿色经济的启示

美国、德国、日本等发达国家都把发展循环经济和绿色经济作为实施可持续发展战略的重要途径，并积累了很多值得借鉴的经验。通过对这些国家发展循环经济和绿色经济的理论发展趋势和历史经验的研究，可以为中国发展循环经济和绿色经济提供几点启示。

（一）完善法律规范，使绿色经济制度化

经济的发展离不开制度的保障，只有在完善的制度下，才能使绿色经济主体自觉进行相应的生产和消费，否则就承担不利的责任。绿色经济涉及生产和生活的所有领域，应建立相应的法律法规，将发展绿色经济的政策纳入到国家宏观经济调控政策体系之中，使之与其他政策相配套。发达国家推进循环经济和绿色经济发展的成功经验之一，是随着循环经济和绿色经济发展的不同阶段，建立和不断完善相应的法律法规体系，以立法为先导把循环经济和绿色经济发展纳入法制化轨道。

在循环经济和绿色经济立法方面，德国走在世界的前列。1972 年，

德国制定了第一部《废弃物处理法》，强调废弃物排放后的末端处理。1986年的修正案将其改称为《废弃物限制及废弃物处理法》。从“怎样处理废弃物”发展到“怎样避免废弃物的产生”。在此基础上，1991年颁布了《包装条例》，规定了包装物再循环利用的目标。1992年通过了《限制废车条例》，规定汽车制造商有义务回收废旧汽车。1996年又制定了《循环经济与废弃物管理法》，把废弃物处理提高到循环经济的高度，并建立了系统配套的法律体系。

1976年，美国通过了《资源保护回收法》，1990年制定了《污染预防法》，但目前还没有制定出一部全国性的循环经济法规。20世纪80年代中期，俄勒冈、新泽西、罗德岛等州先后制定了促进资源再生循环法规。现在，美国已经有半数以上的州制定了有关循环经济的法规。

自1991年起，日本先后制定了一系列关于循环经济和绿色经济的法律，包括：《资源有效利用促进法》、《废弃物处理法》、《特种家用电器循环法》、《可循环性食品资源循环法》、《绿色采购法》、《建筑材料循环法》、《容器和包装物的分类收集与循环法》等。2000年12月又出台了《建立循环型社会基本法》，作为推动循环型社会发展的基本框架。目前，日本已经成为循环经济立法体系较为完善的国家。

各国立法都有本国的特色，中国在进行制度建设时，不必照抄照搬，而是从发展循环经济和绿色经济的现实情况出发，先制定产业政策，从规范工业领域开始，之后再规范社会公众的消费。从目前情况来看，中国虽然制订了一些鼓励开展资源综合利用的政策措施，但至今还没有一部关于推进循环经济和绿色经济的法律，所以要尽量加快循环经济和绿色经济立法工作的步伐。在进行循环经济和绿色经济立法调研的基础上，注意制定关于加强绿色消费、资源循环再生利用以及家用电器、建筑材料、包装物品回收等专业、行业领域的体现循环经济要求的具体的法律法规，使中国循环经济和绿色经济的法律、法规体系早日建立起来。

（二）制定激励政策，使绿色经济市场化

调整资源发展战略实现资源的持续性，是发展循环经济和绿色经济

之关键点。在国家资源发展战略中，应加大力度扶持核电、水电、风电和太阳能等可再生能源行业，探索新的替代能源，建立清洁高效的能源体系。在建立清洁高效的能源体系过程中积极引进国际上的先进技术和管理经验，借助国际上的资金，逐步使其成为中国化的商业运作方式，在使企业取得经济效益的同时，又保护环境。这就需要政府制定相应的激励政策，建立融资体制并进行综合规划。与法律相比，政策具有相对灵活性和时效性强的特点，因此，在循环经济和绿色经济发展实践中，许多国家还制定了一些相关政策，收到了较好的效果。

1. 生产资源节约政策。

（1）征收新材料税。目的是为了使生产厂家减少对原材料的使用。美国许多州对超过循环经济立法规定新材料使用标准的企业，通过征收新材料税的方法限制其对新原材料的使用。

（2）征收填埋和焚烧税。美国对公司和企业征收垃圾填埋和焚烧税，从而限制和减少了企业对原材料的投入和使用，达到了生产废物和垃圾的减量化和再生利用的目的。

（3）征收生态税。目前德国已经开始征收生态税，除风能、太阳能等可再生能源外，其他能源都要收取生态税，间接产品也不例外。

（4）减免税收。法国通过实行减免税收政策，鼓励企业采用节能型设备和使用利用太阳能和电能清洁汽车。

2. 消费领域管理政策。

（1）垃圾处理预交制。美国的一些州和欧洲一些国家对饮料瓶的处理采取了这一政策。美国统计局的一项调查研究表明，这一政策的实行使废弃物在重量上减少了10%—20%，在体积上减少了40%—60%。预交金一部分用于废弃物的回收处理，另一部分用于回收新技术的研究开发。

（2）按垃圾数量收费。目前美国的200多个城市实行这一政策。

（3）废旧物资商品化收费。目前，日本规定的废旧家电的再商品化费用为：每台电冰箱平均4600日元，每台室内空调器3500日元，每台洗衣机 2400 日元。

(4) 收取污水治理费。德国居民用水中含有污水治理费，市民用水每立方米为 7.5 马克，其中 2.5 马克归饮水公司，5 马克归废水处理公司。同时，市、镇政府必须向州政府交纳污水治理费。

3. 废旧物资再生利用政策。美国的亚利桑那州从 1999 年开始对废旧物资的再生利用实行税收优惠政策。对购买回收再生资源及污染防治型设备的企业可减税（销售税）10%。日本对废塑料制品类再生处理设备在使用年限内，除了普遍退税外，还按价格的 14% 进行特别退税。对废纸脱墨处理装置、铝再生制造设备、空瓶洗净装置等，除实行特别退税外，还可退还 3 年的固定资产税。同时，日本还实行资源回收奖励政策，目的是鼓励市民回收可利用物资的积极性。

因此，中国在发展循环经济和绿色经济的过程中，应该强化政策导向职能，通过产业政策、财税政策、投资政策以及政绩考核引导循环经济和绿色经济的发展，形成激励机制与约束机制。国家综合经济部门可以通过制定产业政策，鼓励发展资源消耗低、附加值高的高新技术产业、服务业和用高新技术改造传统产业。利用国债等渠道进行投资引导，在各行各业促进循环型生产环节的形成。国家财政、税务部门应当研究制定对使用循环再生资源生产的企业和产品减免税收和给予优惠贷款的政策，鼓励企业使用循环再生资源；通过财政、税收部门的工作，将发展循环经济逐步从投资引导转向税收优惠，将计划经济体制下的政府投资拉动变为市场经济体制下的市场选择。还可以通过征税促进循环经济，如征收自然资源税，促使少用原生材料；征收垃圾税，促使减量化和再利用具有吸引力。价格主管部门通过调整资源型产品与最终产品等手段，激励发展有循环经济和绿色经济意义的产业不断发展壮大。

（三）依靠社会团体，使绿色经济社会化

循环经济和绿色经济是一种以资源的高效利用和循环利用为核心，符合可持续发展理念的经济增长模式，是对“大量生产、大量消费、大量废弃”的传统增长模式的根本变革。发展循环经济和绿色经济不是目的，而

是节约资源，保护环境，实现可持续发展的手段。循环经济和绿色经济的发展离不开社会团体的参与，其中非盈利性中介组织可发挥政府和企业不具备的功能。新加坡能够在较短的时间内取得绿色经济建设的成果，很大程度上与公民的参与有关；日本在《循环型社会形成推进基本法》中特别规定了社会团体的参与。因此，中国应当特别注意加强对社会团体的培育，不仅从组织上，而且在参与社会经济发展中，应当积极发挥作用。社会团体的参与不仅能实现决策的科学化、民主化，而且，还对公民绿色环保意识的培养起到积极的作用。因为社团的成员其来自民间，其宣传和榜样的力量可以对绿色经济社会化进程产生巨大的影响。

一些国家在推进循环经济和绿色经济中，还非常重视采取各种措施增强公众的环境意识和参与的积极性，从而使循环经济和绿色经济能够在稳定的社会环境和公众支持下发展。主要措施有：

1. 通过舆论传媒和教育方式增强公众循环经济和绿色经济的意识。日本大阪市经常结合城市美化宣传活动，发动市民开展公共垃圾收集活动，普及垃圾处理和再生利用的知识，增强广大市民的循环经济和绿色经济意识。英国的环保团体通过各种方式普及环保知识，促进环境信息的交流，倡导有益的消费方式。

2. 鼓励公众参与环境管理。鼓励公众参与环境管理是当今国际社会政策导向的一个主题。在很多国家，公众参与环境管理的范围、程序、形式和法律已经日臻完善。在英国，鼓励公众参与环境管理主要通过两种方式。一是法律赋予公众环境权（包括环境知情权、参与环境事物决策权和环境诉讼参与权），通过法律方式，使公众能够行使对政府、企业和个人环境行为的监督；二是公众参与环境评价，英国环境影响评估项目中规定必须向“适当的机构”提交环境影响报告，该报告必须征询公众团体的意见，并给予公众表达他们观点的机会。在美国1969年制定的《国家环境政策法》中，也赋予了公众参与环境评价的权利。

中国相关部门应探讨和加大宣传运用循环经济和绿色经济理念实现可持续发展的思路，号召全社会珍惜资源，保护环境，使广大群众树立生态价值观，实现人与自然协调发展的价值取向。对此，相关部门应着重创建一些环境教育杂志，就大家普遍关心的话题进行讨论，如居住环境与环境教育、环境教育评价、气候环境变化问题、社会价值和环境道德、环境保护与性别平等、环境思维、环境公正、地区知识等。环境教育不仅关注自然环境，还涉及社会公正、人道主义、经济全球化背景中所受的影响等。各级政府有关部门、社区、企业、非盈利组织、非政府组织等也应参与到对公民进行科学的环境教育工作中，鼓励广大群众树立可持续性的价值观念。

第二节　中国发展绿色经济的有益探索

在能源、粮食、气候变化以及金融危机等多重危机形势下，绿色经济已经成为全球环境与发展领域的一种趋势和潮流。中国正处于全面落实科学发展观、建设环境友好型和资源节约型社会的战略转型期。发展绿色经济，对于实现中国环境与经济的协调发展，真正走出一条具有中国特色的可持续发展道路，无疑具有重大的现实意义。在中国发展绿色经济过程中，针对国内外的经验和教训，对绿色经济发展进行了一些有益的探索。这种探索实质上是一种浅绿色经济发展实践。

一、排污权交易实践

排污权交易是当前受到各国关注的环境经济政策之一。20 世纪 70 年代由美国学者戴尔斯（J. H. Dales）最先提出，并首先被美国国家环保局（EPA）用于大气污染源及河流污染源管理，而后德国、澳大利亚、英国等国家相继进行了排污权交易政策的实践。中国在大气污染源控制方面也开展过可交易排污许可证的试点工作，并取得了一定的效果。

排污权交易的主要思想是：在满足环境要求的条件下，建立合法的污染物排放权力即排污权（这种权力通常以排污许可证的形式表现），并允许这种权力像商品那样被买入和卖出，以此来进行污染物的排放控制。

排污权交易的一般做法是，首先由政府部门确定出一定区域的环境质量目标，并据此评估该区域的环境容量；然后推算出污染物的最大允许排放量，并将最大允许排放量分割成若干规定的排放量即若干排污权。政府可以选择不同的方式分配这些权利，如公开竞价拍卖、定价出售或无偿分配等，并通过建立排污权交易市场使这种权利能合法地买卖。在排污权市场上，排污者从其利益出发，自主决定其污染治理程度，从而买入或卖出排污权。排污权交易的实质是通过模拟市场来建立排污权交易市场。

与环境标准相比，排污权交易是一种基于市场的经济手段；同排污收费相比，排污权交易更充分地发挥了市场机制配置资源的作用。排污权交易具有以下几方面的特点：成本最小化；有利于宏观控制；给非排污者表达意见的机会；有利于优化资源配置；提高了企业投资污染控制设备的积极性；更具有市场灵活性等。总之，在环境保护的各种政策手段中，排污权交易对市场的利用最充分，如果运用得当的话，它可以对环境保护起到积极的作用，有利于环境与经济的协调发展。

（一）早期排污权交易试点

自20世纪80年代开始，中国一些城市开始试行总量控制和排放权交易，涉及的污染物包括大气污染物，水污染物等，并建立了包括排放权交易内容的部门规章和地方法规。

1. 排污指标交易的成功尝试。1982年，上海市进行了排污指标有偿转让的尝试，上海黄浦江上游地区在所有的环境容量都已分配完毕的情况下，对新项目采取了污染物排放总量指标在地区内综合平衡、调剂余缺的措施，对排污指标进行有偿转让。典型案例有上海灯泡厂与宏文造纸厂的排污权交易、上海吉田拉链有限公司与上海中药三厂的排污权交易。

为解决城市大气环境质量恶化问题，太原市于20世纪80年代也制定了一系列地方法规，如《大气污染物总量排放标准》和《污染物指标有偿转让管理办法》。对于环境质量严重超标地区，严格控制所有排污单位排污量，以“以新带老，增产不增污”为基本原则，通过排污补偿或排放权交易的方式抵消新源增加的排污量，从而确定新源的排污指标，使环境资源作为商品进入市场，有偿使用。20 世纪 90 年代初期以来，中国的 SO_2 总量控制政策体系在实践中正在逐步趋于成熟。1990—1994 年，国家环保总局在中国 16 个重点城市（天津市、上海市、沈阳市、广州市、太原市、贵阳市、重庆市、柳州市、宜昌市、吉林市、常州市、徐州市、包头市、牡丹江市、开远市、平顶山市）进行了“大气污染物排放许可证制度”的试点及在 6 个重点城市（包头市、太原市、贵阳市、柳州市、平顶山市、开远市）进行了大气排放权交易试点。对 SO_2 与烟尘排放的总量控制，许可证制度的实施进行管理机构与制度的建立，技术体系和运行机制建立的试点，进行大气污染物排放总量控制和许可证制度立法的前期准备工作，并对大气排放权交易政策的实施进行初步探索。

1986 年，内蒙古自治区人大常委会批准了《包头市环境综合整治条例》，规定“对排氟企业实行总量控制管理”，1991 年又对该条例进行了修改。条例对排污许可证管理作了具体明确的规定，即“排放污染物的单位，必须将污染物的种类、数量、浓度（强度）、污染排放设施和处理设施，向有管辖权的环境保护行政主管部门申报登记。对排污单位，环境保护行政主管部门按规划指标，颁发排污许可证或临时排污许可证，持证单位排放污染物必须符合规定的要求。对重点污染源的重点污染物实行排放总量控制”。1991 年，包头市环境保护局还制定了《包头市大气氟化物排放许可证管理办法》，规定大气氟化物排放指标在有利于区域环境总量控制管理的前提下，经环保局批准，可以在排氟单位之间互相调剂。为了使排放方式和地理位置不同，污染贡献各异的大排氟源之间能够互相调剂，引入了“污染当量”概念和给出各级当量数，为“排污权交易”的灵活管理创造条件。对一些新老污染源的排污量，提出交换条件，并做出明确限制，形成排污权交易。

1993 年，云南开远市颁布了《开远市大气排污交易管理办法》，在行政区内对 SO_2、烟尘、粉尘实施了总量控制和排污交易，完善了排污交易的法律基础。该《办法》规定：县级以上地方人民政府环境保护行政主管部门应按下列排污收费项目向排污者征收排污费，主要包括以下几个方面：第一，污水排污费。对向水体排放污染物的，按照排放污染物的种类、数量计征污水排污费；超过国家或者地方规定的水污染物排放标准的，按照排放污染物的种类、数量和本办法规定的收费标准计征的收费额加一倍征收超标准排污费。对向城市污水集中处理设施排放污水、按规定缴纳污水处理费的，不再征收污水排污费。对城市污水集中处理设施接纳符合国家规定标准的污水，其处理后排放污水的有机污染物（化学需氧量、生化需氧量、总有机碳）、悬浮物和大肠菌群超过国家或地方排放标准的，按上述污染物的种类、数量和本办法规定的收费标准计征的收费额加一倍向城市污水集中处理设施运营单位征收污水排污费，对氨氮、总磷暂不收费。对城市污水集中处理设施达到国家或地方排放标准排放的水，不征收污水排污费。第二，废气排污费。对向大气排放污染物的，按照排放污染物的种类、数量计征废气排污费。对机动车、飞机、船舶等流动污染源暂不征收废气排污费。第三，固体废物及危险废物排污费。对没有建成工业固体废物贮存、处置设施或场所，或者工业固体废物贮存、处置设施或场所不符合环境保护标准的，按照排放污染物的种类、数量计征固体废物排污费。对以填埋方式处置危险废物不符合国务院环境保护行政主管部门规定的，按照危险废物的种类、数量计征危险废物排污费。第四，噪声超标排污费。对环境噪声污染超过国家环境噪声排放标准，且干扰他人正常生活、工作和学习的，按照噪声的超标分贝数计征噪声超标排污费。对机动车、飞机、船舶等流动污染源暂不征收噪声超标排污费。

浙江绍兴县于 1996 年 12 月建成污水集中治理一期工程并投入运行，该工程接纳 73 家排污企业的污水，日处理能力为 15 万吨。工程投资

1.87亿元，除向银行贷款2400万元外，其余资金全部由排污企业负担。环境容量资源是联系政府、企业和污水处理厂之间的特殊商品。政府负责核发“排污许可证”，按照股份制形式组建“官民合营”的绍兴县给排水管理处，作为专业运营“环境容量资源”这一特殊商品的企业，它可以向企业出让“排污权”和“环境容量使用权”；入网企业按规定交纳一次性入网费，按月交纳运行费；入网企业可进行“产权交易”，有价出让“排污权”保证“排污权”在总量控制范围内合理流动。给排水管理处由环保局主管，并且按物价部门确定的标准，采取旺季旺价、淡季淡价的调节方式，保证了污水处理厂的自我积累和自我发展。该污水处理厂的运营模式是“产权股份化，投资社会化，运行市场化，管理企业化”，实践证明，绍兴县的这一污水处理模式是成功的。

1998年9月，为防治大气污染，保护大气资源，保障人体健康，促进经济和社会的发展，山西太原市出台了中国第一部包括排放权交易内容的总量控制地方法规——《太原市大气污染物排放总量控制管理办法》。该《办法》规定：实行总量控制坚持谁开发谁保护，谁污染谁治理，谁排污谁付费和增产减污的原则，以达到排污总量逐步削减的目的。关于指标转让的内容主要包括：第一，总量控制内的指标可以有偿转让。有偿转让在达到排放标准的前提下进行。有偿转让应当在环境保护行政主管部门的监督指导下进行。第二，排污单位通过治理使大气污染物实际排放量低于政府下达的允许排放量指标的，其剩余的允许排放量指标可以留做本单位发展使用或者转让给其他排污单位。转让和受让的指标，原则上应当在同类环境质量功能区之内、同种污染物之间进行。第三，新建、改建、扩建向大气排放污染物的项目，建设单位必须向环境保护行政主管部门申请大气污染物排放量指标，经核准并取得允许排放量指标后，方可按建设程序办理其他手续。超过总量控制目标和指标的地区和排污单位，一般不得新建、扩建排放大气污染物的项目；确需建设的，均应以有偿受让形式取得新增允许排放量指标。能耗高、污染严重、不符合国家产业政策和本市总体规划的项目，不得受让允许排放量指标。

第四，转让和受让允许排放量指标的排污单位，双方必须签订书面合同，经环境保护专项评估，并报当地环境保护行政主管部门确认，换发新的排污许可证，方可生效。第五，通过有偿转让方式取得允许排放量指标的排污单位，不免除环境保护的其他法定义务。

2. 早期排污权交易试点的成效。上述这些城市的试点工作均取得了一些有益成果，包括：达到以管促治削减大气污染物排放总量的目的；推进防治污染技术政策，清洁生产政策的实施；增加环保投入；提高了科学化、定量化环保管理水平；建立了大气污染物排放许可证制定的基本框架以及运行程序控制，改善了环境质量。但是，这些城市的试点也得到一些教训：由于缺乏法律依据，没有能建立长久的大气污染物排放许可证制度运行机制；大气污染物排放总量指标分配缺乏统一、科学、公平、公正的方法；大气污染物排放许可证制度缺乏统一、科学、完整、可行的管理办法；大气污染物排放许可证制度缺乏科学的监督方法，尤其是污染源排放连续监测系统。

（二）排放权交易的扩大试点与深化

1. 控制 SO_2 排放的尝试。中国新一轮的运用排放权交易控制 SO_2 排放的尝试始于1999年4月朱镕基总理访问美国期间，中国国家环境保护总局局长解振华和美国环保局局长卡罗·布朗共同签署的“中国运用市场机制减少 SO_2 排放的可行性研究意向书”。中美两国政府签署合作协议后，在中美合作框架下，国家环保总局与美国环境保护协会于1999年9月签署了合作协议备忘录，将本溪市和南通市确定为首批试点城市，SO_2 排放权交易试点正式启动。

在长期研究、试点和管理工作实践基础上，中国已具备了通过由国家环保总局统一领导，进行大面积规范化政策实施示范的条件。2001年3月，国家环保总局污控司与美国环保协会开始新一轮的扩大试点工作。这一阶段的试点更加系统全面，目的和试点内容包括：推动中国 SO_2 排放总量控制及排放权交易政策的实施；制定《二氧化硫排放总量指标分配方案》，《二氧化硫排放许可证管理办法》，《二氧化硫排放总量控制监控实施方案》,《二氧化硫排放权交易管理办法》;在典型省市进行 SO_2 排放总量控制及排放权交易政策示范,以全面提高大气环境管理水平;在典型省、市示范工作的基础上进行总结及推广应用,促进排放权交易政策纳入国家法律文件;推动大气污染防治法顺利实施和“两控区” SO_2 排放削减计划的实现的《推动中国二氧化硫排放总量控制及排放权交易政策实施的研究项目》。

2. SO_2 排放总量控制及排放权交易政策实施的成功示范。国家环保总局于 2002 年 3 月开始在山东、山西、江苏、河南、上海、天津、柳州开展 SO_2 排放总量控制及排放权交易政策实施的示范工作,排放权交易试点项目正式全面、深入开展。为了推进电力行业的节能减排积累经验,又将中国华能集团公司作为示范单位。由此,确立了“4 + 3 + 1”(即 4 个“省”, 3 个“市”, 1 个公司)项目试点范围。这标志着中国“二氧化硫排放总量控制与排放权交易政策”研究与实施工作进入到新阶段。示范涉及了“两控区” 18.56% 的 SO_2 排放量, 131 个城市(包括县级市), 727 个企业:包括了经济最发达、市场经济发育较成熟的上海市和江苏省; SO_2 排放量最高的山东省;中原工业大省,全国人口最多的河南省;重工业、能源基地山西省;中国有代表性的工业大城市天津市;从 1991 年开始坚持实施大气排污许可证制度,实现了以环境容量为依据的 SO_2 排放总量控制, SO_2 排放许可证已实现规范化管理的柳州以及电力行业中股份制建立早且拥有占电力行业 1/10 发电容的中国华能集团公司。这使示范工作具有足够的代表性和典型性,这也是国家环保总局首次进行的大规模 SO_2 总量控制与排放权交易政策实施示范工作。

2001 年,江苏南通市天生港发电有限公司收到了该市一家大型化工有限公司的第一笔 SO_2 排污权转让费 20 万元,这是中国首例 SO_2 排污权的成功交易,标志着中美合作项目“运用市场机制控制二氧化硫排放”取得了开拓性成果。2001 年 9 月,由美国未来公司和中国环境科学院共同承担的亚洲银行贷款项目的赠款项目“二氧化硫排污交易制”在太原市试行,太原市的 26 家 SO_2 排放严重的企业参与示范。太原市环保局、计委、物价等部门对适用于 SO_2 排放许可交易的管理体系，包括排放权的分配、交易原则、监测办法等进行探索。2003 年 7 月，江苏太仓港环保发电有限公司与南京下关发电厂两家企业实施了中国首例跨地区火电厂 SO_2 排放权交易，开创了中国跨区域交易的先例。2004 年开始，国家环保总局与美国环保协会继续合作，推进排放权交易的立法工作。

2007 年 11 月，国内首家排污权储备交易中心“嘉兴市排污权储备交易中心”正式挂牌成立。这是国内第一个排污权交易中心，标志着中国排污权交易逐步走向制度化、规范化、国际化。“嘉兴市排污权储备交易中心”是从事主要污染物排污权交易的专门机构，是排污权可转让方和需求方交易的指定平台，隶属于嘉兴市环保局。该中心的正式挂牌成立，标志着嘉兴市全面实施主要污染物（COD 和 SO_2）排污权有偿使用交易制度已全面展开。实施排污权有偿使用，建立交易平台，既可提高污染产业的准入门槛，提高企业的治理积极性，也为治理污染筹集资金，促进污染减排工作的开展。

湖北省也积极进行排污权交易制度建设，武汉光谷联合产权交易所已经完成了主要污染物（SO_2、化学需氧量）排放权交易平台的软硬件建设。目前，湖北省环保局与武汉光谷联合产权交易所互相配合，准备率先将主要污染物（SO_2、化学需氧量）排放权引入交易平台，让企业的排污权可以通过电子竞价的方式进行交易。

3. SO_2 排放控制示范的成效。示范工作是全面实施《大气污染防治法》，真正实现污染物总量控制管理的一次积极的探索。对于将环境资源真正纳入社会经济发展管理范畴，建立适合社会主义市场经济的创新环境管理体制具有深远的影响和重要的意义。通过示范工作取得了以下主要成果：

（1）环境资源有价的观念深入人心。社会各界对 SO_2 排放权的关注度空前提高，积极主动地参加 SO_2 排放相关政策制定，认真细致地制定 SO_2 排放控制方案和进行成本核算，提高了 SO_2 减排的积极性。示范中初步建立了环保部门、政府相关部门、企业广泛参与环境、社会和经济发展政策制定的决策机制。中国华能集团公司将环境资源纳入企业生产经营计划，在优化配置电力资源同时考虑环境资源的优化配置，积累了电力事业可持续健康发展的理念，技术方法和经验，这些经验做法非常值得推广。

(2) 创新了环境保护管理机制。通过示范工作，创建了在不增加区域 SO_2 排放总量、保证区域环境质量的前提下，引进新的先进企业，促进区域经济发展，在经济发展中进一步促进环境保护的环保管理机制。

(3) 初步建立了统一的 SO_2 排放总量控制指标核定与分配的架构。按照污染源对环境影响的不同，将高架源与中、低架源分开控制。在高架源中按实际情况首先抓燃煤电厂的高架源。通过广泛征求电厂的意见，根据上百条企业的建议，经数十次方案修改，初步建立了统一的、较公正的电力行业 SO_2 排放总量控制指标分配方法。

(4) 初步建立规范化的 SO_2 排放总量控制和许可证制度管理、运行机制及相应的配套管理办法和技术支持体系。

(5) 根据 SO_2 排放特点，重点进行了燃煤电厂间的 SO_2 排放权交易示范，初步建立了 SO_2 排放权交易管理、运行架构。首次将 SO_2 排放权交易政策纳入了地方政府规章，在排放权交易的立法上实现了重大突破，制定了中国地方第一部 SO_2 排放权交易管理办法，为国家制定排放权交易的法律规章提供了实践基础。

(6) 顺利完成了几项 SO_2 排放权交易，首次实现跨地域 SO_2 排放权交易，并取得明显的社会、经济和环境效益。

(三) 排污权交易实践中存在的问题

排污权交易制度在中国少数省市试点顺利，但在大多数地区进展仍十分缓慢，面临着许多问题。

1. 核定排污总量在技术上存在困难。排污权交易实施的前提是排污总量控制。首先，总量控制明确了环境容量的稀缺性，使容量资源成为经济物品；其次，通过总量控制明确企业对容量资源的产权（使用权）。具体而言，环境本身具有的纳污能力，有一定的环境容量阈值，超越了这一阈值进行排污，就会影响环境质量。所以，要对某一地区的排污总量规定一个上限，以不超过环境容量为前提。依据环境目标控制点的环境质量标准，科学评价环境容量，然后，再结合不同污染物的扩散模式，按照不同污染物的排放标准，确定区域内各污染物的排放总量。

实际上，环境容量的确定过程是极其复杂而艰巨的，耗资巨大，而且它还需要大量确定地域的环境质量追踪监测数据，这些数据的得来是一个历史的累积过程，要经过几年甚至几十年的累积。另外，还必须对特定污染物在该地域的迁移转化规律进行深入分析，这样才能保证最终确定的环境容量的科学性和客观性。目前，中国正在推行的技术监测手段为在线自动监测网（CEMS 系统），这种技术可以全天候不间断地监测、记录企业的 SO_2 排放情况并自动累加已经排放的 SO_2 数量，通过网络向各级环保部门传送，客观公正地提供每一个排污企业的 SO_2 排放状况。但是这种方法还在实验阶段，没有大规模普及，技术问题是中国排污权交易试行缓慢的一个重要原因。

2. 法律体系不完善。为了实行排污权交易，建立排污权转让市场，实现排污权使用权和经营权的市场化，推进环境产权市场规范化建设，必须首先从法律上确认排污权。排污权是环境权的一项重要内容，是指人类在生产和生活过程中有向环境排放必须和适量污染物的权利。因此，人们合理利用环境容量资源，合理适当的排污权利应得到法律的确认和保护，并以此作为排污权交易制度的基础。一项合法的排污权应是所有权者可以依法占有、利用、收益和处分的权利，应有明确的主体和客体，其客体应具有量的概念和时间概念，可进行拆分并得到国家环境行政主管部门的登记和确认，以排污许可证的形式表现出来。

如果要在全国范围内推广实行排污权交易政策，就必须有关于总量控制和排污权交易的国家级法规，或至少各个地方要有关于总量控制和排污权交易的地方法规。因为总量控制的实质是对污染物的排放总量（这里指全国或区域的排放总量）规定上限，即明确净化污染物的环境容量资源是有限的或是稀缺的。这样环境容量资源经过适当的设计，可以通过市场来进行分配。有效的产权制度要求产权的拥有者可以转让这种权利，控制它名下的资源，并对处理这些资源享有一切收益承担一切成本。尽管中国排污权交易的试点已进行了数年，但至今仍没有制定出全国统一的关于排污权交易的法规。《中华人民共和国大气污染法》中虽然规定了企业不得超总量排放污染物，但却没有规定相应的罚则。另外，由于环保部门掌握着排污权的分配指标和交易方式，一旦权力参与排污资源分配，权力寻租就难以避免，排污权份额初始分配“灰色交易”的困境就在所难免。

3. 排污权分配与交易方式不尽合理。排污权的初始分配，是建立在排污总量的基础之上的对环境容量的使用权问题的分配。其核心是如何在现有污染源之间以及现有污染源与将来污染源之间进行合理有效的排污权分配。这不仅关系到企业自身的经济利益问题，影响到环境容量这一公共资源的配置效率问题，更是牵扯到资源重新分配的利益得失问题，因而成为排污权交易中最有争议的问题。关于排污指标的初始分配，目前国家环保总局采取的方式是，首先将全国二氧化硫总量按照行政区划分配到各省，省向下再分配到市，最后到各个企业。

目前，中国的排污权分配方式主要有无偿分配、有偿分配以及二者结合三种分配方式。一般情况下，已建污染源通过排污申报，无偿获得排污权，而新建污染源通过购买的方式有偿获得排污权。显然，这不仅违背了“污染者付费”原则，在一定程度上使得新老污染源由于获取排污权方式的不同而处于不平等的竞争地位，这不仅达不到控制污染的目的，还会使一些没有排污权的企业违规冒险排污，加剧环境污染。如果实行有偿分配的方式，如定价出售和拍卖也难以执行。因为对于政府管理部门来说，拍卖并不涉及许多管理及交易费用问题，但对企业来说，既要承担拍卖的价格，还要承受有关信息费以及对生产影响的风险等，相应的降低了排污权交易的经济可行性和吸引力。因此，具体应采用哪一种分配方式，还要考虑大多数企业的承受能力以及经济发展，考虑市场机制的健全程度及政府的管理水平有限、信息的不对称等不确定性因素的影响。当污染损害对企业数量不敏感时，所有许可证都应免费发放；当污染损害对每个企业的排污水平与企业数量同等敏感时，所有许可证应拍卖。

排污权在污染企业之间进行买卖，特别是不同区域的污染企业之间进行买卖，损害了排污指标购买方所在地居民的环境利益，尽管在对购买方所在区域的环境状况进行环境影响评价的情况下进行交易，也存在着污染物的区域转移问题，从而引起地区间的不公平。

4. 排污权交易市场不健全。排污权交易的顺利进行依赖于完善的交易市场。以国内积极推行排污权交易的嘉兴市为例，在嘉兴市出台的相关试行办法中，对排污权交易的适用范围、市场主体问题和市场交易规则等进行定义，已经构建出一个基础性的框架。但这个框架在具体实施中的效果则有待检验，特别是价格机制的形成更是一个考验。据悉，污染物排污权的基价和市场指导价将由嘉兴市环保局会同该市财政、物价、经贸等部门联合组成市场调研组，根据主要污染物排放总量指标、削减计划最后确定，而这个定价合理与否，是一个值得深入研究的问题，会切实影响到未来操作的成效。

排污权交易从本质上说是利用市场机制对“排污权”这种稀缺资源进行最优配置。但要达到最优配置只有在市场交易费用（成本）为零时才能实现。而实际上，一个成熟完善的排污交易市场要求参与交易的各方有着丰富的市场信息，通过正规的排污权交易市场以稳定的价格进行交易。为实现这一目的，必需的交易费用是不可忽视的。交易费用的存在将会影响交易主体的积极性，妨碍排污权交易制度比较优势的充分发挥，因而应当采取措施降低排污权交易费用。

二、环保设施运营的市场化

（一）环保设施运营市场化的意义

环保设施运营是指建设和使用环保设施的城市、企业（或单位），委托具有运营资质的企业有偿管理环保设施的运营，本单位不能自己运营管理，同时要求政府依法给予政策和费用收取上的强制性保证。环保设施运营市场化是一种适应市场需要为目标，与经济效益相联系的经营管理机制，是社会主义市场经济的产物；同时也是转变政府管理职能、提高环境保护设施运行率、改变落后的运营方式的有效途径。它不仅解决了人们认识的问题，而且能有力地推动环保设施的运营管理，充分发挥治污投资的效能，因而具有重要的意义，主要体现在以下几个方面：

1. 可以保证治污设施正常运转，提高运转效率。实行环保设施运营市场化，污染治理就转化成了一种市场行为，不管是排污企业，还是设施运营企业都必须主动寻求开发环境治理市场，才能求得生存和发展，从而使污染治理由被动行为变为主动行为。

2. 可以促进科技成果的转化，达到减少污染，降低运营成本的目的。一方面，企业会不断地将新的科技成果转化为生产力，尽可能减少污染物的排放量；另一方面，企业也会对原有的治污工艺、设备进行更新完善，提高治污效果，降低运营成本。

3. 可以使企业集中精力发展经济。企业为了实现达标排放，必然会在环保工作上投入一定的人力、物力和财力。如果处理不好与经济发展的关系，势必会影响企业的进一步发展。

（二）中国环保设施运营市场化的尝试

在经济发达国家，环保设施运营市场化程度较高，据有关资料，环保设施运营的市场份额占环保产业市场份额的70%。目前，中国大多数地方尚未建立起环保设施运营市场化机制，环保运营的市场化运作在中国刚刚起步，但试点工作已初见成效。具体表现在：中国环保设施运营及管理方式正逐步与国际惯例接轨，1998 年开始选定 10 家企业试运作，1999 年年底认证审批具备运营资质的企业达到54 家。可以预见，随着中国市场经济体系的逐步完善和规范，环保设施运营市场将会不断发展和完善，并在促进环境污染治理的市场化、产业化及促进环境与经济协调发展方面起重要作用。

中国目前的环保设施主要有两大类：一类是企业、医院、餐饮业的环保设施，承担对本单位生产过程中产生的水、气等污染物的处理。这类环保设施都是按环保要求建设的。一般由企业单位的后勤科或维修班负责运营操作和管理。由于操作人员在专业等方面良莠不齐，易导致运行失常，污染物处理不达标，往往被环保执法部门进行处罚及罚款。在强化环保执法的背景下，企业愿意将环保设施委托给专业的环保运营公司运营管理，但要求用较低的承包经费实现环保设施的正常运转和达标排放。而环保运营公司则希望在赢得市场的同时维持较好的盈利。双方往往在承包经费上争论不休，影响合作。两者看似互相矛盾，实则可以寻求一个合理的平衡点。环保运营公司在优化管理、节约成本、提高效益的基础上，确定合理的、科学的承包经费，肯定比企业自己运营的成本低得多。这样就会得到市场的最终认可并实现双赢的局面。另一类环保设施是市政污水处理厂。这类以 BOT 方式来建设的污水处理厂大多由政府环保行政主管部门经多方筹措资金兴建而成。由于规模大、成本高，除向自来水用户收取污水处理费外，不足部分由地方财政补贴。但是随着政府职能的转变，公共财政体制改革的深化和地方财政补贴的减少，污水处理厂环保设施运营将会走向市场化，实行自主经营，自负盈亏。污水处理费将会上调，以维持正常的营运成本。面对巨大的社会压力和透明度要求，污水处理费一定要控制在合理的水平，确定合理的平衡点，出路在于加强企业内部管理，降低成本。

(三) 中国环保设施运营市场化的成功经验

在我国经济发展和市场化改革领先的沿海地区，已经开始了通过环保设施运营的市场化来破解环境质量恶劣难题的探索，并积累了一定的成功经验。

1. 政府融资，企业化运营。

(1) 引入竞争机制，实行招投标制。这主要是指对各级政府投融资的重大环保基础设施的设计及设备的供货、交货、安装和调试、试运行等环节都普遍实行招投标制，以节省环保设施的运营成本，提高运营效率。

第一，通过设计方案投标，使设计方案更加科学合理，有利于节省运营成本。在同等投资情况下，科学合理的环保基础设施建设方案通过引入将废物处理变成资源开发的生态经济理念，使环保基础设施建成后不但能解决环境污染问题，还能低成本地获得新的紧缺资源和能源，从而有利于大大降低环保设施的运营成本。例如，将垃圾处理与发电结合起来进行综合设计，将北方缺水城市的污水处理厂建设与回用水资源开发和污泥发电结合起来综合进行设计，在有盐碱荒地的滨海城市（如山东省寿光市污水处理厂）将污水处理同在盐碱地大片栽种芦苇、养鸭等生物措施结合起来综合进行设计等，要比单独设计垃圾处理场和污水处理厂更加具有生态经济思想，并在建成后产生更大的生态经济社会综合效益。在这方面，严重缺水的大连和青岛市早在1983年就开始对污水处理厂二次处理的出水经补充处理回用于工业和市政用水的可能性进行了研究，现在两市在这方面都取得了较大成绩。其中青岛市海泊河污水处理厂已建成4000吨/日回用水工程，在一定程度上缓解了城市用水供需矛盾，并通过以一定价格卖出回用水的途径，解决了一部分污水处理厂运转费用，减轻了市政府的负担，增加了污水处理厂的经济活力。对新污水处理厂建设设计来说，要把污水处理同回用水资源开发实现低成本结合，在污水处理厂选址中就需要考虑要适当靠近被处理污水及使用回用水的企业附近，以便降低污水回收管网和回用水供水管网的建设成本。

第二，通过对环保基础设施设备的供货、交货、安装、调试、试运行环节进行全方位招投标，可以提高设备运行质量。这种全方位的招投标通过引入竞争机制，既能使成本尽量降低，又能通过合同的制约保障设备的供货、交货的质量和时间，并保障安装、调试和试运行等环节的较高质量。例如，上海市在利用亚洲开发银行（ADB）贷款进行苏州河综合整治一期工程的过程中，就专门成立了上海市苏州河综合整治建设有限公司，并委托上海国际招标有限公司为该工程最大的项目之一的石洞口污水处理厂设备的供货、交货和安装进行招标，邀请ADB成员国的合格的投标人就该项目的污水预处理及处理水排放区机械设备和污水生物处理系统两套设备的供货、交货、安装进行公开的招标，通过购买招标文件、填写招标书、密封投标并附有不少于投标总价2%金额的投标保证金、公开开标、签订合同等符合国际规范的招标程序，从而保证了这一项目能在国际竞争中以最低的成本和最理想的质量进行建设。

第三，通过对环保基础设施的设备进行公开招标，可以促进环保企业竞争能力的提高。通过环保设施的公开招投标，国内环保企业在与国际大型环保企业的竞争过程中竞争能力将不断提高，国内巨大的环保设施市场需求将有利于促进一批国内环保设备企业的快速成长。20世纪90年代前后，申请国际贷款是治理环境污染的重要经济来源，但西方的环保贷款都是以购买其环保设备为条件的，从而使大量的环保设备以贷款的方式进入中国。目前，中国各大城市建成运营的大型污水处理厂大多数都是进口产品。自20世纪80年代中后期，江苏、浙江、辽宁、山东一批企业纷纷涉足环保产品，一批环保设备制造企业在同“洋”设备竞争中成长起来。江苏宜兴市在20世纪80年代建立的以环保产品为中心的开发区已初具规模，2000年，国家环保总局向全国推荐的45种治污设备产品中，该市就占26种，有的污水处理设备已打入欧盟市场。1998年扩建成功的福州开发区污水处理厂由于大批使用国产污水处理设备和国内污水处理的活性污泥技术，投产后不仅达到国家规定的一级排放标准要求，而且比全部购买进口设备的同规模污水处理厂——珠海香州水质净化厂节约资金1.2亿元人民币。随着1998年国家在实行积极财政政策中加大了包括城市污水处理厂等环保基础设施建设的投入，中国环保产业的发展获得了更广阔的市场需求条件，一批经济技术实力较强的企业集团遇到了空前未有的市场机遇。例如，曾经为一汽大众、上海大众和美国通用等汽车公司生产汽车冲压成套设备的济南二机床集团就成立了环保设备公司。该集团发展的环保产业项目在1999年先后被国家经贸委列为国家财政支持的重点技术创新项目和技术改造项目，使其成为国内大型环保成套设备生产基地。到2000年已承揽了济南兴济河日处理20

万吨的污水处理厂的三种5台设备的生产，并为山东省陵县日处理4.5万吨的污水处理厂提供了全套设备，具备了开拓大中型污水处理厂成套设备市场的能力。而国产环保设备的高质量产出和应用，是降低环保基础设施成本的关键。

(2) 对政府筹资建成的污染防治基础设施实施授权管理的市场化、社会化、专业化运作机制。对政府筹资建成的污染防治基础设施实施授权管理的运作机制是指政府作为现在污染防治设施的投资主体，将已建成的以及未来由政府投资兴建的污染防治设施委托给专业化的环保公司或企业，由其按照市场化方式进行运作的机制。构成这种运行机制的利益主体可以有三个层次，也可以是四个层次。前者是指投资者（即政府）——授权运营企业——排污者；后者系指在投资者和授权运营企业之间增加一个投资经营公司，即投资者（政府）——投资经营公司——授权运营企业——排污者。在上述的投资者（即政府）和排污者（企业或个人）之间的层次中，投资经营公司系被投资者（即政府）授权的专司管理和运作政府融资的环保资金的公司，政府对其投资方向和资金使用等进行监督和管理；而授权运营企业则是被投资者和投资经营公司授权的经过国家环保行政部门资质认证的具体运营环境保护设施的企业。

实施对政府投资兴建的环境保护设施的授权管理和运营制度具有重要意义，具体表现在以下三个方面：

第一，能逐步使环保基础设施的运营实现社会化、专业化和市场化，改变目前很多国家投巨资兴建的环保基础设施至少有一半以上未能对环境治理发挥应有效益的问题。

第二，能逐渐培育出一批成功运营各类环保基础设施的经过资质认证的企业，并在全国范围内形成一个具有竞争性的运营企业和运营市场机制。

第三，授权管理和授权运营市场机制的形成可促使一切排污者向政府提供的污染治理服务自觉付费，从而使授权运营企业逐步能在专业经营和不断降低治污成本的前提下获得利润，不断增强这类企业运营好各类环保基础设施的内在经济活力。

2. 政府引导，民间投资。我国环保设施运营采取的是政府引导、民间投资的方式。地方政府根据环保需要进行污染治理设施的项目招商，明确工程规模、排放标准、收费价格等项内容，同时给予投资者局部经营垄断、排污量不足时政府给予补贴等项承诺以及土地价格等其他方面的优惠。设施的建设和日常运营由投资方自行安排。投资方一般与政府签订特许经营承包合同，或者采取 BOT 方式，运营交给专业运营商。这种做法的关键是在政府承诺的条件下，能够保证投资者收回投资，并有利可图。浙江省环科污水处理厂和嘉兴洪合镇污水处理厂是这一类型的代表。位于余杭开发区的环科污水处理厂是由浙江省环科院、开发区管委会等三家单位发起组建的项目公司，以 BOT 的投资方式建设，设计日处理污水 1 万吨，总投资 850 万元，为开发区内的六家印染企业处理污水。投资的来源包括三个部分，即项目公司股本金、以污水处理厂一定时期的经营权为抵押向银行贷款以及向排污企业预售污水处理服务费用。项目经营期 20 年。政府特许项目公司按照处理成本（经测算为 1.7 元/吨），加上合理的利润向排污企业收取 1.8 元/吨的处理费；同时承诺在每天进厂污水少于收支效益平衡点 7000 吨时给予补贴；经营期满后整个工程无偿移交给地方政府。洪合镇污水处理厂由嘉兴秀洲区环保局组织招商，设计日处理污水 8000 吨，工程总投资 800 万元。其中项目公司股本金和股东按比例提供的项目建设资金 500 万元，银行贷款 300 万元，为 8 家羊毛染色企业治理污水。公司为独立法人。政府特许项目公司按每吨 2.50 元的价格收取污水处理费，投资回收期 10 年，预计 5 年就可以全部收回投资本金。投资 900 万元的二期工程也于 2002 年 10 月投入运行。实践证明，这种政府引导、民间投资的方式是成功的。

3. 政府资助，民间投资。政府除了引导环保设施的市场化运营以外，还会对一些环保设施的市场化运营给予资助，即采取政府资助、民间投资的方式。该方式与政府引导、民间投资方式的差别是政府以某种方式给予一定的资金支持，大致上属于准商业化的模式。由于政府提供了部分资金，降低了污染治理项目的投资风险。其优点是有利于吸引民间投资，同时又便于平抑对中小企业的排污收费价格。在具体做法上，依然是采用签订特许承包合同或者BOT方式。政府投资一般作为优先股，只参与分红，不参与管理。政府分红部分一般继续用作环保开支。

温州市东庄垃圾发电公司和杭州大地危险废物处理公司均采用了这种模式。温州市东庄垃圾发电项目总投资9000万元，设计日处理生活垃圾320吨，年发电2500万千瓦。一期工程投资6500万元，日处理生活垃圾160吨；瓯海区政府出资3000万元，其余由温州市民营企业——伟明环保工程有限公司投资建设和运营，运营期25年（不包括两年建设期），然后无偿归还政府。项目公司按每吨32.14元的价格向环境卫生部门收取垃圾处理费。一期工程于2000年11月28日竣工。实际处理垃圾200吨，年发电900万千瓦/时，并通过ISO9001认证。除自身耗电200万千瓦/时外，其余部分由电力部门按0.50元千瓦/时的价格收购入网。扣除运行费用和设备折旧，预计投资回收期为12年（按此推算有13年的净赢利期）。杭州大地危险废物处理公司项目规划年处理危险废物20万吨，计划投资10亿元。项目采取分期投资、分期建设、滚动发展的方式进行。服务对象为杭州的企事业单位。建设资金由股本金、银行贷款和政府建设资金等构成。目前，日处理15吨的医疗固体废弃物焚烧处置工程已经建成投入使用，杭州市已经对门诊和住院病人开征医疗废弃物处理费，作为废物处理的费用。宁波现代化生活垃圾焚烧发电综合利用项目，日处理垃圾1000吨，一期工程投资4亿元，政府投资1.2亿元，其余部分利用社会资金，各投资方按照现代企业制度建立宁波枫林绿色能源开发有限公司作为项目公司，负责运营管理，并依靠发电入网和垃圾处置收费，现已有一定的投资回报。

4. 民间集资，企业化管理。这种方式在乡镇规划的特色工业园区中运用较多。政府提供必要的优惠政策，由已经或准备入园的排污企业集资入股，组建污水处理有限公司，负责污水处理设施的建设和运营。一般委托专业公司承包，或者采取BOT方式。污水处理费用由股东企业按照排污量分摊。

污染治理设施的民间集资形式在浙江比较普遍，而且形式多样。例如，由相邻的同行企业联合投资，建设污染处理设施，共同使用、共同管理，杭州七厂联片污水处理厂采取了这种形式。萧山区航民集团公司建设的航民废水有限公司，采取了以一家企业为主集资、自行管理、多家企业共同使用的形式。而温州市中小企业大多采用污染集中治理的方式。如在龙湾电镀基地的建设过程中，将污水治理设施纳入规划，投资约160万元。对电镀废水处理实行政府垂直领导，环保部门监督，并采用市场化的运作方式，实行排污和治污的分离，排污者（电镀小企业）付费，治污者收费，对入园的97家电镀小企业排放污水实行集中治理，既有利于基地的整体管理，又能保证治污设施的正常运转，较好地解决了排污企业可能存在的偷排、漏排问题。温州鹿城区的制革污水处理则采取了业主委员会负责制的办法，由业主委员会或业主委员会下设的环保服务公司负责污染治理。在资金运作上，根据“污染者付费”原则，以企业自筹资金为主，银行贷款、申请污染源治理补助为辅的方式进行融资。为了保证投资者的利益，治污设施的运营实行保本微利的原则。污水处理厂按股份公司市场化经营，收取污水处理费，实行独立核算。企业自筹资金按基地内制革企业拥有的转鼓数量、容积大小计算。

三、环境信息的公开化

环境信息包括公共信息和个别信息，前者是指向全社会发布的环境信息，如环境状况公报、空气质量周（日）报等；后者指只有在公众提出要求的情况下才提供的个别信息，例如某个污染企业的排污数据等。随着社会主义市场经济体系的建立和完善以及公众环境意识的提高，公众关于环境状况的知情权越来越受到重视，并且正在得到法律的认可。环境信息公开化就是保障公众对环境状况知情权的重要手段。而就环境信息公开化的本质而言，更多地体现为政府对自己行为的监督。

目前，在发达国家，面对同类商品，消费者越来越愿意选择环境业绩好的企业的产品。由消费者选择带来的价格弹性又会对企业的经济效益产生影响；投资者也愿意与污染治理成绩好的企业为伍，没有投资者愿意把钱投向可能会被罚款的企业。对企业而言，来自公众和市场的压力在某种程度上要比政府指令更沉重。如1986年美国国会曾颁布一项条例，要求年使用1000英镑以上化学品的公司必须向公众公布污染物的排放量、排放频率等信息。实行这项条例后，全美的污染物总量削减幅度超过以往。其后，许多发达国家都已把环境信息公开作为制度全面推行。

（一）中国公开的环境信息

目前中国公开的环境信息主要有：

1. 国家环境状况公报。由国家环境保护总局每年向全社会发布，主要内容包括水环境、海洋环境、大气环境、声环境、固体废物、辐射环境、耕地/土地、森林/草地、生物多样性、气候与自然灾害等。

2. 各省市、自治区、直辖市的环境状况公报。由各级政府环境管理机构根据《中华人民共和国环境保护法》向全社会发布，一般为每年一次，主要内容包括环境质量状况、环境建设情况、污染防治和生态保护、环境保护工作进展等方面。

3. 地区或流域环境状况公报。主要针对国家进行环境管理的重点地区和流域发布环境状况报告。

4. 城市空气环境状况周（日）报。目前主要在中国的直辖市、省会城市和重点城市开展，以空气质量指数形式公告空气环境状况。

5. 企业环境信息公告。主要包括各地实施的先进企业评比、环保目标责任制考核、污染源达标、污染限期治理和公众参与等。可见，环境信息公开化已经并且越来越成为从中央到地方各级政府、从行政机构到民间组织以至人民大众的共识。

（二）中国环境信息公开化的试点

在中国，公众的环境知情权也有了较大扩展，关于中国北方频频发生的沙尘暴现象，在媒体上得到了公开讨论。作为环境知情权实现形式之一的舆论报道，目前也有较大的发挥空间，它所起到的监督作用有时甚至不亚于政府监督，但目前公众对单个企业的环境行为的信息了解不足。中国没有企业环境信息披露制度的规定，企业虽有义务向政府进行排污申报和登记，但没有法律规定这些申报的信息必须向社会公开，因此，公众对待这些企业是相对盲目的。信息若不公开，公众即使想做出判断也非常困难。虽然如此，中国还是开展了许多企业环境信息公开的试点工作，如世界银行在江苏省镇江市和呼和浩特市进行了环境信息公开化的项目试点。该项目旨在通过公开企业的环境信息，刺激企业改进环境行为，提高公众的环境意识，引导公众参与评判企业的环境行为。

江苏省镇江市率先实行环保信息公开化。由世界银行和国家环保总局支持立项，经镇江市环保局和南京大学联合研究，建立起的环境行为信息公开化制度，在镇江市 92 家工业企业首批运行，成为全国率先实施这项高新环境管理技术的城市。控制工业污染源是环境保护的重点，被世界环保称为“第三次浪潮”的环境行为信息公开化制度，是继法制和经济手段之后的一项公众参与环境管理的方法，它由政府对工业企业的环境行为进行评价和分级，并定期将结果向社会公布，引入市场及社区附加刺激作用，推动企业加强污染控制，改进环境行为。镇江市经过两年的调查，建立了适应中国环境管理体系，符合沿海地区环境管理现状，满足经济发达省市环境管理目标的工业企业环境行为信息公开化评价指标体系和镇江市企业环境行为数据库，在此基础上制定了《企业环境行为分级标准》、《企业环境行为评判分级指标体系》，2000 年 2 月起对参评企业所达到的环境行为，通过初步评审、向企业送达告知书、反馈意见、终审评级的程序分成五个等级，将结果由好到差分别以绿、蓝、黄、红、黑颜色在广播、电视、报纸等新闻媒体向社会公布。绿色企业要通过 ISO14000 认证或应用清洁生产技术，达到环保先进水平；蓝色企业污染物排放要优于国家控制标准；黄色企业指那些虽已实现污染物达标排放，但多少还有些小问题的企业；红色是依然没有达标排放或发生过污染事故的企业；黑色企业污染物严重超标排放或发生特大污染事故，对周围环境造成严重危害。

企业颜色在媒体一经公布，震动全市。黑色、红色企业向公众承诺要尽快改善环境。而绿色、蓝色企业抓住机会，在公众中扩大自己的美誉度。通过信息公开化，经过舆论监督，蓝色企业比例由原来的28%提高到61%，黄色企业和黑色企业大幅减少，多数企业朝更亮丽的颜色迈了一步。

（三）中国环境信息公开化中存在的问题

企业环境信息的公开化，是为了刺激企业改进环境行为，提高公众的环境意识，引导公众参与评判企业的环境行为。世界银行推行的环境信息公开是一个制度体系，它包括环保部门的认证标准、信息公布渠道、公众反馈、企业整改效果统计等。

在我国，由于各项制度尚不配套、不健全，收集信息的成本很高，信息公布渠道有限，因而在信息公开化的过程中，人们发现信息可以独立于政府、法规、政策，而且公开的信息可能也只是部分信息或部分企业，这就使环境信息公开化对企业污染控制的刺激作用大大减弱。也就是说，环境信息公开化并不是一件容易的事情。即使努力去做，也仍会有很多不尽如人意的地方。由于经济、技术及政治诸方面因素的制约，中国目前环境信息公开化仍存在诸多障碍，主要表现在以下几个方面：

1. 环境的信息知情权目前仅停留于理论法学的论述中。而知情权作为人的基本权利的宪法确认以及公众参与、诉诸司法程序保障制度的配套设置，是环境信息公开化不可或缺的条件。缺乏环境信息知情权及渠道，势必影响到环境信息公开化的程度，从而使企业改善环境的约束力不足。

2. 环境信息化手段相对滞后，环境信息资源化水平较低。目前，中国环境信息化建设还处于发展阶段，在全国范围内尚没有形成统一的规划，更没有建立全国统一的环境信息化网络平台。各地区环境管理应用软件开发建设缺乏统一管理和技术规范，信息系统建设各自独立，形成数据孤岛，缺乏环境信息资源共享机制。

3. 对抗环境信息公开化的阻力较大。许多企业以多种手段，隐瞒污染状况，或者避重就轻，蒙蔽受害者，对抗公众和舆论的监督。一些政府部门为了政绩和经济的短期发展，以牺牲当前和长远的公众利益为代价，掩盖环境问题，禁止环境信息公开化。这些问题的存在使中国的环境信息公开化程度大打折扣。

第四章 我国发展绿色经济的制度环境现状

各国发展绿色经济的实践证明，绿色经济的发展离不开制度的保障。而我国在发展绿色经济的过程中，不同程度地受到了现有制度安排的制约，因而需要进行制度创新。

第一节　现有制度安排的缺陷

一、政府的“短视”行为是绿色经济发展的主要障碍

中国是世界上最大的发展中国家，面临着就业形势严峻、人口老龄化、资源与环境危机、世界性金融危机等诸多问题。解决13亿人口的生存和发展问题是中国经济发展的基础，要解决这一问题，发展经济是最根本的手段，所以追求经济增长目标成为政府的必然目标，也是政府的职责所在。

新中国成立后，百废待兴，中国政府需要快速完成经济恢复工作，

继而全面提高人民生活水平。面对国际上的政治、经济封锁，中国实施了高积累、低消费的发展战略，并成功地在较短时期内恢复了经济，打造了完整的工业体系。在我国实行改革开放后，较长时期内经济建设也一直都是政府工作的重心。为了实现经济的跨越式发展，尽量在短时间内赶上发达国家经济发展的步伐并解决国内经济发展的一些主要问题，如就业等，中国选择了一条主要依靠资源的大量投入而非科技进步的粗放型经济发展方式，不同产业的技术路径被锁定在“斯密式”的增长轨道和“索洛式”的增长轨道上。所以说，人均自然资源拥有量只有世界平均水平 1/3 的中国在很大程度上复制了西方发达国家走过的“先污染后治理”传统工业化道路。为了实现经济增长，中国地方政府争相给外商投资提供各种优惠政策，甚至以环境资源作为代价。这种以牺牲环境利益、全局利益以实现区域利益的政府行为加剧了中国的资源与环境危机。另一方面，我国政府对地方官员的政绩考核一直以来都是唯 GDP 是从，这使得地方政府把 GDP 的增速作为硬指标，而把节能减排、发展绿色经济等指标置于脑后。这种考核方式在实现地方经济快速增长的同时，也间接加剧了地方生态环境的恶化。而在具有中国特色的社会主义市场经济条件下，政府意志对经济发展模式仍有着根本性的影响。这种只重视 GDP 增长，忽视生态和谐的经济发展理念会导致政府行为的短期化，而政府行为的短期化反过来给绿色经济建设造成严重障碍①。

二、政府部门间协调难度大

随着我国传统经济发展模式弊端的日益显现，政府对绿色经济发展重要性的认识也逐渐加深，生态环境标准在政府经济决策的地位逐渐上升。但政府主导下的公共政策效果往往受到各部门间关系的影响，表现为政府内各职能部门的管理冲突和地方与中央政府的利益博弈。虽然中

① 参见李锦学：《论绿色经济转型中的绿色政府建设》，《福建论坛》，2010 年第 2 期。

国“绿色经济”政策领域覆盖面较广，但往往“政出多门”，不同部门出台的不同政策往往在内容上有所重叠；另一方面，“绿色经济”领域需要多部门推动，部门间的“协调难”可能导致“管理真空”。此外，有的地方政府仍奉行单纯的“经济主义”价值取向，忽视了环境保护、资源节约、新能源开发等政府职能，变相执行中央的“绿色经济”政策，导致“绿色经济”政策在地方执行的梗阻①。具体来看，这种不协调表现在以下三个方面：

（一）分权化的财政体制不适合保护生态环境

生态环境环境的保护是一项事关全局的系统工程，要求地区协调，部门合作，在大范围内进行综合整治。但是，财政分灶吃饭的体制加剧了地方保护主义，进而使各地区、各部门的绿色经济发展行为难以协调一致。尤其是在我国西部经济落后地区，限于宏观调控实力的弱小，调控手段的落后和调控方法的欠缺，这种现象更为严重。在中央与地方双重领导体制下，地方政府缺乏对本地区中央垂直领导机构的综合协调能力，地方政府的一些行为又不符合生态环境保护的整体要求，国家关于环境和自然资源保护开发的许多法律法规，在实践中不同程度地变形、弱化甚至束之高阁。

（二）绿色法规、规划、政策不配套和部门职能不协调

我国发展绿色经济的时间较晚，关于绿色经济的配套法规的制定相对滞后，统一决策、统一监督的生态保护机制还没有建立健全，并且多数法规只有强制性要求，没有激励性的经济政策。政府部门在职能设置上错位、冲突、重叠，在规划和政策制定上又各自为政，相互衔接不够，造成国家公共利益和部门行业利益冲突，多头管理。环境保护机构参与重大经济和技术决策的职能没有得到落实，环境保护在和经济发展相比时，常常要为经济发展让道。

（三）区域和流域管理体制不合理

对于跨行政区和流域的生态保护和污染控制缺少管理机制和控制措

① 参见张杰：《我国绿色经济发展现状研究》，《现代商贸工业》，2010 年第 11 期。

施，在局部利益驱动下，各区域和流域发展相互脱节，使地区间的协调非常困难加剧了生态环境的破坏。由于缺乏生态补偿机制，流域内和区域间的环境协调没有稳定的制度保障，生态系统之间的相互联系和有机整体性被割裂，各地抢占资源、破坏环境的事情经常发生。

三、相关法律制度缺失且落后

我国目前已颁布实施的环保方面的法规包括《节约能源法》、《环境影响评价法》、《固体废物污染环境防治法》、《清洁生产促进法》等40多部法规，是世界上环保法律法规最多的国家。但这些法律法规大多是计划经济时代的产物，环保法规中多强调行政管理手段，缺乏行政指导、经济刺激等弹性措施规定，也忽视了运用企业自律、公众监管等手段，充分调动社会各方面保护环境的积极性。内容的设置一定程度上体现了“经济优先”的倾向，忽视了自然环境的本体性价值。在这种模式下，对环境侵害的赔偿无须实现对环境破坏的恢复，排污收费也难以体现污染者负责制度。此外，相关规定内容的可操作性不强。现行环保法规大多遵循“宜粗不宜细”、“全国一刀切”的立法模式，在内容上过于简略、笼统，原则性条款和弹性条款较多，又缺乏配套的文件，造成操作困难。随着我国经济社会的发展，现存的法律法规已经不能满足绿色经济发展的要求。例如，对一些很常见的违法行为，有关部门也缺乏明确的处罚依据。对违反环保法规擅自建设的行为，法定行政处罚力度较小，并不能起到有效的遏制作用。例如，我国现行的《环境保护法》中的征收排污费制度，它是通过对所排污染物征收费用而使排污者承担一定的污染防治费用来达到防止污染、保护环境的目的。这样看上去似乎可以在很大程度上增加排污者的经济负担从而有效地节制排污者排放污染物，从而达到保护环境的目的。然而这个制度并不一定有很好的效果。因为从生产者自身的角度加以分析，如果排污者在交纳排污费用后仍然可以盈利，也就是说，排污者所缴纳的费用少于其盈利所得时，排污者实际上获得了利润。从某种角度上来讲，征收排污费并没有阻止排污者从排放污染物的生产中获得利润；换句话来讲，排污者还是在排放污染物的生产中得到了好处和实惠。因此，我们说，征收排污费，用经济刺激的方法刺激排污者不排放污染物的效果并不好，不一定会达到预想的目标。相反的是，只要排污者扩大生产规模同样可以在生产中获得更多的利润，同时，扩大生产规模将会带来更多污染物的排放，更加严重的污染。可见，从排污者的角度来看，征收排污费制度并不能有效地节制排污者排放污染物。另外，当排污者所缴纳的费用多于所盈利时，排污者是亏损，这种没有利润的生产是不会有人搞的。在我国的生产力还没有达到很高程度的情况下，很多产业的污染是不可避免的，如果征收过高的排污费，将导致该行业的消灭，所以，是不可取的从这个角度来说，征收排污费制度的存在不一定是正确的。

另外，一些环保法规只是简单地规定了环境保护所必要的防污措施，这些规定有利于我们从源头上解决生产过程中的环境污染问题，但这并不是最经济的解决办法，有些规定甚至与循环经济的思想相违背，而循环经济正是发展绿色经济的重要手段。例如，《环境保护法》中的“三同时”制度，即“建设项目中防治污染的设施，必须与主体工程同时设计、同时施工、同时投产使用”，这个制度与循环经济的发展就有不相协调的地方。循环经济是指以资源节约和循环利用为特征的经济形态，也可称为资源循环型经济，它是以“资源——产品——再生资源——产品”为特征的经济发展模式，其重要特点就是将所排的废物能够作为能源进入到“资源——产品——再生资源——产品”的循环的经济发展模式中。但是，“三同时”制度只是希望能够有效地控制住最后一个污染物排放的环节，使污染物能够在企业内部得到处理，防止污染的发生。这种治理的方法属于采用末端治理的方式，无法达到循环经济所要求的高利用率和高循环率的要求。“三同时”制度要求在建设项目建设的初期就建设防治污染的设施，要求企业将排放的物质用污染防治的设施处理掉，这实际上是切断了进入循环生产的下一个环节，使得循环生产无法得以循环。所以，“三同时”制度的实行，在一定程度上阻碍了循环经济的顺利发展①。

所以说，许多现存的法律法规制度对促进绿色经济的发展并没有起到应有的作用。对此，应该与时俱进地对相关法律制度进行修改，使之顺应社会的发展，有力地发挥其作用，促进绿色经济的发展。

四、政府政策支持力度不够，绿色企业发展困难

（一）政府对绿色经济发展的政策倾斜度不够

绿色经济的发展在我国尚处于起步阶段，绿色行业的发展壮大需要政府的政策扶持，例如税收补贴、财政补贴、拓宽融资渠道等。但我国目前在这方面做的还不够。

1. 税收的税率和覆盖面还不足及发挥引导作用。我国涉及“绿色经济”的税种主要包括自然资源使用税、排污费/税、产品税、消费税等，这些税收收入占税收总量比重较低，对环境保护、资源开采、能源消耗往往只起到间接调节作用，不足以激发企业和公民对环境保护的行为。此外，一些税费只限于对生产领域征收，没有覆盖消费领域，因而对治理污染的作用也很有限。总的来看，目前这些税收制度在企业层面并没有发挥应有的作用，绿色企业受到的实际照顾并不明显。

2. 我国经济刺激方案的绿色投资比例可能较高，但总体上仍处于较低水平的绿色投资，尚未建立起有利于绿色技术创新推广的市场机制。一方面，尽管已出台了不少政策，但出发点和目标还停留在解决资源浪费和污染严重等初级发展阶段面临的基本问题上，缺乏对新型产业和产品创新的动力和能力以及在提高能效和可再生能源开发方面的集中投资；另一方面，国内绿色产业融资平台主要是商业银行，整个绿色产业处于

---

① 参见黄德林、郝发辉：《若干现行环保制度的缺陷及改进建议——基于循环经济理论的分析》，《2005 年中国环境资源法学研讨会年会论文集》；徐祖信、黄震：《完善我国环保法律的现实思考与建议》，《环境保护》，2006 年第 4 期。

起步阶段，规模不大，依赖政府的投入易造成投资渠道单一、结构失衡，大的商业银行的信贷支持往往并不到位。此外，银行对于绿色项目仅依靠传统贷款的模式，缺乏必要的融资工具和金融产品，市场经济导致政府对绿色产业的补贴和优惠政策较少，存在不能形成规模经济和信息不对称问题。

（二）绿色企业的发展面临多重困境

1. 成本较高，市场化发展受阻。很多企业缺乏危机感和紧迫感，在利润最大化目标下，以社会利益为代价。由于市场投机性强，短期行为严重，而国内绿色产业缺乏资金、人才、信息等因素且投入较多，很多企业都不愿引入先进的绿色技术。广大技术含量低、劳动密集型的高污染企业面临更高的生产成本，生产规模难以达到绿色经济的要求。

2. 企业决策者对绿色创新的重要性认识不足，制约了绿色技术的发展。企业组织结构不合理，缺乏创新，绿色项目开发和服务中心普遍尚未建立，绿色技术信息网络和机制不健全。最后，在绿色营销方面，由于市场尚处于起步阶段，需求不明显，企业缺乏良好的营销渠道，导致创新方向难以预测。

3. 整个绿色行业的发展也受到诸多阻碍。国内绿色技术开发的周期长、费用高、风险大、利润相对较低，加之市场的不规范、不完善、不健全以及利益激励机制的不完备，缺乏对绿色投融资、绿色监管、绿色评价体系的统一规范，制约了绿色行业的发展。此外，还面临发达国家绿色壁垒的障碍。由于发展中国家出口产品的环保指数较发达国家相距甚远，特别是许多发达国家有意将进口商品标准和法规复杂化，制定内外有别的双重标准，通过贸易技术法规，披上合法的外衣，常以安全、卫生不符标准或技术法规为由限制进口。不少发达国家为了追求本国环境改善，将高污染工业向发展中国家转移，损害了发展中国家利益[①]。

① 参见牟大志，李洋：《我国绿色经济发展面临的机遇与挑战》，《西南石油大学学报（社会科学版）》，2009 年第 6 期。

五、缺乏绿色消费的习惯

生产、流通、分配和消费是一个相互联系的完整体系。在绿色经济体系下的绿色生产、绿色流通和绿色消费是联系十分紧密的有机系统。绿色消费是绿色生产的目的和依据，也是绿色经济再生产的起点。可以说绿色经济都是围绕着绿色消费来进行的。一个国家的绿色消费包括政府的绿色消费和普通消费者的绿色消费。

（一）政府的绿色采购制度不完善

政府的绿色采购就是政府的绿色消费，即在政府采购体系中引入环境标准、评估办法和实施程序，在政府采购中着意选择那些符合国家绿色标准的产品和服务。政府采购的最终目的是促进生产和消费。在生产上，通过政府采购可以引导企业调整生产结构，提高技术含量，强化环境意识，进行绿色生产；在消费上，可以引导绿色消费意识，形成合理的消费模式，减少对环境的压力，从而给政府采购市场一个强烈的信号：只有绿色的才是受欢迎的，才是有生命力的。因此，推进政府采购绿色化成为绿色经济发展最直接和最有效的方式。但在我国当前的政府绿色采购制度中还存在许多问题。

1. 政府缺乏绿色采购的理念。我国政府采购制度对政府采购功能的定位单一。政府采购的历史表明，政府采购不仅仅是满足政府自身需求的一种单纯购买行为，它还承担着拉动经济、调整产业结构，贯穿相应的产业政策等职能，是实现宏观经济调控的重要手段。我国《政府采购法》一直以节约资金和控制腐败为主要目的，产业结构调整和发展民族经济等功能被长期忽视，尤其是在发展绿色经济方面，只是概括性地提到保护环境，在具体制度中没有明确的规定。随着加入 GPA（The Agreement Government Procurement）的临近，应当加强政府采购对绿色产业的扶持和拉动，把绿色理念贯穿在政府采购制度中。

2. 政府采购制度规范的强制性有所欠缺。法律制度规范的性质有强制性、授权性等区别。如果制度是授权性规范，那对于政府采购机关来说，采购的商品和服务就具有很大的灵活性，执行或不执行绿色标准都不会承担法律责任，因此，既容易引起权利寻租，又使政府的采购监督得不到落实，更起不到对绿色经济的引导作用。从这个意义上讲，绿色采购实行强制性规范实属必然。不但如此，还需要明确违反这种强制性规范的法律后果和应承担的责任。没有一定的责任承担，行为就没有约束力，绿色采购难以得到落实。

3. 绿色产品的认证制度不规范。绿色采购以绿色产品的存在为前提，而绿色产品的认证规范不健全，影响了绿色采购的发展。中国环境标志（十环标识）是绿色产品的权威凭证，但我国目前采用国际和国外先进标准的比例偏低。在国家标准中，采用国际和国外先进标准的占43.7%，采用ISO标准的仅占38%，尤其是在农产品上标准大多低于国际标准。另外认证不规范，绿色产品、有机产品、生态产品认证手续混乱，认证标准不统一，经济、简洁、易掌握、易普及的检测手段尚未形成。而在国外则形成了相对成熟的制度，很多国家开展了环境认证，如德国的蓝天使标志、北欧的白天鹅标志、日本的生态标志、欧共体的环境标志等。环境标志是一种证明性商标，用于证明产品在设计、生产、包装、使用和废弃过程符合环保标志。因此，明确绿色产品的标准和认证成为推动绿色采购的关键问题。

（二）普通消费者的绿色消费能力与意识都比较弱

1. 绿色产品的技术创新和低污染决定其较高的价格门槛，售价比一般产品高出许多，属于高层次理想消费，而我国目前整体收入水平不高，消费者实现消费行为的绿色化存在很大障碍。

2. 我国绿色消费意识仍然比较薄弱，消费者很少考虑其使用的产品，在生产过程中对环境的影响。而一般来说，公众对绿色经济的政策理解程度越深，自身参与和支持政策实施的程度也越深，政策实施的效果就越好。总之，由于广大消费者对绿色产品的认识还处于初级阶段，国家没有成立专门的绿色管理部门，使绿色产品市场尚未形成一个完善、规范的管理体制。低的消费水平和薄弱的绿色消费意识以及绿色消费市场的不完善，使我国绿色消费处于低位消费的起点阶段[①]。

第二节 发展绿色经济必须进行制度创新

制度创新是发展绿色经济的基础和保障，因此，必须选择合适的创新主体及正确的创新方式，规范创新内容。

一、绿色经济制度创新主体

基于制度的层次性特点以及不同层次的不同作用，绿色经济的制度创新体系的创建可以从宏观经济制度层面、中观经济制度层面以及微观经济制度层面来考虑。也就是，发展绿色经济进行制度创新的主体可以分为宏观主体（即政府）、中观主体（即市场或行业部门）、微观主体（包括企业、消费者和一些政府或非政府组织）。

（一）制度创新的宏观主体

制度创新的宏观主体主要是指国家层面的政府及相关部门，他们掌握着发展绿色经济所必需的各种政策、法律法规的制定权，也是推动制度创新的基础性力量。

1. 在政策方面，政府可以发挥宏观调控的作用，通过环境规划调整产业和产品结构，培育绿色行业和产品，提高地方经济的环境可持续性；建立绿色经济跟踪和评价机制体系，对各部门发展状况进行科学认识，对发展趋势进行预测；利用税收政策，对绿色产品经营主体给予适当的

① 参见剧宇宏：《绿色经济与政府绿色采购制度的完善》，《产业经济》，2008 年第 7 期；牟大志，李洋：《我国绿色经济发展面临的机遇与挑战》，《西南石油大学学报（社会科学版）》，2009 年第 6 期。

税收减免，从而降低经营者成本；利用财政政策给予补贴，让企业享受到发展绿色经济的优惠政策；通过货币政策，对参与绿色项目的企业优先给予低息贷款，银行降低贷款门槛，建立绿色产业发展专项投资基金和绿色银行，发展绿色债券、节能基金等多元化融资方式。

2. 在法律法规方面，政府部门可以加强资源管理和环境保护的立法执法，通过制定和实施经济政策并认真落实，对绿色经济作出贡献的企业给予优惠待遇，对违背绿色经济的企业予以限制、惩罚甚至取缔。还可以通过法律制度明确各种资源性财产的产权，使其得到合理、有效的利用，减少资源浪费和环境污染。

3. 政府部门还可以加大对环境保护和节约资源的宣传力度，推广绿色产品技术，倡导绿色消费。政府部门的种种举措必定可以为绿色经济的发展营造一个良好的宏观环境。

（二）制度创新的中观主体

制度创新的中观主体即市场，或者说各种绿色产业部门。这些部门介于国家和消费者之间，对本行业的发展有着自己独特的影响力。例如，加强行业的自监、自查，促进各企业开展绿色经济的交流与合作，建立各项环境保护规划与完善绿色技术、绿色经济的评价体系，包括行业内绿色技术成果、绿色经济实体的各种指标，在技术项目的立项、中期检查、成果鉴定、验收中应有明确的绿色指标，对成果进行跟踪调查，根据绿色评价指标体系给予奖励。在行业准入方面，除了国家的相关规定之外，还可以创造更多的行业标准，以提高整个行业的发展水平。在应对发达国家的绿色壁垒方面，加强与发达国家的绿色经济技术合作与交流。应用环境无害技术、清洁生产技术、资源节约技术等等，来协调经济发展与环境保护的关系，有效地促进结构的改善和升级，提高产品的国际竞争力。各个绿色产业部门自身的制度创新，会为本行业的发展和繁荣创造更多的积极因素，从而提高整个国家的绿色经济发展水平。

（三）制度创新的微观主体

全面促进绿色经济的发展，不仅需要宏观上的国家制度以及中观上的行业（市场）制度建设，同样也要重视在微观层面的企业和广大消费者中建立充分体现绿色经济思想的企业制度、消费习惯和消费文化。

1. 对各个绿色企业来说。一方面，他们要从可持续发展出发，走绿色营销道路。让节约资源和环境保护贯穿于产品的开发、设计、生产、制造、包装、运输各个环节，在充分了解绿色市场的信息和消费者的绿色需求基础上提高绿色技术研发和创新能力，大力推进产业结构优化升级，发展高新技术，改造提升传统工业，加快发展现代服务业。加大对房地产、汽车、纺织等行业的绿色推广，充分发挥废物的循环利用性、可分解性，搞好包装品及其废弃物的回收服务。企业建立专门的治理机构监督和管理，加强企业间的绿色合作。另一方面，这些绿色企业应以产业化经营为切入点，加强对外技术资源、技术成果的交流和借鉴，除技术的创新外，还要注重与之相关的管理模式与规章制度的创新，保证企业的绿色技术创新成果的顺利转化，通过制定合理的价格，激发消费者对绿色产品的消费欲望。通过兼并和收购等途径，壮大企业规模，增强绿色竞争实力，利用外部资源促进企业的可持续发展。实施绿色品牌战略以获得绿色标志和绿色产品认证，树立良好的绿色企业形象和信誉。

2. 对于广大消费者来说。一方面，他们应转变传统的消费观，培育绿色意识，倡导绿色消费。有关部门要承担起对全民进行绿色教育的责任，强化绿色认证和绿色监管，加大对绿色产品生产销售中违法行为的打击力度，创造良好的绿色消费环境。让消费者充分认识绿色消费的意义，使绿色消费模式得以实现。在消费时，选择未被污染或有助于公众健康的绿色产品，在消费过程中注重对垃圾的处置，避免环境污染。另一方面，要建立可持续消费模式和消费文化。联合国环境署 1994 年在肯尼亚首都内罗毕发表的《可持续消费的政策因素》报告提出了可持续消费的定义："提供服务以及相关产品满足人类的基本需求，提高生活质量，同时使自然资源和有毒材料的使用最少，使服务或产品的生命周期中所产生的废物和污染物最少，从而不危及后代的需求。"这种消费模式和消费文化的基本点包括以知识和智慧的价值代替物质主义的价值，以适度消费代替过度消费，以简朴的生活代替奢侈和浪费。

还有各种官方以及非官方的绿色环保组织，他们也通过自己的积极奔走和宣传，在开创生态文明和启蒙绿色经济，提高人类环境意识和加大公众参与程度，使绿色政治从无到有、从低级到高级，加强国际间的交流与合作，促成环境保护国际公约的产生，制定环境保护国际标准等方面都发挥着重要作用。可以说，这些环保组织是推动绿色经济发展的一支重要社会力量①。

二、绿色经济制度创新方式

新制度经济学认为，制度变迁是制度不均衡时追求潜在获利机会的自发交替过程。从制度变迁的主体和诱因来看，制度创新方式分为强制性制度变迁和诱导性制度变迁。强制性制度变迁是国家在追求租金最大化和产出最大化目标下，通过政策法令实施的，它是以政府为制度变迁的主体。中央政府处于权力中心位置并拥有国家机器等强有力工具，而处于这种地位和拥有这样的工具是其他制度创新主体所不具备的，是中央政府独特的、不可替代的优势。正是凭借这种优势，中央政府制度创新方式是一种自上而下政府供给的强制性制度创新。诱导性制度变迁既包括宏观层面的政府诱导性制度变迁，还包括微观层面的需求诱导性制度变迁。首先，在政府诱导性制度变迁中，政府对企业的制度创新采取积极的态度，但不是强硬的方式，而是柔性的宣传发动以及施以土地、金融、财政、税收等利诱政策。其次，考察各种中微观主体制度创新过程，不难发现中微观主体制度创新是按照自然演进方式进行的。由于中微观主体处于权力边缘的位置和个体力量薄弱又比较分散，中微观主体制度创新是基于生存和发展这一最基本、最单纯的需要。中微观主体制度创新过程和市场化过程一致，正是中微观主体制度创新加速和推动了市场

① 参见严汉平、白永秀：《三种制度创新主体的比较及西部制度创新主体定位》，《经济评论》，2007年第2期。

化。中微观主体制度创新是各种制度间竞争的结果，是不断扬弃的过程，而不是人为选择和人为设计的结果。可见，中微观主体制度创新属于需求诱致性制度变迁，与中央政府制度创新方式相反。

此外，从制度变迁的速度来看，制度变迁的方式还可以分为激进式制度变迁和渐进式制度变迁。一般看来，强制性制度变迁往往与激进方式相连，诱导性制度变迁往往与渐进方式相连。从局部制度变迁（单一制度的同一轨迹制度变迁）来看，的确如此。但是从整个制度结构和制度体系来看，即把一轮制度变迁的轨迹加总来看，则不尽然。不同的制度变迁方式可能组合成多种多样的变迁模式，以满足复杂、艰难的制度变迁要求。结合绿色经济发展的现实状况以及发展绿色经济的制度创新主体来看，发展绿色经济的制度创新方式可以归纳为四种：即政府主导的强制性激进制度变迁、政府主导的强制性渐进制度变迁、政府主导的诱导性渐进制度变迁、需求诱导性渐进制度变迁。

（一）政府主导的强制性激进制度变迁

政府主导的强制性激进制度变迁模式是一种“暴风骤雨”式的变革方式。其主要特点是以政府为主导，政府是制度变迁的主体，变迁程序是自上而下的，变迁时间较短，可以在比较短的时间实现制度结构的大变革。这种制度创新模式最大的特点：一是制度安排的速度快，可以保证看准了的制度迅速安排好并有效地发挥作用，从而节省变迁时间，减少制度“阵痛”时间；二是正因为速度快，减少利益集团制度寻租的机会，节约制度实施成本；三是变迁的力度大，核心制度易于被摧毁而让位于新制度。主要缺点：一是有很大的破坏性，可以引起社会大的震荡，一旦安排的制度缺少制度需求，也不符合制度变迁的方向，则会使制度跌入供给陷阱，即前一种制度的法理基础被破坏，而安排的新制度却因制度环境不成熟和制度执行者经验不足等原因而难以有效发挥作用，制度变迁风险大这种方式一般很少用；二是制度变迁具有不可逆性，缺乏弹性修正的合理时滞；三是切断了原有制度的联系，损失了信息存量。政府主导的强制性激进制度变迁在绿色经济的发展过程中还是比较常见的，例如政府出台的一些法律法规中规定的企业生产的某些环保标准属于硬指标，不达标的企业，如那些“高投入、高污染、低产出”的企业就会被勒令停产甚至关闭，这类标准的出台就属于典型的政府主导的强制性激进制度变迁。

（二）政府主导的强制性渐进制度变迁

政府主导的强制性渐进制度变迁是指在一段较长的制度体系变革中，从整体上来讲，占主导地位的制度变迁方式是以政府为主的强制性制度变迁，但是有渐进因素：一是在单一制度的变迁轨迹上又具有一定的渐进性质；二是核心制度和配套制度安排上有先有后，而且还有一定的时滞；三是注意交替使用强制性制度供给满足制度累增的需要。这种制度变迁模式与第一种制度变迁模式相比而言比较温和，有些制度也给制度需求主体一定的内生需求时间和空间，制度安排有一定的调整余地，避免制度震荡和破坏性，制度作用对象也有一定的时间来适应，可以减少制度作用对象对新制度的抵制，制度安排的摩擦成本比第一种模式低。这种制度变迁模式的主要缺点：一是由于强制性制度作用的时间比较长，利益集团寻租的可能增强和各种“搭便车”的现象不可避免；二是由于是渐进的强制性制度变迁，可能会出现制度变迁的强度不够的现象；三是制度的内生诱导仍然不够。在这种制度变迁模式下，关键要处理好两个问题：一方面是制度变迁的强度；另一方面是要及时根据制度需求的累计情况，安排好强制性供给的时机。这种制度变迁模式具有一定的时滞性，因此相关行业和企业对政府的相关法律规定一般都有一段时间的改进期和适应期，政府的目标也是一种计划性目标，如我国的节能减排目标，一般都需要好几年时间来完成，相关企业只需要在规定时间内达到各种绿色标准即可。

（三）政府主导的诱导性渐进制度变迁

在政府主导的诱导性渐进制度变迁中，政府对企业的制度创新采取积极的态度，但不是强硬的方式，而是柔性的宣传发动以及施以土地、金融、财政、税收等利诱政策。由此，作为企业，只存在积极响应和不响应两种状况，不存在强制型创新中的消极创新情况。并且，由于政府分担企业创新成本，企业的创新活动会大大超过政府无为型创新方式中的企业创新活动，制度供给不足和企业制度创新推迟的情况大大减少。如果政府的诱导方向是错误的或不适宜企业，由于企业在制度菜单中有自由选择的权利，理性的企业将不予响应，与政府强制型创新相比，大大降低了制度创新的风险，也不存在强制型创新带来的收益损失。政府主导的诱导性渐进制度变迁是绿色经济健康、顺利发展的有效手段。

（四）需求诱导性渐进制度变迁

需求诱导性渐进制度变迁就是以市场中微观主体为制度变迁的主体，通过中微观主体的内生制度需求，来渐进地、缓慢地推动制度变迁。其制度变迁的大背景是需求诱导性的，在强度较小的大背景下，变迁的速度也较慢。这种制度变迁的主要优点：一是社会震荡小；二是制度的内生需求充分，能够较准确地把握制度变迁的方向；三是制度安排成功概率高。主要缺点：一是变迁时间长，搭便车的多，利益集团的寻租多；二是变迁强度不够，不能很好地把握制度变迁的好时机；三是制度供需缺口大，制度跌入供给陷阱的概率极高；四是制度变迁成本高，而且越往后成本越高。随着绿色经济的发展，绿色消费文化将越来越流行，消费者对绿色产品需求的不断增长，必将刺激相关绿色企业（产业）的蓬勃发展。这些企业通过增加产品的“绿色性”就可以扩大自己的产品销售量及利润水平，绿色企业和绿色消费之间就会形成一种良性互动①。

总的来看，与中微观主体主导的制度创新相比，政府主导性创新方式具有比较优势。在政府创新主体与制度变迁的社会博弈过程中，由于政府在掌控政治资源、配置经济资源与界定产权制度诸方面均处优势，因而政府的制度供给能力与意愿能够决定制度变迁的方向、速度、形式、

① 参见肖庆文：《政府参与企业制度创新方式研究》，《中共福建省委党校学报》，2007 年第 11 期；田新建：《营造传统农区市场经济制度的创新方式与主体》，《决策探索》，2005 年第 3 期；邓大才：《论制度变迁的组合模式——制度创新方式与制度演进方式相机组合研究》，《北京行政学院学报》，2002 年第 4 期。

广度与深度。政府可以凭借垄断租金、政治权力、法律手段、行政命令、组织资源与意识形态等方面优势，协调制度变迁过程中各利益集团之间的矛盾或冲突，抑制反对派势力的生长，因而能降低制度成本，使制度变迁逼近帕累托改进。而中微观创新主体，由于利益分散化、多元化，又由于追求自身利益最大化，既无能力也无意愿协调各利益集团的矛盾或冲突，因而成本更高。

三、绿色经济制度创新的内容

发展绿色经济的制度体系是随着全球环境革命在经济社会各个领域的渗透而逐渐形成的，是环境经济行为的初步制度框架。目前，我国发展绿色经济，进行制度创新可以考虑从以下几个方面进行：

（一）创新发展绿色经济的法律制度

完善的环境保护法律框架，是实现可持续发展和人与自然和谐的基本保障，也是发展绿色经济的润滑剂。法律制度的创新属于政府主导的强制性制度变迁，政府是相关法律法规的提供者和执行者，可以创建并维护促进绿色创新的法律制度环境，运用法律手段对市场制度加以补充，推动绿色经济发展。

根据当前和今后长时期内我国的环境形势和任务，我们应当把保障人民身体健康、提高人民生活质量、维护国家生态环境安全、发展循环经济和建立“资源节约型、环境友好型”社会作为环境保护法制建设的基本方向和任务。在立法目标上，当前要特别注重公众健康和环境安全的保护，并逐步从单项生态要素的保护转向生态系统整体存在价值的保护，从污染的末端治理转向生产全过程控制，从注重生产领域的环境防治转向生产、生活领域的综合环境防治，从强调政府调控转向政府调控、市场调节和社会调控机制相结合。在立法框架上，应当逐步形成由环境基本法或者政策框架法、单项实体法和程序法等构成的完整法律框架，并在条件具备的情况下，研究探索编撰环境法典。当前应当把有关循环经济发展、生物多样性保护、资源节约和有毒有害废物监管等作为法律制定或修改的重要领域。对每一单项实体法律，应当大力加强配套行政法规、规章和技术规范的研究制定工作，形成由法律、行政法规、规章和技术规范所构成的配套体系，强化法律的可操作性，为严格执法和公正司法创造良好的法制环境。根据我国各地区经济发展和环境问题的复杂多样性特点，强化地方环境立法，特别要根据各地区所面临的突出环境问题，努力制定一系列更具有地方适用性和针对性的专项地方性法规。在法律制度上，应当逐步建立由政府调控、市场引导、公众参与等构成的比较完整的法律制度框架。当前应当研究制定和完善在政府调控、市场引导、公众参与方面的一些重大法律制度，包括强制性的以环境和资源标准为核心的产业指导和市场准入制度，环境保护和生态恢复的经济补偿制度，环境保护设施多元化投资、建设和运营制度、信息公开和公众参与环境决策的法律制度，环境损害赔偿制度等，以逐步形成政府调控、市场引导、公众参与的环境保护长效机制。

具体来看，我国发展绿色经济的法律制度创新还需在以下几方面作出努力：

1. 突出源头控制，做到“不欠新债”。要从法律制度上明确环境保护应当纳入经济社会发展的综合决策。除了完善规划环境影响评价制度外，还需在《环境保护法》和相关部门法中进一步明确环境规划和环境功能区划的法律地位。

2. 强化企业责任，缓解执法难。企业应当是环保的主力军，污染治理设施应当是企业生产线中的重要组成部分。制定更为完备和有力的环保法律法规强化企业责任就成为当务之急。

3. 完善法律制度，增强可操作性。例如，排污许可证制度是加强环境管理的重要举措，但这项制度的实际执行还有许多亟待完善的地方。环保法律应该细化限期治理制度，明确限期治理期限和限期治理期间的监管要求。

4. 加大违法追究力度，提高违法成本。对环保违法行为要直接设定罚则，加大罚款数额；只有当制度设计成鼓励守法行为打击违法行为时，这项制度才能发挥作用。建立最低的赔偿制度，就是要让企业违法排污时没有任何利益可得。

5. 拓展执法手段，提高执法效率。环保违法行为要直接追究违法责任人的法律责任，综合运用经济处罚、行政处分以及刑事责任等手段，提高主管人员的环保意识。为了提高环境监管的有效性和科学性，必须在法律中明确在线监测设备正常运行情况下取得的监测数据可以作为环保部门实施环境监督管理的证据。

6. 淡化部门法律痕迹，理顺执法体制。环境保护是全社会共同的职责，只有全社会共同努力才能做好环境保护工作。法律要理顺环境管理体制，细化职能分工与责任，强化全社会共同参与，法律与法律之间不能相互矛盾冲突，减少政府部门之间依法争执的现象，这些问题地方立法无法解决，必须依靠国家大法修改。在环保诉讼中要引入环境公益诉讼制度，使诉讼的主体由直接的受害者扩大到政府、环保组织和公民团体①。

（二）创新发展绿色经济的产权制度

产权经济学认为，市场机制正常作用的基本条件是明确而专一的且可转让和实行的产权。产权是有效利用、交换、保存、管理资源和对资源进行投资的先决条件。一般来说，生态环境、各种自然资源等往往拥有没有明确定义、非专一即多重产权、不安全、不能执行、不可转移的产权不明晰特征。如生态功能、环境容纳力等资源的产权就不明确，而且多重产权；我国宪法虽然明确规定了矿藏、水流、森林、山岭、草原、荒地、滩涂等自然资源都属于国家所有，但国家作为抽象的拟制性人格，其产权存在模糊性、象征性特征，其产权利益的产生、支配过程以地方

① 参见林秀红：《推进环保制度和机制创新》，《海峡科学》，2009 年第 6 期；李锦学：《论绿色经济转型中的绿色政府建设》，《福建论坛（社科教育版）》，2010 年第 2 期；张兵生：《绿色经济学探讨》，中国环境科学出版社 2005 年版；徐祖信、黄震：《完善我国环保法律的现实思考与建议》，《环境保护》，2006 年第 4 期。

政府或职能部门之行政权力行使为前提。这就必然引起对资源的过渡开发的短期行为，而不追求其资源的再生能力和利用的高效率；又如政府宣布生态环境资源使用补偿收费制度，但仅仅说说而已，或者收费低于治理和保护费用而使经济行为主体宁可交费而不愿采取行动保护和治理生态环境，致使其资源产权难以有效实行。

总的来看，我国现行公共自然资源产权系统，除去抽象的国家所有权之外，产权边界极为模糊，利益主体不仅呈多元化倾向，而且多为具体管理权力的化身。而各国实践表明，所有权不清晰、不确定是导致资源被滥用和环境被破坏的根本性制度原因，因而也是绿色技术创新推进不力的制度性原因。中国在计划经济时期的“三线”建设和“大跃进”造成了资源的极大浪费。在经济转型时期，不少国营煤矿仅仅把经营权转让给个人，从而导致滥采乱挖。这些都是产权不清晰导致的结果。而通过产权明晰，使难以交易的外部成本或利益进入可交易的市场体系，各利益相关方可以通过交易来解决资源利用和环境破坏产生的外部性问题。因为明确的产权及其可转让可以使得私人成本（或利益）与社会成本（或利益）趋于一致，即不存在外在成本或利益。因此，明晰各种自然资源和生态环境的产权是发展绿色经济的必要条件。对此，可以从以下两方面入手：

1. 界定产权主体范围。建议制定统一的《特许经营法》，对涉及公共自然资源和生态环境部分之产权主体进行界定，特别是理顺国家与地方政府、地方政府与行使国家所有权权能各部门、管理者与经营者三组关系。首先，在国家与作为其代理人的享有管理权力的主体之间关系与利益分配方面，可通过法定条件进行所有权收益分配。其中，至关重要的步骤应当是削弱相应行政管理部门之垄断性权力，使管理公共自然资源和生态环境的权力机关公开化、社会化，甚至可以通过竞标程序设立多个代理人，使其通过市场竞争调配公共自然资源和生态环境的特许经营权利，防止资源与权力高度集中而产生的腐败现象。一般而言，腐败收益取决于政府产品的稀缺性和科层化管理体系之自由裁量权。如果通过立法于产权结构方面规定国家所有的公共自然资源和生态环境可通过市场化手段从诸多代理人处获得，即可通过市场配置稀缺资源，减低政府对公共资源的垄断性格局与科层化管理体系之寻租能力，最终在降低管理成本的同时，有效防止因主体交叉与产权结构混乱所引发的制度性腐败。此外，在管理者及其代理人与特许经营权人之间，主要通过契约约定产权界限，赋予特许经营权人以物权性效力，从而保障其市场竞争力，促使其对公共自然资源和生态环境的经营采取市场化模式，在获取市场利润的同时，加大投入力度，维护作为商品的公共自然资源的合理利用及生态平衡以保证其获利能力。

2. 界定产权客体范围。为避免上述政出多门、法出多门以及多重管理人干预诱发的特许经营权人成本增加、管理效益低下等弊端，必须对公共自然资源和生态环境的产权客体范围予以明确界定，藉此防范公共权力对特许经营权制度的渗透。以风景名胜区为例，可通过立法对风景名胜区之有效资源进行市场化评估，将其分解为资源性资产和经营性资产。资源性资产包括自然形成和历史遗留的有形资产和无形资产，如风景区的品牌、形象、知名度、历史渊源等。经营性资产包括人为后期投入资金开发建设的景区各类设施、设备等。在界定产权客体范围前提下，明确规定资源性资产所有权为国家所有，但可通过市场化配置以特许经营模式实现资产的保值增值。至于经营性资产之所有权则可归属于各投资主体所有，其经营权可以通过市场行为自由移转①。

（三）创新发展绿色经济的激励制度

在环境法产生和形成的初期，主要是采取行政手段（主要是各种行政强制措施）来实现环境保护的目的，这种局面的形成主要是针对已经出现的严重的环境污染和生态破坏，虽然时至今日，行政强制依然在环境保护领域还有一定的用武之地。但随着社会的发展进步和环境问题特

① 吴玉萍、董锁成：《可持续发展战略实施的制度创新——构建绿色经济制度》，《世界环境》，2000 年第 4 期；刘云生、庞子渊：《现行公共自然资源特许经营制度缺陷及其突破路径》，《西南民族大学学报（人文社科版）》，2009 年第 1 期。

点的不断变化，环境保护的主要法律措施也产生了多样化发展的必要与可能。尤其是近些年来，越来越多的基于市场规律的经济手段出现在了环境法的制度设计之中。对此，《21 世纪议程》指出："在过去几年中，许多政府，主要是工业化国家的政府，但也有中欧、东欧和发展中国家的政府，愈来愈多地采用面向市场的经济手段。例如污染者付费原则和最近的自然资源使用者付费概念。"对于环境保护法律制度这样的发展变化趋势，有学者将其概括为环境资源法的经济化。

以各种经济手段为主要表现形式的经济激励与约束制度在以下三个方面表现出特有的制度优势：

1. 市场亲和性。各种经济手段的运用，主要是通过价格对成本的正确反映引导当事人的行为选择并影响其偏好显示，经济激励与约束制度以"成本—效益"为核心，相同的导向使其与市场机制的主要作用机理基本一致，作用机理的内在一致性必然产生经济激励与约束制度与市场机制互相亲近的自身需求，法律制度与市场机制亲和力的增强将会减少因制度摩擦而带来的制度实施的社会成本，优化法律制度对社会关系进行调整与规范的实际效果。

2. 诱致性。经济激励与约束制度的实际运作从根本上来说是诱致性的，这主要是因为该制度设计对相关人的行为调整不是依赖命令与制裁，而主要是通过对相关人收益的影响引导其进入法律调整预期的行为模式，当事人也往往会因对自身利益的关注自觉接受法律的调整，整个法律制度的运行不是对抗的过程，是基于自愿而作出的合作选择。对于法律的实现方式而言，强制手段与诱致方式各有用武之地，但在减少制度实施的成本方面，诱致性法律机制的优越性相对更为明显。

3. 节约性。对于环境问题的解决，经济学家倡导，经济手段的运用应视为选择了一项经济上有效率的机制，即费用最小化。实践证明，经济激励与约束法律制度的采用比命令控制型的法规在经济方面更为节约。因为经济手段与市场较强的亲和性，它们往往可以以最低的费用达到预期效果；而且，基于经济激励的诱致性，使其更易于执行，这对执行能力相对薄弱的发展中国家更为重要；还有，经济手段的运行不仅不需要臃肿的行政权力机构以及伴随而来的行政经费的巨大开支，而且还有可能带来收入。

因此，发展绿色经济，离不开环境保护激励机制。它主要包括：环境资源产权制度激励、企业环境制度激励、绿色消费制度激励、政府绿色引导制度激励等四个方面。

所谓环境资源产权制度激励，是指通过确立和明晰各种环境资源的产权关系，使环境资源的所有者和使用者之间借助市场机制建立最直接的绿色经济关系，增加生产者的环境保护成本，从而推动环境资源的合理利用，减少或消除环境污染的过程。广义地讲，产权就是受制度保护的利益。它不是指人与物之间的关系，而是物的存在及关于它的使用所引起的人们之间相互认可的行为关系。产权安排确定了每个人相对于物时的行为规范，每个人都必须遵守他与其他人之间的关系，或承担不遵守这种关系的成本。

所谓企业环境制度激励，是指通过制定和实施企业发展的绿色化规则或指标体系，规范、引导和推动企业及其内部财产制度和管理制度的绿色化安排。绿色企业是绿色经济的主体，企业内部财产制度和管理制度的绿色化安排具体表现在以下方面：一是企业实行绿色的财产权制度，包括企业的组织形式、财产权结构、企业内部的治理结构等坚持环境保护理念；二是企业实行绿色的分配制度，包括利益分配形式和职工福利形式；三是企业实行绿色的管理制度，包括企业生产管理、组织管理、核算制度、审计制度等方面的绿色要求。

所谓绿色消费制度激励，是指通过消费者对绿色产品的认可和欢迎程度，决定着生产者的利益，对绿色产品生产者能够产生激励的作用。自20世纪90年代以来，绿色消费浪潮席卷世界，已经渗透到社会生活的各个方面。消费结构的改变要求生产结构作相应的调整，引导生产者从事绿色生产经营活动。

所谓政府绿色引导制度激励，是指政府用相应的产业政策和法律、法规对生产者的收益比例进行调节，以弥补市场引致的绿色生产者与非绿色生产者之间、绿色生产者与社会效益之间的收益差距，使绿色产品生产者的收益率不断接近社会收益率。任何绿色产品的社会效益都会高于难产者的私人收益，而企业的生产取决于消费者对产品的需求，消费者基于绿色产品的价格原因而减少绿色产品消费，则势必影响企业的生产。因此，政府有必要建立绿色引导激励机制。具体来看，政府可以制定绿色奖励政策。对绿色企业，如通过 ISO14000 系列认证的企业和获得中国环境标志认证、美国"EPA"、欧盟"EV"制度和日本"生态标准制度"的产品，可给予各种奖励，包括：第一，专项补贴。如绿色技术研究与开发补贴，绿色投资补贴与绿色生产补贴。按世贸组织修订的《补贴与反补贴协议》规则，环保产品的补贴属于不可申诉的补贴范围，国家可名正言顺地加以采用，以提高绿色产品市场竞争力；第二，优先低息贷款；第三，减免税收。如美国政府就决定环保产品享受出口免税；第四，折旧优惠。如日本政府规定安装污染控制设备的企业可扣除一定比例的设备折旧费（16%—50%），使企业相当于得到一笔无息贷款，鼓励了其控制污染的积极性；第五，批准建立绿色基金和绿色银行。丹麦政府为更好支持生物能源和其他绿色能源项目建设，设立"热电综合项目基金"和"绿色能源开发和示范基金项目"，对该类项目加以补贴。同时可对绿色企业优先批准其股票上市，打通融资渠道，通过市场大规模筹集绿色发展基金①。

（四）进行绿色技术创新

发展绿色经济，绿色技术是支撑和关键。许多发达国家都认为，绿色经济可能会引领新一轮的技术和产业革命，并积极利用应对金融危机的难得机遇，大力发展包括新能源、新型汽车等领域的绿色技术，从而

① 参见唐倩：《发展绿色经济的价值与制度分析》，《政法论丛》，2004 年第 3 期；吴玉萍、董锁成：《构建中国的绿色经济制度》，《经济研究参考》，2001 年第 16 期；梁云：《构筑 21 世纪绿色经济新体系》，《商业研究》，2001 年第 8 期；张璐：《论我国环保法律制度框架的重构》，《法学》，2004 年第 12 期。

确保国家技术竞争力处于全球的领先地位。我国应当对绿色技术发展给予必要的资金和政策扶持，促进绿色生产技术开发示范，进一步加快环境友好型技术的产业化进程，为发展绿色经济提供坚实的技术支撑。

绿色科技是在人类活动对生态环境的负面影响不断加大的过程中凸现出来的，其实质是一种保持人类可持续发展的科技体系，是对科技为经济社会与生态环境和谐发展服务的方向性引导和生态化规范。绿色科技是为减轻技术的生态负效应而生成并成为当代技术进步的重心的，具有高效性、相对性、时变性、区域性、生态性、人文性等特征。它包括几个层次的含义：一是指生产技术系统的运转对生态系统的消极影响很小或有利于恢复和重建生态平衡；二是指产品技术系统功能的发挥以及报废后的自然降解过程对生态系统的消极影响甚微；三是单元技术在产业技术系统中的应用可明显减轻和部分消除原技术系统的生态负效应；四是可以实现物质的最大化利用，尽可能把对环境污染物的排放消除在生产过程之中。具体来看，绿色技术主要包括：能够有效替代不可再生和污染性原材料及能源的技术；节约资源能源、减少或消除污染甚至还能降低成本的清洁生产工艺；制造有利于保护环境和人体健康的绿色产品的综合性或单项技术；废弃物再资源化与污染物净化技术等。

应用和推广这些绿色技术，以促进绿色经济的逐步形成，取决于如下诸因素的协同作用，即决策管理者、生产和流通经营者、中间消费者和最终消费者的环境意识与可持续发展观；创造和采用绿色技术的经济利益；绿色技术本身的经济合理性与有效性；传播扩散绿色技术的信息流通效率；有利于推进绿色技术应用和推广的政策法规、标准及体制等。绿色技术应用在资源环境与技术经济层面的双赢性，是推广绿色技术的先决条件，其中最具代表性的，莫过于有机化学原料生产的清洁工艺。提高有机化学反应中的选择性，不产生或少产生有害物质，不用有害或有污染的原始物料，使用洁净的反应物、催化剂或不易挥发的无害溶剂等，是建立有机化学原料生产领域清洁工艺的重要条件。现代化学工业，不仅要消耗大量资源和能源，还会产生种类繁多的污染物，其中包括各种有毒有害物质。为此，专家们呼吁我国应大力发展绿色化学工业，并建议在以下五大类产业中率先突破，即用高效低毒低残留农药替代传统的高毒高残留有机农药；用无机、有机肥料和生物菌种组成的生态协调肥料替代传统化肥的过度施用；无污染的可降解塑料；氟利昂、哈龙的替代品和高附加值化学品的清洁生产工艺；可再生生物质的化学转化，使之成为不可再生化工原料和能源的替代品。

总的来看，在发展绿色科技的过程中要注意以下几个基本原则：

1. 绿色原则：绿色科技机制和制度的全面建设。实现可持续发展需要科技的支持，更需要绿色科技水平的提高。国际贸易中“绿色原则”越来越重要。1992 年 7 月，国际标准化组织（International Standard Organization）开始制定 ISO14000 环境管理系列标准，从而规范和约束所有企业的行为。为了使企业取得 ISO14000 认证，产品贴上绿色标签，国家应该而且必须走绿色科技创新之路。

2. 巨大杠杆：绿色科技环境和发展的双向渗透。由于种种原因，在每项科技的运用中蕴藏着不可预料的副作用，特别是高技术评估的困难更是如此。技术丰富了我们的生活，同时也带来了风险——特别是那些未知的风险。由于它们难于比较，我们常会在权衡利弊时做得很糟。绿色科技在不同的环境保护方面有不同的技术要求，需要从不同的角度分析对技术的不同要求。只有弄清各个方面的技术需求，具体问题具体分析，具体对待，才可以对症下药。

绿色科技支撑实现着可持续发展。绿色科技实现着人与自然、人与社会的协调发展，它可以解决开发和保护之间、当前和长远之间以及局部与整体之间的矛盾冲突，绿色科技在处理环境绩效与经济绩效之间的复杂关系方面具有极为重要的协调功能。总之，科学技术是现代文明和社会发展的巨大杠杆。随着科学技术的迅猛发展，特别是技术对经济系统和生态系统的作用越来越突出，技术已成为当今世界开发利用自然资源、提高社会生产力和优化生态环境的极为有效的手段。作为一种比工业文明更先进更高级的新型文明形态，生态文明时代的生成及其发展必然依赖于科学技术的进步，特别是科技的绿色化转换。绿色科技反映科技发展的新特点、新方向，充分发挥绿色科技的功能，既体现经济社会效益又体现生态环境效益。

3. 能力建设：绿色科技财力与技术的横向联合。无论是发达国家还是发展中国家，都需要遵循把经济增长与维持生态系统的健康结合起来这一根本规则。地球上所有国家和民族都有权利获得世界自然资源中应得的合理份额，但在贫富两极分化的世界上，一部分富人消费过多的地球生态资本，为此，发达国家要对生态承担更多的国际义务。《里约环境与发展宣言》原则七中指出："鉴于导致全球环境退化的各种不同因素，各国负有共同的但是又有差别的责任。发达国家承认，鉴于他们的社会给全球环境带来的压力，以及他们所掌握的技术和财力资源，他们在追求可持续发展的国际努力中负有责任。"换言之，发达国家财力资源和技术的发展，是以全球环境资源的大量损耗和生态环境的急剧恶化为代价积累起来的，而他们所造成的全球环境退化的恶果却让发展中国家承担，这对发展中国家来说是不公平的，是建立在不公正的国际秩序基础上的。因此发达国家应该而且必须尽可能地在经济与技术等方面给发展中国家以援助，帮助发展中国家在财政、技术、机制、信息、人才等方面的能力建设并实现可持续发展。同时发展中国家自身在环境保护与绿色消费进程中也应解放思想，转换观念，开拓创新，这是必不可少的内部因素①。

---

① 参见包庆德：《生态哲学视域：绿色科技的时代规范与研究进展》，《社会科学辑刊》，2008年第2期；李康：《绿色经济与绿色GNP》，《环境科学研究》，2002年第4期；赵斌：《关于绿色经济理论与实践的思考》，《社会科学研究》，2006年第2期；张兵生：《绿色经济学探讨》，中国环境科学出版社2005年版；张春霞：《绿色经济：经济发展模式的根本性转变》，《福建农业大学学报（社会科学版）》，2010年第4期；邬关荣、周维强：《绿色经济发展中政府的作用定位》，2002年第12期；张叶：《绿色经济问题初探》，《生态经济》，2002年第3期。

第五章
产权制度创新

所谓产权制度是关于产权界定、运营、保护等的一系列体制安排和法律规定的总和。现代产权制度的基本特征包括：归属清晰、权责明确、保护严格、流转顺畅。产权制度是一种基础性的经济制度，它不仅对经济效率有重要影响，而且又构成了其他制度安排的基础。实现绿色发展必须进行技术创新和制度创新。发展绿色经济的关键是通过技术创新不断扩大可供利用的资源范围和改进资源利用方式，缓解资源稀缺的压力，以支持经济的可持续发展。从目前我国的实践来看，产权制度建设滞后是制约我国可持续发展和阻碍绿色发展进程的最主要因素。

长期以来，我国环境资源产权的所有权和使用权关系不明确，这种产权界定不清和产权的非排他性，一方面导致了自然资源和环境资源成为一种无价的公共产品，引起了竞争性消费，使生态环境遭到破坏；另一方面由于使用环境资源系统产品无须付费，就不会考虑新技术应用所带来的环境污染和生态破坏，从而诱使不考虑环境影响的技术创新大量运用于生产和生活中。因此进行产权制度创新是使我国走绿色发展之路的基本制度安排。产权制度的创新决定着绿色经济实现的程度。

第一节　明确环境资源产权

根据产权经济学的解释，如果能够明晰地界定环境资源产权，该产权既可赋予污染者，也可赋予“受害者”，而且可以在完美市场下自由进行环境资源产权的交易，那么排污者和污染的受害者就可以通过谈判或补偿来自行解决污染问题，因而明确环境资源产权是治理环境问题的关键。我国实行的是自然资源国家所有制，由于国家所有的代表主体不是十分明确，导致资源浪费和低效率配置问题普遍存在。因此，要明确环境资源产权，必须进一步推进国有企业产权制度改革，改革和完善自然资源产权制度。

一、产权与环境资源产权

随着我国市场经济进程的不断深入，各种环境资源正不断进入市场领域。然而种种现实表明，环境资源在进入市场运营后的状况却令人堪忧。这种后果无疑是与环境资源的产权制度密切相关的。环境资源产权是随着环境恶化、环境资源稀缺性不断凸显而产生的，它是行为主体对环境资源拥有的一组权利，具有一定的排他性、可交易性、可分割性和行为性。

（一）产权

到目前为止，学术界对于产权理论的许多问题、争议还没有形成完全一致的看法，对产权的定义也不止一个。菲吕博腾（E. G. Furubotn）和配杰威齐（S. Pejovich）指出，产权不是指人和物之间的关系，而是指由于物的存在即关于它们的使用所引起的人们之间相互认可的行为关系①。阿

① E. G. 菲吕博腾、S. 配杰威齐：《产权与经济理论：近斯文献的一个综述》，载 R. 科斯、A. 阿尔钦、D. 诺斯等著：《财产权利与制度变迁——产权学派与新制度学派译文集》，上海三联书店、上海人民出版社 1994 年版，第 204 页。

尔钦（Armen A. Alchian）认为，产权是一个社会所强制实施的选择一种经济品的使用的权利。产权安排确定了每个人相对于物时的行为规范，每个人都必须遵守他与其他人之间的相互关系，或承担不遵守这种关系的成本。产权是经济上所有制关系的法律表现形式，它是与所有制相联系但又不同于所有权的一种经济权利。在现实生活中，包括对财产的所有权、使用权、支配权、转让权、经营决策权、收入分配权、剩余索取权等①。

登姆塞茨（H. Demsetz）则从产权功能的角度来论述产权，他认为，"产权是一种社会工具，其重要性就在于事实上它们能帮助一个人形成他与其他人进行交易的合理预期，产权的一个主要功能就是为实现外部效应的更大程度的'内部化'提供行动动力"②。产权作为一种社会工具。一方面能够明确界定交易双方的权利和义务，使交易双方在交易中能够形成合理的预期；另一方面，产权是解决外部效应的一个重要工具。由于外部效应的存在与产权界定不清相关，因而只要产权界定之后，产权主体为维护自身利益就会为外部效应更大程度的内部化采取积极的行动。产权会产生一种激励，激励人们有效地利用资源，包括外界资源和自身的资源，以提高经济效率，增加社会的总产出③。

尽管不同学者对产权的含义有不同的看法，但大都认为，产权是人们在资源稀缺条件下使用资源的规则，这些规则依靠社会法律、习俗和道德来维护；产权是一组权利，是对某种救济物品的多种用途进行选择的权力；产权是行为权利，它反映的不仅仅是人与物之间的关系，更是由物的存在及关于它们的使用所引起的人们之间的相互认可的行为关系。

---

① 参见A.A. 阿尔钦：《产权：一个经典诠释》，载R. 科斯、A. 阿尔钦、D. 诺斯等著：《财产权利与制度变迁——产权学派与新制度学派译文集》，上海三联书店、上海人民出版社1994年版，第166—178页。

② H. 登姆塞茨：《关于产权的理论》，载R. 科斯、A. 阿尔钦、D. 诺斯等著：《财产权利与制度变迁——产权学派与新制度学派译文集》，上海三联书店、上海人民出版社1994年版，第97—98页。

③ 参见鲁照旺：《产权制度与企业治理》，中国政法大学出版社2006年版，第39页。

简单地说，产权是关于财产的一种权利，财产权利其中最重要的部分就是财产的所有权、使用权、转让权和收益权。

（二）环境资源产权

基于产权的定义，可以将环境资源产权定义为权利行为主体对环境资源拥有的所有、使用、转让、收益等各种权利的集合。环境资源产权涉及一系列影响资源利用的权利。完备的环境资源产权应该包括关于对环境资源利用的所有权利，包括环境资源所有权、使用权、转让权、收益权等等。其中，这里的环境资源产权既包括自然环境资源产权，也包括人工环境资源产权。环境资源所有权是指各种环境资源包括自然环境资源和人工环境资源归谁所有。大多数情况下，自然环境资源比如大气资源、水资源、海洋资源等的所有权都归全民所有，并由国家或政府代理行使所有者的权利。环境资源使用权主要包括：个人使用环境资源的权利，如个人利用必要的环境资源进行生产和生活的权利；企业和法人组织使用环境资源的权利，如企业和法人组织利用必要的环境资源要素进行物质生产活动的权利或在物质生产活动中向外排污的权利。环境资源使用权的转让主要是指企业和法人组织按一定程序转让环境使用权，比如遵照指标的废水、废气排放权的转让。环境资源的收益权指环境资源产权拥有者通过环境资源产权运作获得收益的权利①。

我国是社会主义公有制国家，根据法律规定我国的自然资源属于国家和集体所有，个人和其他组织不能成为自然资源的所有者，这构成了我国环境资源产权制度的主要内容。表面上看来，我国环境资源产权制度中的产权主体清晰——国家和集体拥有所有权。但在这种制度下，环境资源一旦进入运营阶段就不可避免地产生了弊端，主要表现为不能按照市场经济的要求形成具有明确的权利、义务、责任的产权主体，或者在改革过程中虽然形成了产权主体，但该产权主体实际上是处于权利不明、责任不清。所以当环境资源处于动态运营时，环境资源资产实际处

---

① 张永任、左正强：《论环境资源产权》，《生态经济》，2009 年第 4 期。

于无人负责的状况，理所当然地出现了中国式的“公地悲剧”。因此，必须进一步推进国有企业环境资源产权制度改革。

二、我国国有资源企业制度弊端

（一）国有资源企业制度存在弊端的根源

环境资源的特殊性以及我国环境资源的国家所有制，使得国有资源企业长期受到高度计划经济体制的影响：即使在建立了社会主义市场经济体制的现阶段，国有资源企业仍然受到较强的国家行政干预，如国有资源企业受到国有资产监督管理体制和国有资源监督管理体制的双重制约，而这一双重体制改革又滞后于整个市场经济发展的进程。虽然国有经济的战略性调整有先有后，但是，国有资源经济的调整却放在了较后的位置。如有学者设计的国有经济布局战略性调整的先后顺序为①：一是关系国家经济安全的行业，包括军事工业、造币工业、航空工业、金融、通信、铁路等；二是大型基础设施以及其他具有较大社会经济效益的建设，包括大江大河治理、重点防护林工程、重点公益事业等社会效益大、受益面广、非国有企业无力承担或不愿承担的建设项目；三是特大型不可再生资源，如石油、煤矿等的开发；四是对国家长期发展具有战略意义的高新技术的开发。很显然，将资源尤其是具有战略性特征的资源放置于国家经济战略性调整的较后位置，既会造成资源产业发展严重滞后，有悖于资源产业应优先发展的逻辑顺序（资源是一切工业、农业、服务业的“粮食”，资源产业是基础性的“母体产业”），而且也会造成国有资源企业改革滞后，至少会在指导思想上形成推迟改革或不急于改革的错误认识。而目前出现的各种环境问题充分说明，国有资源企业制度改革滞后或改革力度不大已经成为影响经济进一步发展的重要原因，而有关改革指导思想或政策设计不合理则是其根源，因此有必要充分认识到

① 赵国良：《脊梁——国有企业的机遇与挑战》，四川人民出版社1998年版，第32页。

国有资源企业加快改革的现实意义。

（二）国有资源企业制度性弊端的主要表现

与适应市场经济发展和建立、完善现代企业制度的要求相比，与我国加入世界贸易组织以来市场竞争日益激烈而对资源环境企业提出了新的挑战性要求相比，我国国有资源企业虽然经过了一些调整改革，但是仍然存在着较多的弊端。主要表现在以下几个方面：

1. 产权制度安排不合理。我国国有资源企业产权安排不合理具体包括两个方面：第一，国有资源企业的投资仍以国有资产为主，产权结构单一，即存在着投资资产股权结构单一或国有股权比例过高或股权平均等共同性问题；第二，国有环境资源的产权界定不清晰，国有资源企业所生产经营的资源，其开发经营权基本上是通过行政无偿授予的，国家所有的巨额资源无偿地为国有资源企业进行生产经营。这既不能有效地保障国家作为国有资源所有者的剩余索取权，也不利于不同所有制的资源企业之间、不同行业的国有企业之间进行公平的合理竞争。

2. 企业经营机制不灵活，综合管理水平不高。国有资源企业因处于具有行政垄断性或市场垄断性的资源产业部门，多数情况下具有卖方市场的特征，加之长期受到政府行政干预，因而其经营机制呆板不活；即使进行了一些转换经营机制的改革，但并没有真正建立起激励与约束相一致的机制。重激励、轻约束的改革导致了国有资源企业出现资本性国有资产和资源性国有资产的双重流失。一些国有资源企业虽已改制，但综合管理水平较低；有的翻牌大公司人为地增加了管理的层次，使企业改革因增加了管理成本而得不偿失。

3. 劳动力使用制度不合理，具有较沉重的冗员包袱。国有资源企业中专业技术人员、具有较高科技素质的专业人才短缺，尤其是管理人员中真正懂经营、善管理、具有战略管理素质的高级管理人才更少；加之多数国有资源企业用人机制不健全，人才流失日趋严重，那些不能流动的低技能的劳动力则成为企业沉重的冗员包袱。在缺乏激励的不合理的工资分配制度下，如果缺乏合理有效的人力资源开发利用制度，那么国有资源企业的劳动者的生产积极性不可能长期维持下去，从而企业也就不可能获得长久的生命力，因此，国有资源企业要获得持久的生命力，必须进行企业制度的变革和创新。

（三）国有资源企业面临着绿色发展的新问题

实现可持续发展是人类社会面临的共同问题，发展绿色经济已成为21世纪发展的主题。作为环境资源生产经营的国有资源企业，虽然是一个微观的市场主体，但是其市场行为则直接影响到绿色发展战略的有效实施。另一方面，由于环境资源是公共品或准公共品，国家实施绿色发展战略必然会对国有资源企业产生一系列的影响，这也成为国有资源企业必须加快改革的又一个重要的外部原因。这就是说，国有资源企业面临着绿色发展的新问题，它在客观上要求国有资源企业按照绿色发展的新要求进行改革。

从绿色发展的角度来看，国有资源企业所面临的新问题主要包括以下几个方面：

1. 现行国有资源企业制度对资源再生产直接产生了不利影响。这主要表现在三个方面：第一，使国有资源企业通过无偿授予或廉价的方式获得资源开发经营权，主要采取行政导向或计划导向的方式使用资源，资源开发利用尤其是综合利用的效率较低，资源浪费甚至破坏问题相当严重；第二，国有环境资源产权不清、定价方式不合理，国有资源企业管理不完善，导致国有资源资产大量流失，影响国有资源的再生与补偿；第三，国有资源企业改制比一般国有工业企业改制滞后，这在较大程度上直接影响着环境资源的开发利用①。如国有资源采掘企业“有水快流”地开采矿产，以“单打一”型的方式开采主矿物，而伴生矿、共生矿物多被白白地浪费掉了；又如国有森林企业（国有林场）过度采伐原木而未将采伐与保护、种植结合起来，导致有些国有林场最终无木可采而只得转产经营，伐木工人下岗失业问题较严重；还如有些国有渔场不是放

① 刘传江、杨文华、杨艳琳等著：《经济可持续发展的制度创新》，中国环境科学出版社2002年版，第173页。

水养鱼而是竭泽而渔，导致各种渔业资源锐减，由于没有保持静态的或动态的“有效的可持续捕捞量”（efficient sustained yield）[1]，因而过度捕捞减少了渔业资源存量，也减少了未来利润，产生了资源的“代际外部效应”。由此可见，要改变国有环境资源的低效开发利用、防止浪费和破坏，促进资源再生产和资源可持续发展，就必须加快改革现行的国有资源企业制度。

2. 现行国有资源企业制度对生态环境再生产产生了不利影响。从生态环境效益与经济效益的关系来看，国有资源企业的发展应将经济效益与生态环境效益统一起来，促进生态环境的可持续发展。而现行国有资源企业制度则对生态环境再生产产生了不利影响，主要表现为：第一，使国有资源企业无偿或廉价地使用公共环境资源，在企业成本核算中缺少生态环境成本支出；第二，外部的生态环境效益通过国有资源企业的“机会主义”行为或“搭便车”方式变成国有资源企业内的经济效益；第三，有些国有资源企业特别是采掘型的国有资源企业（国有采矿企业）在生产经营过程中向外排放大量的“三废”（废水、废气、废渣），对生态环境造成了严重污染和破坏；第四，国有资源企业自觉地保护生态环境的意识较弱、自省和自律观念不强，较普遍地存在着“先污染、后治理”的经营思想。现行企业制度不完善，使国有资源企业行为成为生态环境危机产生的直接原因，使资源再生产与生态环境再生产难以协调地进行。因此，改革和完善国有资源企业制度，将生态环境保护“内化”为国有资源企业的行为，使国有资源企业转变生产经营方式并在经营管理过程中建立生态环境的成本核算制度，是协调国有资源企业经济效益与生态环境效益之间的关系、促进国有资源企业可持续发展和生态环境可持续发展的重要途径。

由于国有资源企业自身存在诸多弊端，目前又面临绿色发展的新问题，因此加快和深化国有资源企业改革势在必行。

---

① 张帆：《环境与自然资源经济学》，上海人民出版社 1998 年版，第 141—143 页。

三、我国国有资源企业制度创新

（一）加快和深化国有资源企业改革的基本思路

虽然我国国有资源企业经过了一系列的改革，也取得了一些改革成效，但是国有资源企业生产经营所取得的成效（如利润增长等）并不能有效地说明国有资源企业已经走出了发展的困境。这是因为，我国经济一直处于快速发展之中，整个国民经济的高速增长导致了对资源需求总量的大幅度增长，资源经济的快速发展和繁荣掩盖了资源经济内部的各种矛盾，也在较大程度上掩盖了国有资源企业的真实绩效；也就是说，资源经济的增长使国有资源企业所面临的制度性弊端和结构性矛盾表面上得到了缓解。而加快和深化国有资源企业改革应该是一个渐进的、长期的过程。

国有资源企业已经进行的改革主要表现在两个方面：一是企业制度的改革；二是管理机制的改革。前者体现为组成了股份制的集团公司，或者实行了有限责任公司、股份合作制等，但也有些国有资源企业翻牌成了大公司，这与现代公司制度的要求还相差甚远；后者体现为调整了国有资源企业的内部组织机构和人员，但是并没有改革工厂式的管理模式，经营机制没有得到根本性转变，这与现代企业管理的要求还相距甚远。可以看出，没有对国有资源企业制度进行根本性改革，就不可能转换其经营管理机制；国有资源企业改革中没有合理协调制度改革与加强管理之间的相互关系，这种重视管理、轻视制度的改革不可能提高其经营管理绩效。加快和深化国有资源企业改革的重点应该是进行制度创新，而制度创新的关键是产权制度创新。国有资源企业的特殊性决定了国有资源企业产权制度创新包括相互联系的两部分内容：首先必须解决国有资源产权问题，然后再解决国有资产产权问题。只有将这两方面的产权制度联系起来同时进行制度创新，进一步实行规范化的股份制改革，才能有效地解决国有资源企业制度创新问题。

双重产权制度改革是国有资源企业改革的核心和关键，而股份制又是产权制度改革的最佳实现形式。在现实的资源经济活动中，国有资源企业是千差万别的。不同行业、不同部门、不同地区的国有资源企业的技术水平、管理水平、资本结构、资产质量、劳动力素质、资源禀赋以及所处的地域文化与生态环境等因素都不相同，即使在相同的宏观经济体制、国有企业经营与监督管理体制、国有资源产权制度之下，国有资源企业规模不同，也会使它们在规模经济效益、生产要素的投入产出率、资源市场的开发与扩张等方面存在着较大的差异。这说明，国有资源企业的股份制改革不仅要考虑企业的生产力水平、企业的资产存量与资产质量、企业经营的资源禀赋差异等因素，而且还要考虑企业的制度基础，制度承受能力等因素，国有资源企业的生产经营规模代表着企业的资本规模、生产要素的可分程度、生产力水平和制度基础，因而，对不同规模的国有资源企业应分别实现不同形式的存量资产（包括存量资源）股份制改革。或者说，国有大中型资源企业与国有小型资源企业应该选择不同的存量资产股份制改革道路。我国在继续进行股份制改革的过程中，应该根据股份制的形式及其适应范围对国有资源企业进行分类改革，这就是深化国有资源企业股份制改革的推进策略。

（二）国有资源企业制度创新的主要途径

根据加快和深化国有资源企业改革的基本思路，我国应从制度创新的角度来加快和深化国有资源企业改革，主要途径包括以下几个方面：

1. 进一步解放思想、更新观念。这是加快和深化国有资源企业改革的前提条件，是促进国有资源企业发展的思想基础。因此必须树立以下基本观念：一是不断改革的观念。只有不断的改革，才能不断地充分调动国有资源企业生产经营者与管理者的积极性、主动性和创造性，使国有资源企业内部的各种生产要素得到优化配置。二是持续结构调整的观念。积极调整企业内部各种不适应资源市场发展要求的结构，将持续的结构调整作为促进国有资源企业持续发展的重要途径。三是市场竞争的观念。国有资源企业要维持其市场占有率和提高其市场绩效，必须主动参与国内国际资源市场竞争，并在市场竞争中不断强化这种观念和意识。四是创新观念。国有资源企业的创新就是在其全部的资源经济活动中不断创造出适应资源市场发展要求的新思想、新思维、新的经营策略和方法，使国有资源企业获得新的发展动力。五是绿色发展观。与非资源企业相比，国有资源企业在其发展过程中应该具有更强烈的节约资源和保护生态环境的观念，应该成为国家实施绿色发展战略的促进者和实践者，这对于促进国有资源企业自身的可持续发展同样具有重要的现实意义。六是综合效益观念。国有资源企业在进行资源再生产过程中，应不断提高经济效益，同时提高资源的生态效益、环境效益和社会效益，努力实现以经济效益为核心内容的综合效益最大化。

2. 进一步明晰所有权权能、权责、权益。首先，要清晰界定国家所有权与集体所有权的界线，防止国家所有权侵蚀集体所有权；明晰农村集体所有权的权能、权益、施权主体、施权范围及相应的责任和收益权；明晰地上资源所有权与地下资源所有权、地面资源所有权与空间资源所有权之间的权利关系。其次，清晰界定中央政府与地方政府以及地方政府间在行使所有权过程中的权责利关系。各级政府是土地、矿藏等自然资源的实际占有者、重要管理者，是国家所有权的重要行使者。明确界定中央政府与地方政府以及地方政府间在资源开发利用、资源监管、环境保护中的权责利关系①。严格地说，在环境问题上，产权的完全明确是做不到的。其理由是：第一，究竟在哪些问题上要明确产权，人类的认识有一个逐步深化的过程。例如清洁的空气和大气层一类的环境资源，被认为是取之不尽、用之不竭的产品，像这样的产品当然没有必要明确产权。只有当人类认识到这些环境资源的有限性，才要求明确这方面的产权。第二，人们是否愿意明确产权，在很大程度上取决于交易成本的大小。有些产权由于界定和实施所有权的费用太高而不得不采用模糊产权的形式。

① 李太淼：《构建和完善有中国特色的自然资源和环境产权制度》，《中州学刊》，2009 年第 7 期，第 53 页。

3. 尽快建立现代企业环境资源产权制度。环境为全民所有、全民使用，任何政府、企业、个人都享有使用环境的权利，同时也负有爱护环境、保护环境、建设环境的责任。为利用经济和法律杠杆保护和发展环境，应按照“环境有价”的理念，建立现代环境产权制度，特别是产权界定和交易制度，来规范、约束不同利益主体的环境行为。为此，必须作出相应的制度安排：一是凡为创造良好的环境作出贡献的地区、企业或个人，应获得环境产权的收益；二是凡享受了环境外部经济的地区、企业或个人，应向环境产权所有者支付相应的费用；三是凡对环境造成损害的地区、企业或个人，应作出相应的经济赔偿。关键是要确立相应的环境产权利益补偿机制，包括环境外部经济的贡献者和受益者之间直接的“横向利益补偿机制”以及以国家为主体的间接的“纵向利益补偿机制”①。环境资源产权制度安排必须体现其特殊性，必须遵循三大原则：一要符合自然界的发展变化规律。任何产权设置都不能无视自然资源的结构布局、特点特性、运动规律。二要坚持生态效益优先。开发利用自然资源不可能像生产经营一般竞争性产品那样把追求经济利益放在第一位，而必须坚持生态效益优先，在开发利用资源的同时，保护好环境，谋求经济效益、生态效益和社会效益的有机统一。三要坚持可持续发展。既要搞好当代社会的可持续发展，又要搞好代际之间的可持续发展，为子孙后代留下发展基础。

第二节 实施和保护环境资源产权

经济学家们普遍认为有益的经济制度必须要保护产权，确保人们得到回报，签订合约以及解决纠纷。对产权的保护包括两个方面，一方面，

① 常修泽：《资源环境产权制度背景不容忽视》，《社会科学报》，2007年6月7日。

必须保护投资者免受邻居、偷盗者、竞争者和其他违反者的侵犯；另一方面，能够保护私人产权的强大政府自身也能变成偷盗者。因此，有效的产权制度要求严格保护，以防受到侵害。而实施和保护产权时要有合理的制度安排，必须用法律、法规与法治限制私人和公共权力的侵犯。

一、实施和保护产权的必要性

产权的形成与控制资源的自由使用的问题是紧密联系的，从某种意义上说，产权的起源就是为了避免资源的过度自由使用。“如果不存在对于人力资本、非人力资本和自然资源的自由使用进行约束的制度，那么没有一个社会是能够生存的。自由使用减少了一个社会财富，在一个资源稀缺的世界上，对于生存是有害的”①。也就是说，如果不建立对资源利用的排他性权利体系，就不会有任何经济秩序，社会将处于无序的状态。

财产要积累起来就必须要有财产保护制度。如果一个社会不能有效地保护财产，那么财产的保护就相当缓慢，或者财产的价值会大大下降。如果人们利用一种资源的权利得不到保护或不能延续，那么，他将改变甚至放弃对该资源的使用方式，进而转向使用那些需要较少预先投入的资源。也就是说，人们对资源的权利不是永久不变的，需要人们不断努力去加以保护。产权保护能提升财产的价值，进而使人们获得积累财富的持续激励。

环境资源产权特别是自然资源产权有助于缓解当前我国资源环境领域的矛盾，提高我国自然资源的利用效率和保护环境。因为当不存在自然资源产权或者自然资源产权没有被履行时，即当经济资源是公有、开放的时候，每一个人都可以消耗自然资源而不承担任何代价或者说相对于自然资源价值而言极其微小的代价，那么资源就会被过度利用和开发，

---

① 思拉恩·埃格特森：《新制度经济学》，商务印书馆1996年版，第254—255页。

结果就造成了经济资源利用的低效率，不利于资源的优化利用。实施和保护产权能够界定资源的价值，有利于保护资源，从而优化资源的配置。

从世界范围来看，一般产权越发达的国家，经济制度就越完善，就能更好地发挥市场对经济的作用。各国的经验也表明，凡是产权保护制度越完善的国家，经济就越发展。美国之所以在环保产业上走在世界的前列，一个非常重要的原因是美国建立起了较为完善的环境产权、市场与经济发展的有效机制，美国是最先提出环保产业发展市场化思路的国家，也是最早建立碳交易市场的国家。而且实施和保护产权能够增强社会的信用基础，增强微观主体的社会责任感，形成以道德为支撑、产权为基础、法律为保障的社会信用制度，这是建设现代市场体系的必要条件，也是规范市场经济秩序的治本之策。

二、中国自然资源产权制度的历史变迁

自然资源在以往一直被认为是取之不尽、用之不竭的公共物品。在这种资源无价的思想的长期影响下，自然资源的价值长期被忽视。中国过去几十年的经济发展一直采用的是粗放型的经济增长方式。这种经济发展方式单纯依靠资源的大量投入与消耗来支撑，导致了资源大量地被消耗和浪费，同时又加剧了对资源的掠夺性开发利用。同时，为了获得经济利益，各种为攫取更多自然资源的技术创新不断出现，但有效利用资源的技术却长期被忽视。人们从自然资源中所获取的远远超过了其再生能力，于是出现了自然资源的严重短缺和退化。经济增长与自然资源发生矛盾的根源，是自然资源的价格没有正确地反映自然资源的稀缺程度，而解决这一问题的重要办法就是要建立自然资源合理透明的定价机制和自然资源产权制度。

中国自然资源产权制度从计划经济向市场经济渐进的历史变迁大致可以分为三个历史阶段，即经历了从公有产权的二元结构到开发利用产权的无偿授予再到开发利用产权的有偿交易等三个步骤。这一产权制度

的变迁是自然资源从高成本地下交易走向低成本公开交易的必然选择与结果，它有利于逐步摆脱无效率和低效率的制度阴影，促进自然资源定价机制的形成。

（一）完全公有产权阶段

建国之初，1954 年，中国宪法第一次正面规定了自然资源的集体所有权，实际上形成了自然资源所有权的二元结构。现行《宪法》规定，"矿藏、水流、森林、山岭、草原、荒地、滩涂等自然资源，都属于国家所有，即全民所有"①；并进一步对基础性自然资源——土地的国家所有和集体所有范围做出了明确界定。在这之后的二三十年里，我国一直处在这样一个完全公有产权阶段。完全公有产权阶段的主要特点是：在所有权上，国家所有权占据绝对的主导地位；在使用权上，国有企业成为自然资源的垄断主体；在转让权上，因为没有多元所有权主体的参与，自然资源的不可交易也就成为现实，所以几乎不可以转让。因此，这一时期，自然资源不可能进入市场，即使有可能进入也是残缺和不完全的，这也正是中国自然资源市场无法发育的根本原因。

（二）开发利用产权的无偿授予阶段

改革开放后，随着市场化改革进程的逐步深入，中国自然资源产权制度也发生了从行政管理制度向法律制度的变迁。《宪法》多次重申国有自然资源地位与范围的同时明确规定，国家可以依照法律规定的条件，对土地等生产资料实行征购、征用或者收归国有。可以说，进入 20 世纪 80 年代后，中国自然资源产权制度才正式进入创设阶段。国家通过立法规定单位和个人可以依法使用自然资源。这实际上是承认厂商的主体资格与法律地位，使厂商有可能成为名副其实的自然资源产权主体。在这一阶段，自然资源使用的一个最大的进展就是实现了所有权和使用权的分离。这一分离使得微观主体可以对自然资源起支配作用，对国家所有权有一定的限制作用，从而有利于自然资源的综合利用。自然资源的使

① 《中华人民共和国宪法》（1954 年），第 5 条、第 6 条、第 7 条。

用价值虽得到了承认，但自然资源法律制度依然排斥自然资源的交易。排斥了交易，使用也就失去了价值，使用的不经济性也就成为必然。而且，自然资源产权仍然毫无代价地可以从政府手中获取，产权的内容由行政规范确定，产权行使、救济运作也取决于政府的行政行为。政府通过许可证形式将这些产权无偿地授予开发利用者的同时，也使这种产权“私法公法化”，具有了公权的性质。这种产权制度的安排并不能为厂商合理支配资源，而且所有权人格的缺失，造成了预算约束软化和国有私利现象的产生，这种制度最终酿成了中国自然资源法律制度成本大于绩效的现实。

（三）使用权的有偿取得和部分自然资源可交易阶段

20 世纪 90 年代以来，随着中国向市场经济渐进步伐的加快，中国法律对自然资源的制度安排也发生了变化。最大的改变就是法律上规定了一些自然资源能够合理流转和交易，这实际上确认了自然资源的价值并开始建立自然资源的产权交易市场，有利于更好发挥市场机制在反映自然资源价值上的作用。这一阶段自然资源的可交易性主要体现在某些自然资源交易性法律的出台。如现行《中华人民共和国宪法》第 10 条第 4 款在以前基础上修改为“任何组织或者个人不得侵占、买卖或者以其他形式非法转让土地。土地的使用权可以有偿转让”。这在中国自然资源法律制度渐进变迁的历史上具有重要的意义，它标志着中国产权交易制度开始有了发育。产权本是厂商牟取利益的权利能力和资格，因而它在本质上是交易关系。《矿产资源法》（1996）也安排了探矿权、采矿权交易制度，从而也确立了中国第二个进入交易的自然资源法律制度。

（四）我国自然资源产权制度变迁的主要成果

纵观我国自然资源产权制度的演进，从使用权的国有企业独揽到使用权主体的多元化，从自然资源使用权的无偿取得与不可交易到使用权的有偿取得与可交易，产权制度总体上是向着适应市场经济、有利于资源合理配置与可持续利用的方向演进的。

1. 自然资源法的建立使得我国自然资源使用权制度化。如新《土地管理法》规定国有土地和集体所有土地，可以依法确定给单位或者个人使用，并规定了土地获取的方式、土地具体用途、土地使用年限等；新《矿产资源法》规定单位和个人可以依法获得矿产资源的探矿权、采矿权；新《水法》以法定的形式确立了取水权制度。自然资源使用权的依法获取，除了以上所述的土地使用权、矿业权、取水权之外，还包括林业权、渔业权、捕捞权等等。同时，现行自然资源法律除了规定各种自然资源使用权的依法取得之外，还规定了主要的自然资源使用权的有偿获得制度，比如城市土地使用权，矿业权、取水权等①。这些立法对自然资源使用权的获得进行了明确规定，从而使企业等微观经济主体对自然资源的使用有章可循、有法可依，有利于自然资源的规范使用。

2. 自然资源经营权和流转权不断放宽，管理体制不断优化。通过对一些自然资源法的修订（主要有《土地管理法》等），我国在一定程度上放宽了对自然资源经营权和流转权的限制，一些自然资源能够在法规范围内进行流转，这有利于自然资源的市场化交易的形成，有利于资源的优化配置。另一方面，我国的产权制度的改革也使得我国自然资源管理部门进一步重组和优化，市场化加强。比如，我国通过行政体制改革，由国土资源部管理土地资源、矿产资源、海洋资源和渔业资源；由水利部管理水资源，改变了过去几个部门管理同一种资源的管理方式；对水资源实行跨流域管理与行政区域管理相结合，管理更加科学；区域管理相结合，管理更加科学；对自然资源的管制程度放松，引入招标、拍卖等市场化制度，使自然资源的部分权属得以市场化，提高自然资源使用效率和配置效率。随着我国经济体制和政治体制的不断改革，自然资源的管理部门将进一步重组合并，这对我国自然资源产权制度改革无疑将起到积极的作用②。

① 见2004年《土地管理法》第9条、第14条；1996年《矿产资源法》第3条、第5条、第6条；2002年《水法》第48条。

② 见2004年《土地管理法》第2条；1996年《矿产资源法》第3条；2002年《水法》第2条。

三、中国自然资源产权制度存在的问题

尽管中国自然资源产权市场开始了适应性的变迁，然而，自然资源产权至今尚没有真正走出公共所有、政府管制的计划供给模式，自然资源产权市场运行基本还停留在“公”权市场阶段，“私”权进入和交易自然资源产权仅局限于一些狭小的领域，整个自然资源产权市场还没有真正发育起来。存在的主要问题表现在以下几个方面：

（一）自然资源产权主体、使用权主体单一

我国自然资源产权制度是伴随着新中国的建立而建立起来的。我国1954年第一部宪法明确规定“矿藏、水流、国有森林、草地和其他自然资源，都属国家所有”①，实质上就是自然资源的国家所有制度。应该说，自然资源产权国家所有制在特定的时期发挥了积极的作用。

但是，随着我国经济的快速发展，单一的自然资源产权制度呈现出越来越多的弊端，对我国经济持续、绿色发展产生了诸多不利影响。这些不利影响主要表现在：第一，由于自然资源国家所有，公共产权的代理主体或为国家或为集体，在这种制度安排下，极容易出现各级地方政府对自然资源管制的结果与中央政府管制自然资源的初衷背道而驰。因为，地方政府一方面掌握了一定的资源控制权，但却不能获得控制权的全部收益，因而地方政府在执行权利的过程中可能更多地为了自己的利益考虑，从而导致地方政府通过控制权的转让向企业寻租，致使自然资源从人人皆有变成了人人皆无，产生自然资源利用的低效率。第二，单一的产权主体使得自然资源交易权缺位，自然资源交易不讲究经济效率。自然资源交易权缺位，一方面引起资源市场价格扭曲，使资源市场竞争动力降低；另一方面使自然资源成为无主之物，导致“公地悲剧”及由此带来的效率损失。第三，单一的使用权主体极大地挫伤了市场主体的

---

① 《中华人民共和国宪法》(1954年)，第5条、第6条、第7条。

积极性，使自然资源无法有效地达到其最优配置。我国自然资源虽然属于全体人民所有，但在现行资源利益分配机制中，由于中央企业垄断资源开发经营权从而导致大部分资源开发与经营的经济收益直接上缴国家，地方政府和当地居民获益较少。自然资源单一产权主体的存在，使资源得以无偿免费使用，被掠夺式地开发和使用。

（二）自然资源交易权缺位

对于自然资源而言，只有在其可以自由流转的前提下，资源才会有多种用途，才有机会成本，也才具备了最优配置的必要条件①。生产资料的公有性质不可变，自然资源就成为禁止流通物，虽然我国法律已经规定土地和一些矿产资源可以流转交易，但对矿产资源交易权附加的条件是禁止牟利性交易，也并没有形成有效的产权市场，而且管理非常严格。资源产品也成为限制流通物。因此，在我国，真正意义上的可交易产权实际上还不存在。自然资源交易权缺位，一方面将导致资源市场价格扭曲所带来的资源市场竞争动力降低；另一方面将导致自然资源市场出现“公地悲剧”以及由此带来的效率损失。“交易权”缺位是中国自然资源产权市场低效的主要制度根源。这种不恰当的制度安排既赋予企业开发和利用资源的权利，同时又限制其使用这种权利，导致企业在使用免费分配来的自然资源产权时，没有经济利益上的激励和约束。公有产权的自然资源不利于科学合理的资源产品价格机制的形成。科学合理的资源产品价格机制的形成要求充分发挥市场机制的作用，打破自然资源的垄断局面，引入竞争机制。但公有产权的自然资源，由于所有权主体的单一，导致了垄断的产生，严重阻碍了竞争机制的引入，使得资源价格严重扭曲。

（三）自然资源有偿使用制度、价格制度的缺陷引起资源浪费和环境破坏

我国自然资源的有偿使用机制和价格制度很不合理，资源使用价格

---

① 孟昌：《对自然资源产权制度的改革》，《改革》，2003 年第 5 期。

明显低于其本身价值。我国现行的自然资源法律虽然部分建立了资源有偿使用制度，如《土地管理法》、《自然资源法》等，但其本身的定价很不合理，没有反映资源的环境价值，而且还有很多资源仍停留在无价和无偿开采阶段。自然资源的低价使得私人企业有利可图，它们通过从政府手中低价购得资源产权，以利益最大化作为自身经济发展的目标，大量地利用廉价资源获取最大化的私利。而且中国近几十年以来盲目追求GDP 增长的速度，也加大了这种粗放型经济的发展，造成了资源的极大浪费和破坏。

(四) 自然资源产权交易限制严格、产权流转制度严重欠缺、资源配置效率低

自然资源产权交易要顺利进行，必须要具备几个相应的条件。一是要有较为充分界定的产权，即自然资源的所有权、使用权等属于不同的产权主体；二是要有自然资源产权交易的市场体系；三是要有自然资源产权制度和产权交易的法律保障。但目前在我国，这些条件还不完全具备，自然资源产权交易还受到严格的限制。自然资源产权交易限制严格以及产权流转制度的严重欠缺，严重制约了市场机制对自然资源的作用。自然资源使用权无法有效地进行交易，使得市场价格信号的信息价值和市场竞争动力的效率价值丧失，从而导致了资源配置的低度效率。

四、实施和保护我国自然资源产权制度的对策建议

自然资源产权制度的实施和保护最核心的部分就是所有权的实施和保护。我国自然资源产权的单一性以及由此产生的一系列问题是我国自然资源过度浪费的根源。为了保护资源和实现资源的优化利用，应该实施和保护我国自然资源产权制度，具体应该从以下几方面入手：

(一) 打破单一的产权所有制，引入多元化的所有权主体

自然资源的使用权是企业、个人依法对国家、集体所有的资源进行实际使用并取得相应收益的权利。多元化的使用主体决定了单一产权所

有制的不合理性，因此有必要引入民营企业、混合经济企业等多元化的产权主体，参与市场竞争，提高资源利用效率。由于我国的特殊国情，我国的社会主义国家性质决定了我国重要的自然资源应该属于国家所有、全民所有。在坚持这一基本国情下，对于产权界限比较清晰的准公共物品以及准私人物品，应该给企业和私人下放所有权，引入多元化的所有权主体。

（二）建立公有产权为主体、多种产权相结合的混合产权制度

自然资源的公有性使其存在某种程度上的“政府失灵”，但解决这一问题的办法也不能走自然资源的私有化道路。因为私有产权受“资本霸权逻辑”的支配，会带来“私地悲剧”、外部性陷阱、社会不公平、贫富两极分化等一系列新问题，实际是以“市场失灵”代替“政府失灵”。因此，自然资源所有权不可能也不应该私有化，应当建立公有产权为主体、私有产权等多种产权共同发展制度，在混合的“比例”和具体的产权安排上根据资源的自然及经济属性进行综合运用，既保证公权的控制力，又赋予私权自主性，以使产权制度与市场经济体制以及资源的可持续利用相协调。具体来说，可以将自然资源分为准公共类自然资源（即具有不完全的排他性和竞争性资源）和准私人类自然资源（即具有排他性和竞争性的资源，权利所有人可以通过产权清楚地界定自身利益的资源）。对于准公共类自然资源，应将这类自然资源划定为国有和集体所有，这类准公共类自然资源主要有海洋水产资源、地下水、水体和大气环境等，因其难以进行产权划分而应该实行公共管制式产权制度。对于国有自然资源，应设立专门的国有资产管理部门作为国有自然资源的所有权主体，统一行使所有权的各项权能；对于集体所有的自然资源，有关的集体经济组织即为所有权主体，享有所有者权能。对于如土地、森林、地下矿藏等准私人类自然资源，由于其产权界限比较清晰，应在平衡公共利益和所有者、使用者利益的前提下，实行国家所有、地方所有、社团所有和个人所有等多元所有权体系，以最大化资源市场化配置。

（三）建立自然资源产权市场和产权交易市场

我国自然资源的市场配置效率之所以较低，其原因就是在于自然资

源的收益并未体现其产权特征。要突破资源产权市场低效的瓶颈，就必须建立既能体现资源产权特征，又可以实现利益收益的自然资源市场机制。而建立自然资源产权市场，首先必须打破传统的“公有——公用——公营”的运行范式。为此，必须改变自然资源使用权无偿获取的产权安排制度，明确和分离资源的使用权和经营权，引入民营企业、外资企业等非国有企业参与自然资源产权的经营和竞争，建立市场竞争和有偿获得自然环境资源使用权的产权制度安排。产权的明晰可以使资源被所有者充分利用或者通过资源转让给他人利用，即使该权利自由流转。这种流转的结果是使资源不断地寻求最能有效利用它的人，使其通过市场配置达到利用最大化。

产权制度的建立是产权市场化交易的基础，良好的产权交易市场是产权建立和发展的重要保证。自然资源产权配置的优化需要高效、有序的自然资源流转为保障。因此要建立一个完善的产权交易市场，以充分发挥市场机制在自然资源优化配置中的基础性调节作用。建立完善的产权交易市场应当充分发挥服务产权主体的需要，建立起灵活多样的自然资源产权交易方式，为自然资源产权主体之间设定尽可能多的可选择的行为模式。

（四）建立科学合理的产品价格形成机制和有效的自然环境补偿机制

自然资源产权制度的改革要求建立一个科学合理的产品价格机制。而科学合理的产品价格机制本质上就是建立一个资源产品价格反映资源稀缺和环境成本的机制。实质上就是由政府主导的公有产权应向市场化主导的自然资源产权改变。这一转变要求尽快明确政府职能，建立合理的政府补偿机制。合理的产品价格机制的建立必然会在现有的价格基础上有所上升，资源价格上涨，会导致一部分低收入人群利益受损，因此国家采取相应的自然资源补偿措施是必要的。同时，建立一个科学合理的产品价格机制需尽快打破资源类公共产品供给垄断局面，引进更多的竞争。

第三节 生态产业的产权制度创新

目前流行全球的市场经济都是受市场利润原则所左右，往往不遵守生态学原理，尤其是不计算各种经济活动的环境成本和生态代价。这种生态上的巨大缺陷，“为我们造就了一种与地球生态系统很不合拍的亦扭曲了的经济——一种正在戕害其自然支持系统的经济”①。因此，我们必须将以市场力量为导向的市场经济转变成以生态法则为导向的市场经济，使之成为遵循生态学规律的现代市场经济制度。只有建立生态市场经济制度，才能真正走出一条具有中国特色的绿色生态经济道路。

一、生态产业的含义与特点

（一）生态产业的含义

生态产业的含义可以从狭义和广义两方面来理解。狭义的生态产业，实际上是传统意义上的环保产业。它是指环保设备的生产、制造，以及利用这些设备与技术进行环境污染控制、处理与服务的产业总称。这实质上主要是“熵”处理产业。广义的生态产业，是指除了“熵”处理产业外，还包括一切直接或间接与生态环境建设、保护、管理有关的部门和产业的总称。本书所说的生态产业可以表述为在保护环境、改善生态、建设自然的生产建设活动中，从事生产、创造生态环境产品或生态环境收益的产业和为生态环境保护与建设服务的产业及其符合生态环境要求的绿色技术与绿色产品生产相关的部门和产业的集合②。因此，广义的生态产业应该包括生态环境技术生产部门、直接生态环境保护与建设部门

① R·布朗著：《生态经济》，东方出版社2002年版，第84页。

② 参见刘思华：《刘思华文集》，湖北人民出版社2003年版，第423页。

和间接生态环境保护与建设部门。

（二）生态产业的特点

生态产业的本质特征是利用生态技术体系，通过物质和能量多层次分级利用或循环利用，把投入生态系统的资源尽可能地转化为生态产品，实现废物最小化，并保证生态产品能够创造更多的物质和能量，即不断地产出更多的生活、生产资料，促进生态与经济良性循环，实现生态环境与经济社会相互协调和可持续发展。因此，生态产业的实质，不仅是现代产业结构演变的生态化，而且是现代经济发展的生态化。生态产业作为生态与经济一体化的产业形式与发展，意味着生态环境的保护、治理、建设、检测、评价与管理专门化和规模化，并更好地纳入融合现代化经济运行与发展的过程中，获得最佳的生态经济效益。

生态产业的本质决定了它与其他产业相比较，呈现出如下几个主要特点①：

1. 生态产业是现代经济社会发展的基础产业。生态环境是人类生存和经济社会发展的基础。生态环境建设的根本任务，是帮助或加速自然再生产即生态生产，生产生态产品，增加生态资本存量，从而维持和巩固人类生存和经济社会发展的生态基础。正是从这个意义上看，生态产业是战略性基础产业。

2. 生态产业是以生态效益为主的高增值、高效益型产业。生态产业提供的生态产品中，最主要的部分是属于共享产品和共享资源，其生态价值极高，满足生态需求具有极强的公益性，产生的社会效益极大。生态产业的高增值、高效益，不仅在于自身，而且在于通过生态产业渗透与服务于经济社会的各个领域，可产生巨大的生态效益、经济效益和社会效益，提高国民经济发展的整体效益水平。

3. 生态产业是多功能、综合性极高的产业。由于生态产业经济的运行，是生态、物质、精神再生产的相互交织与协调发展，使生态产业系

① 刘思华：《刘思华文集》，湖北人民出版社2003年版，第424—425页。

统不仅具有生态系统的特点和功能，而且具有经济系统的特点与功能，还具有社会系统的一些特点与功能，形成综合的边缘交叉型产业，使它向物质、精神、生态多功能服务的综合方向发展。生态产业是一种高新技术产业。

4. 生态产业是全面反映现代文明要求的复合型产业。当今的现代文明最基本的、最主要的是物质文明、精神文明和生态文明的三大文明格局。这三项文明的高度统一与协调，才是真正的现代文明。生态产业的本质特点与功能，全面地反映了三次文明建设的客观要求，既为生态文明建设服务，又为物质文明建设服务，还为精神文明建设服务。

二、生态产业文明是生态文明建设的基础和关键

几千年人类的发展史，经历了从人统治自然的文化向人与自然和谐发展的文化的逐步过渡，人类的价值取向也随之发生了根本性的变革，生态和文化得到了深度融合，而生态文化时代的到来标志着人类思想观念的转变。生态文化的重要特点在于用生态学的基本观点去观察现实事物，解释现实社会，处理现实问题，运用科学的态度去认识生态学的研究途径和基本观点，建立科学的生态思维理论。通过认识和实践，形成经济学和生态学相结合的生态化理论。

（一）生态产业文化与生态文明建设

生态和文化的对接平台就是生态文明，人类之所以需要创建生态文明，源于工业文明造成的日益加深的全球性生态危机。生态科学和环境科学知识的普及，人类活动诱发的各种自然灾害和生态灾难的教训，使人们越来越清醒地认识到，如果人类不改变征服自然的思维理念，不改变以牺牲生态环境来开发自然资源的生产模式，不改变奢侈浪费的生活方式，不改变损害生态环境的社会制度和不公正的国际关系体制，就不可能长期有效地阻止生物地球圈的加速退化，人类最终也会由于不适应生态环境而在地球上消失。为了整体地解决以上问题，不少学者提出创

建一种全新的生态文明来取代工业文明，这是能够改善环境同时促进经济发展的可持续发展路径。我们所说的生态时代，就是指人、社会和自然的发展关系进入一个崭新的时代。

1. 生态产业文化指引生态文明建设。生态产业的构建与发展，提供了一个崭新的视角，使人类重新去看待人与自然的关系，从而建立起一种新型的文化和思想——生态产业文化。生态产业文化的建立使得经济能够与自然和社会和谐共处并得以持续发展，同时带领人们走进绿色经济发展之路。生态产业文化强调人类经济活动与环境和谐共处、持续生存、稳定发展，是建立在可持续发展基础上的文化理念。生态产业文化促使人们在自然认识观念、生产经营观念以及消费观念等方面进行转变，达到人类与自然以及人们之间的和谐共生，从而保证整个社会的可持续发展目标的实现。生态产业文化引导人类基本思想体系的转变：在自然观念方面，经历了从农业时代的人与自然的“天人合一”转变到“天人对立”的关系，再到现在生态产业文化时代“和谐共生”的关系；在生产观念方面，通过无害环境的生产技术的应用，实现单纯追求经济目标向追求“经济—生态”双赢目标的转变；在消费观念方面，能够引导人们从传统的物质消费观念转变为节约资源和能源、注重生态的绿色消费观。生态产业文化是人类思想上的一次变革，是人类价值观的颠覆。

2. 生态文明建设的要点。生态文明建设的理论要点可以概括为12个字，即“和谐”、“循环”、“协同”、“适度”、“优先”、“人文”。坚持和谐原则，为提升人的素质，促进人的全面发展创造安全、健康的生态环境；坚持循环原则，从根本上解决发展与资源环境有限的矛盾；坚持协同原则，与经济、政治、文化、社会建设相同步；坚持适度原则，为人类社会长远发展预留空间、积蓄潜力；坚持优先原则，实施严格的环境保护措施，加快推进经济发展方式转变和经济结构调整，提升经济发展质量；坚持人文原则，把重要生态系统看做是与人类密切相连又具有独立存在价值的生命体，给自然生态以平等态度和人文关怀。

（二）发展生态产业是建立生态文明的基础工程

发展生态产业面临着美国次贷危机，这是一件影响全球的坏事，也是一次难逢的重大机遇，全世界都在酝酿着一场新的科技革命，也叫绿色革命。在这场革命中，中国既面临着极大的挑战，也面临着巨大的发展机遇。而要建设生态文明，首先必须发展生态产业，包括生态工业、生态农业、生态服务业、环保产业等。

1. 生态工业。目前学术理论界还没有形成一个普遍认可和接受的生态工业的定义。联合国工业与发展组织将其提出的“生态可持续性工业发展”定义为：“在不破坏基本生态进程的前提下，促进工业在长期内给社会和经济利益做出贡献的工业化模式。”国内学术界有这样几种代表性的观点：一种观点认为，生态工业是“依据生态经济学原理，以节约资源、清洁生产和废弃物多层次循环利用等为特征，以现代科学技术为依托，运用生态规律、经济规律和系统工程的方法经营和管理的一种综合工业发展模式”①。类似的一种观点认为，“生态工业是指合理地、充分地、节约地利用资源，工业产品在生产和消费过程中对生态环境和人体健康的损害最小以及废弃物多层次综合再生利用的工业发展模式”②。另一种观点认为，“生态工业就是以生态理论为指导，从生态系统的承载能力出发，模拟自然生态系统各个组成部分（生产者、消费者、还原者）的功能，充分利用不同企业、产业、项目或工艺流程之间的资源、主副产品及废弃物的横向耦合、纵向闭合、上下衔接、协同共生的相互关系，运用现代化的工业技术、信息技术和经济措施优化配置组合，建立一个物质和能量多层利用、良性循环且转化效率高、经济效益与生态效益双赢的工业链网结构，从而实现可持续发展的工业形态”③。还有一种观点认为，“生态工业是指经济上、生态上可持续的工业。这种工业体系不但应是经济上效率最高的，而且也是生态上效率最高的，因而也是工业发展的最高形式，是一种理想状态。从传统工业发展到生态工业的过程，

① 杨文举、孙海宁：《发展生态工业探析》，《生态经济》，2002 年第 2 期。

② 李树：《我国发展生态工业的策略》，《生态经济》，2002 年第 12 期。

③ 张继红：《生态工业的发展及其对策研究》，http：//report. drc. gov. cn/drcnet/series. nsf，2003 - 6 - 25。

也就是工业体系生态化程度不断提高的过程”①。

尽管理论界关于生态工业的定义各异，但总的来看，生态工业的含义可以概括为：模仿自然界生态系统物质循环原理，规划和运行工业生产系统的一种现代工业发展模式。

2. 生态农业。“生态农业”于1970年由美国土壤学家威·阿尔伯韦奇提出，是指将生态学原理以及系统科学方法结合运作，把现代科学成果与现代农业技术相结合，使之具有生态合理性、功能良性循环的一种现代化的农业发展模式。它是按照生态学原理、生态经济学规律建立起来的社会、经济、生产三种效益统一的农业生产体系，也是模拟自然生态系统原理，以仿生学为根据的农业发展模式。

我国提倡的生态农业是将农业现代化纳入生态合理的轨道，实现农业可持续发展的一种现代化农业生产模式。这是在考虑区域优势资源发展潜力，倡导农业主导产业的同时，通过农业生物种群多样化以及农业产业多样化，达到绿色植被最大化，水土资源利用最优化，获得废弃物最少化及物质良性循环，从而达到经济、环境效益同步增长和资源可持续利用的目标。其技术体系的特点是多目标、资源节约、集成化。其中实现生态、经济良性循环的接口技术与区域资源整体优化配置设计是技术关键。总之，生态农业的发展过程也是实现生态工程化的过程，尽管目前中国生态农业的工程化水平都低，但这是未来农业发展的方向。

3. 生态服务业。生态服务业即指生态旅游业，是“可持续发展”的旅游业形式，是一个特殊的为提高人的生活质量服务的经济部门，与自然界有直接联系。“生态旅游”是由国际自然保护联盟特别顾问、墨西哥专家谢贝洛斯·拉斯喀瑞在20世纪50年代初首次提出的。我国的生态旅游研究兴起于20世纪90年代初。1993年9月，在北京通过的《东亚保护区行动计划概要》，标志着中国第一次以文件形式确认生态旅游的概念。学术界认为生态旅游是指一种对环境负责的旅游和观光行为，主

① 张珠圣：《新型工业化道路的战略选择——生态工业》，《社会观察》，2005年第10期。

要通过对环境的保护，达到持续发展的目的。生态旅游与传统旅游相比具有自然性与广泛性、保护性与可持续性、地域性与多样性、计划性与参与性、实践性与科学性等特点。

4. 环保产业。按照国务院环境保护委员会《关于积极发展环保产业的若干意见》中的界定，环保产业是指在国民经济结构中以防治环境污染、改善生态环境、保护自然资源为目的所进行的技术开发、产品开发、商业流通、资源利用、信息服务、工程承包、自然保护开发等活动的总称，是防治环境污染和保护生态环境的技术保障和物质基础。我国环保产业是伴随着环境保护事业的发展而逐步发展起来的，目前已初具规模。我国环保产业领域正不断扩大，技术水平不断提高。环保产业的发展为治理污染、改善生态环境提供了一定的技术支持和物质基础，它是生态产业的典型代表。

三、生态产业的产权交易制度

作为生态产业典型代表的环保产业近些年来获得了快速发展，与此同时，环保产业产权交易也发展较快，为生态产业的产权交易提供了切实可行的发展模式。因此，本章以环保产业为例来对生态产业的产权交易制度进行分析。

（一）环保产业产权交易案例分析

环保产业产权交易尤以水务市场为典型。以市场化程度最高的水务市场为例，目前供水领域的市场化改革已经波及超过30%的自来水公司，而新增的所有污水处理项目基本上都通过BOT等特许经营的方式进行运营，这给设备供应商、工程建造商到设施运营商提供了巨大的市场和并购空间。

1. 水务市场外资渗透加快。目前，我国拥有3300亿元的污水处理市场需求，巨大的市场需求同时也吸引了包括威立雅、中法水务、柏林水务、联合水务等外资巨头前来招标投资。国内公司面临着外资企业的巨大竞争压力。由于外资水务巨头在资本、运营、技术实力和品牌方面拥有较大优势，加上地方政府对引进外资的青睐，最近几年我国大的水务项目股权转让基本上都被外资水务巨头以高溢价获得。在这些外资企业中，来自法国的跨国水务巨头威立雅水务投资的项目、服务合同涉及中国14个省，先后控股北京、乌鲁木齐等地多家污水处理厂。以2007年年初的兰州供水集团股权招标为例，北京首创股份有限公司和中法控股（香港）有限公司分别出价2.5亿元和15.7亿元，而最终中标的威立雅水务公司出资17.1亿元，净资产溢价率达到280%，是近年来我国水务项目溢价率最高的项目。据了解，在海口市水务招标中，威立雅的招标价格也要远高于首创和中法控股（香港）有限公司，溢价率达到200%。在如此高的溢价率下，没有资金优势的国内水务企业基本上没有获得大项目的机会（见有5－1）。

表5－1　　水务市场化以来规模较大的水务招标项目

时间	项目	受让方	比例（%）	收购价格	供水规模	股权规模	溢价率（%）
2002.4	浦东自来水公司股权	威立雅	50	2.66亿欧元	120	7.6	160
2003.12	深水集团股权	威立雅—通用首创	45	4亿美元	167＋108	25.7	5.5
2004.7	王小污水处理厂	柏林水务	100	4.8亿元	30	2.68	79
2004.12	厦门水务集团股权	中环保	100	4.6亿元	100＋55.9	4.37	5
2005.9	柳州自来水公司股权	威立雅	49	2.15亿元	45.5	1.54	1.5
2005.10	常州自来水公司股权	威立雅—中信泰福	49	4.5亿元	71	3.75	20
2005.11	昆明自来水公司股权	威立雅—中信泰福	49	10.05亿元	111.5	7.78	30
2006.9	常熟自来水公司股权	中法水务	45	6.01亿元	67.5	3.08	95
2007.1	兰州供水集团股权	威立雅	45	17.1亿元	118	4.122	280

资料来源：各年上市公司年鉴。

2. 国内水务积极参与市场竞争。随着我国水资源市场改革的不断深入，水务市场也越来越开放。这不仅给海外水务企业提供了商机，也为羽翼渐丰的国内水务企业提供了舞台。此外，中水回用项目、污水处理项目都迎来了越来越大的发展机遇。

面对如此“诱人”的市场发展前景，国内水务企业逐渐开始“觉醒”，纷纷准备或已经杀入方兴未艾的水务市场：2007 年 1 月，首创股份出资 2.5 亿元竞价参与兰州供水集团股权转让项目；2007 年 1 月，厦门水务集团、天津创业环保北京首创股份有限公司、北京控股均出资竞价海口水务集团公司股权转让项目。此外，“2007 中国水务国际大会”上，北京、广东、浙江、重庆、天津等国内多家水企纷纷参会。水务市场竞争加剧一方面给国内水务企业带来了挑战，同时也促使其苦练内功，提高自身竞争力，从长远来看，有利于国内水务企业的发展（见表 5-2）。

表 5-2　2007 年水务公司股权转让项目及国内投标者情况

项目	投标企业及报价
兰州供水集团股权转让	首创股份：2.5 亿元
海口水务集团公司股权转让	北京首创股份有限公司、北京控股、厦门水务集团、天津创业环保

资料来源：各年上市公司年鉴。

从水务市场产权交易情况来看，环境资源的市场交易不仅是生态产业未来的发展趋势，同时也为生态产业的发展提供了经验和借鉴。

（二）发展生态环保产业

生态文明的产业结构是一种以生态环保产业为基础的绿色产业结构。这要求我们对现有产业结构进行生态转型。通过各种清洁生产技术和可再生能源技术的创新应用，加强现有产业的技术改造，关停并转一些重污染行业企业，优先加强节能、低耗、无污染的高新技术产业的发展。与此同时，要发展以生态环保产业为主体的逆向产业体系。逆向产业是指为人口再生产和环境再生产服务的产业。生态环保产业是专业化从事污染治理、环境保护、生态修复、废弃物循环利用的逆向产业。发展环保产业应按照产业之间横向共生和纵向代谢的关系，按照循环经济理念进行统一规划，从而实现环保产业和其他产业的生态和谐互动，发挥其“绿色屏障”作用。

1. 我国环保产业发展现状。多年来，我国环保投资快速增长，“七五”期间全国环保投资476.42亿元；“八五”期间达到1306.57亿元，是“七五”期间的2.7倍；“九五”期间的投资又是“八五”期间的2.7倍，达到3516.4亿元。从环保投资占GDP的比重看，多年来，我国环保投资始终不足GDP总量的1%，1999年首次突破1%，到2004年环境保护投资占到全国GDP的1.4%，达到历史最高水平。但从2005年开始，由于宏观经济的快速增长，环保投资占GDP的比重又趋于下降，进入2007年，随着奥运会的临近，国家加大了环境整治的力度，环保投资规模大幅度增长，全年全国环境保护投资总额为3387亿元，较2006年增长了32.02%，占同期GDP的比例为1.36%，继2005年、2006年连续两年下降后首次上升（见表5－3）。

表5－3　1981—2007年我国环境保护投资状况　（单位：亿元）

年份	环保投资总量	占同期GDP比例	占社会固定资产投资比例	环保投资增长率
“六五”期间（1981—1985）	170	0.5	—	—
“七五”期间（1986—1990）	476.42	0.69	2.41	—
1991	170.12	0.84	3.09	—
1992	205.56	0.86	2.62	20.83
1993	268.83	0.86	2.16	30.87
1994	307.2	0.68	1.88	14.27
1995	354.86	0.62	1.77	15.51
“八五”期间（1991—1995）	1306.57	0.73	2.10	174.25
1996	408.21	0.60	1.78	15.03

续表

年份	环保投资总量	占同期 GDP 比例	占社会固定资产投资比例	环保投资增长率
1997	502.49	0.68	2.01	23.10
1998	721.8	0.92	2.30	43.64
1999	823.2	1.00	2.76	14.05
2000	1060.7	1.19	3.22	28.85
“九五”期间（1996—2000）	3516.4	0.89	2.48	169.13
2001	1106.6	1.15	2.97	4.33
2002	1367.2	1.30	3.14	23.55
2003	1627.7	1.39	2.93	19.02
2004	1909.8	1.40	2.71	17.36
2005	2388.0	1.30	2.69	25.04
“十五”期间（2001—2005）	8399.1	1.31	2.84	138.86
2006	2556.0	1.22	2.33	7.45
2007	3387.6	1.36	2.90	32.50

资料来源：历年《中国环境统计年鉴》。

2007年，全国环境污染治理投资为3387.6亿元，比上年增加32%，占当年GDP的1.36%，其中，工业污染源污染治理投资552.4亿元，比上年增加14.2%；建设项目“三同时”环保投资1367.4亿元，比上年增加78.2%；城市环境基础设施建设投资1467.8亿元，比上年增加11.6%。

2008年，环境保护投资大幅增长，中央投资达到340亿元，比上年增长百亿元。中央财政继续增加21亿元支持污染减排三大体系建设，中央投资支持环保能力建设资金达到34亿元，两年来，在中央投资的带动下，环保能力建设资金超过150亿元。

2010年年底前，我国将加大环保投资力度，拟投资4万亿元实施10项工程，其中包括生态环境和农村基础设施建设工程。在2008年第四季度新增的1000亿元中央财政投资中，有120亿元用于加快节能减排和生态建设工程，具体包括：加快城镇污水、垃圾处理设施建设和重点流域水污染防治等。2010年，国家将从各个层面筹集1万亿元以上资金用于环保。

2. 我国环保行业投资的资金来源。我国环保投资的资金来源渠道有限，主要为以下几个方面：

（1）公共财政。现阶段我国公共财政在环保产业的投资主要是包括城市污水处理设施在内的非经营性公共基本设施建设等方面的内容。环境保护投入的产出大多是没有直接收益的公共产品，它的主要效应是社会公共收益。这种投入产出特征决定了国家和地方财政的公共投资始终是环保产业融资的主要渠道之一。公共财政投入的途径主要包括公共预算直接投资和利用国债资金。另外，还可以创新融资品种，结合国际经验和环境保护的公益性特征，我国应在开征环境税、发行绿色债券和发行环保彩票等方面进行创新探索。

（2）银行信贷。目前用于环保产业的银行信贷资金较少，主要障碍是项目收费不能满足投资回报，并且收费权质押难以得到有效落实。在一个环境项目融资安排中，如果项目本身直接的现金流不能满足融资条件，通常可由项目的控股股东对项目借款人实施担保的方式，提高环境基础设施项目获得银行信贷和偿还债务的能力。

（3）信托投资基金。我国已颁布了《信托法》、《信托投资公司管理办法》和《信托资金管理办法》，明确了运用资金信托融资的办法，根据信托投资基金的特点和其在一般城市基础设施领域应用的实践经验，可设立包括环境整治在内的市政综合建设信托投资计划或者运用信托方式设立环境公益基金。

（4）排污收费。排污收费是环保产业领域传统的融资渠道，但这一渠道存在收费面窄、收费规模小等问题，需要进行制度创新，如果各地政府能够结合当地实际情况，切实推行落实水价改革政策，可以预见在今后的几年内污水处理费的征收将逐步提高到位，而该领域的投资回报水平趋于合理，污水处理设施建设与运营市场化将有可靠的资金保障。

(5) 资本市场。资本市场是环保产业融资的重要渠道，应积极利用股票市场、债券市场。为发展环保产业应该有更多的环保企业改组成股份公司后上市融资，如果真正属于高科技的环保产业，规模虽小或虽然没有赢利的记录，但发展前景好，就可以到创业板上市。

(6) 利用外资。对于环保产业而言，今后相当长一段时期利用外资可能有着前所未有的良好形势。外国政府和国际金融组织越来越把对华援助项目集中限制在环保等领域，给环保领域利用外资提供了十分宽泛的融资渠道。据国家环保总局测算，"十一五"期间，我国环保利用外资总量可达 160 亿美元，各地方政府可根据本地承受能力积极争取。

根据 2007 年我国工业污染治理投资的资金来源数据，在全国工业污染治理投资中，排污费补助仅占 1.95%，政府的其他补助约占 2.83%，两项合计不到工业污染治理资金来源的 5%，治理投资的大部分资金由企业自筹，占 95.21%，其中，银行贷款有 38 亿元，占全部治理投资资金来源的 6.93%。

3. 环保产业投融资中存在的问题。

(1) 环保资金需求压力急剧扩大，超出了国家现有的投入能力。研究表明，经济增长与生态环境呈倒 U 型关系，反映了环境保护需求与经济发展的阶段性特征。世界经合组织认为大部分发达国家只有当人均 GDP 超过 8000 美元到 1 万美元以后才开始大规模开展污染治理，环境污染才出现下降的趋势，而新兴工业国家当人均 GDP 超过 2000 美元到 4000 美元以后，环境质量才开始得到改善。中国当前最紧迫的仍是经济发展问题，人均 GDP 刚刚达到 2000 美元，中国的环境保护很难超越社会经济的发展水平。环保资金需求压力急剧扩大，超出了国家现有的投入能力。

(2) 在环保资金来源上，缺乏有效的财政制度保障。第一，尚未建立起有利于财政投资稳定增长的政策法规体系；第二，缺乏系统的环境保护税收筹资政策；第三，在其他环境经济政策方面，还相当有限。如排污权交易、清洁生产等，我国仍处于试点阶段或自愿行为。生态补偿机制远未形成。

（3）环境保护投入主体不明确，政府与企业职责分工尚不明确。首先，随着市场经济体制的逐步建立和企业经营机制的转换，原来由政府独立承担的环保事权，本应在政府、企业和个人之间重新划分，但现在还没有到位。其次，从资金投入方面看，投资主体仍然是由国家和政府充当。而且在资金结构、地区分布等方面还不太合理。最后，我国的经济激励制度体系也很不完善。我国的经济激励制度种类较多，以税收手段、收费制度和财政手段为主体，但缺乏配套措施，并没有起到应有的作用。

（4）政府间环境事权划分不清，财权与事权不匹配。由于中央与地方政府之间的环境保护事权划分不明确，致使环境保护投入重复和缺位并存，各级政府不能很好履行其环保责任。一些应当由中央政府负责、具有国家公共物品性质的环境保护事务，例如跨省流域水环境治理、国家级自然保护区管理、历史遗留污染物处理、国际环境公约履约、核废料处置设施建设、国家环境管理能力建设等，严重缺乏环境财政的支持。如果不及时填补这些市场和地方政府不可能发挥作用的空缺，国家的发展和环境安全就会遭遇严重威胁。由于环境保护事权划分不清，导致地方环境保护财权不到位，地方政府向中央政府“寻租”的现象普遍发生。目前比较突出的后果主要表现在两个方面：一是强化了地方保护主义，这构成了各级政府不能很好履行其环保责任的主要障碍；二是中央财政转移支付也并不能有效解决目前的地方环保投入不足问题。

4. 推动环保产业的制度创新。环保产业的发展是生态产业的基础，在生态产业文明的建设中起着十分重要的作用。但由于我国目前环保产业的发展仍存在诸多问题，其中投融资制度的不完善是一个重要方面，因此，必须改革环保产业的投融资体制，进行投融资制度创新。

（1）加强政府的宏观引导。政府应建立和完善部门间的协调机制，制定鼓励环保产业发展的税收政策；同时完善资源综合利用减免税收优惠政策。通过各种政策的制定，吸引更多市场力量进入环保产业投资领域，以保证环保产业的健康发展。

(2) 多渠道筹集资金，拓宽企业投融资思路。积极引入民间资本对环境投资，推动环保产业的发展。利用多种融资方式来保证其市场化运作的顺利实施。树立科学的投融资观念，提高投融资的效率。

(3) 工业污染治理按照“污染者负责”原则，由企业负责。其中现有污染源治理投资由企业利用自有资金或银行贷款解决。新扩改建项目环保投资，要纳入建设项目投资计划。要积极利用市场机制，吸引社会投资，形成多元化的投入格局。

总体上看，环保产业市场的扩展空间非常大。尤其是污水处理、固废处理行业，具有极好的长远发展前景。由于水资源的稀缺性、污水排放量的不断增长以及水资源费、污水处理费明确的上调趋势，决定了污水处理行业的长期景气。另外，其他环境服务业，包括以环境影响评价、环境工程服务、环境技术研发与咨询、环境风险投资等，都有着良好的发展前景。

第六章
激励机制创新

在绿色经济发展的过程中，由于“资本逻辑”产生的规范力量和激励作用导致了很多负面影响，因而需要建立一套有效的激励机制，使得与发展绿色经济相关的利益主体都具有可持续发展的积极性。所谓绿色经济的激励机制是指为达到环境保护、污染预防和实现经济可持续发展的目标，引导和驱使相关的利益主体即地方政府、金融业、企业和公众采取有利于绿色经济发展的行为的机制。这种激励机制的核心是促进绿色经济发展，是一种间接调控手段。它试图通过诸如征收环境税费制度、财政信贷鼓励制度、排污权交易制度、环境标志制度、押金退还制度等方式，激励那些能够使整个生态经济社会利益最大化的生态文明行为，约束那些与绿色经济理念相违背的行为，从而在经济社会利益和环境保护之间找到最理想的平衡点。

从长远来讲，绿色经济是人类生存和发展的唯一选择。然而，由于绿色经济思想具有前瞻性和长远性的特点，并不是每个企业和消费者都能够理解并主动实施的。所以，建立绿色经济激励机制的目的在于使政府的引导作用、企业的主导作用以及公众的参与作用充分得以发挥，激发全社会发展绿色经济的巨大热情，使得生态效益、经济效益和社会效益同时得到增进。具体来说，根据利益主体的不同，建立绿色经济激励机制的目的主要有以下几个方面：第一，激励和约束地方政府的行为决策，充分发挥地方政府的引导作用，建立持续有效的推进机制；第二，激励和约束金融机构在投融资决策中考虑潜在的环境影响，其资金流向绿色经济倾斜，以协调经济发展与环境保护的矛盾，寻找到经济发展与生态发展、社会发展的平衡点；第三，激励和约束企业的行为，诱导企业从自身的利益出发采取行动发展循环经济，提高资源使用效率和降低污染排放量，从而达到经济社会与环境协调发展的目的；第四，让公众知晓环境污染对自身的危害，使公众在绿色经济发展中扮演参与者的角色，积极配合，推动绿色经济的全面发展。各个绿色经济的主体都会因激励机制的采用而获得长期收益，处境变得更好。因此，绿色经济的机制创新主要包括绿色投融资制度创新、绿色税收制度创新、绿色价格制度创新等内容。

绿色经济的激励机制创新还需要注意两个问题：一是必须充分发挥市场机制对资源配置的基础作用，政府只能起主导作用，而不能过度干预绿色经济的发展，这是由市场经济规律决定的。由于生态环境问题的复杂性和公共财产的特点，市场手段所能适用的范围和规模将比政府干预更受限制。政府干预虽然在处理环境问题和环境物品产出方面一直处于主导地位，但这不意味着它就是比市场力量更有效率的替代方法。应该承认政府在解决生态环境问题中有着不可质疑的主导作用。不过，这种主导作用不是去取代市场作用，而是为创造或培养市场创造条件[①]。二是应将生态环境因素纳入政府政绩考核体系，迫使当政者不得不考虑生态环境因素。这是解决我国生态环境问题、顺利发展绿色经济所必须采取的举措。

第一节　绿色投融资制度创新

绿色投融资是当代经济中一种新型投融资模式。它将环境保护纳入

① 夏光：《环境政策创新——环境政策的经济分析》，中国环境科学出版社2001年版，第4页。

金融功能的服务范畴，在投融资决策中考虑潜在的环境影响，把与环境条件相关的潜在的回报、风险和成本融合在一起，以协调经济发展与环境保护的矛盾。它既是绿色经济的一部分，也是金融功能拓展的一个重要领域。

绿色投融资的核心就是通过金融业务的运作来体现可持续发展战略，通过贯彻生态理念和环境保护思想实现人类与自然环境共赢的投资理财活动。这是人类社会的经济活动在面临经济增长与自然资源和自然环境矛盾日益加剧的情况下，通过思考人类与环境的关系而得出的一种投融资模式。这种模式将对转变各个国家和地区的经济增长方式、保护自然和环境、实现人类的健康生活和社会经济的持续发展产生积极的影响。

绿色投融资的范围可分为宏观、中观和微观三个层面。微观层面是指治理环境污染的投入，包括用于环境保护、污水排放、固体废弃物处理等等的设施、设备和有关费用支出。中观层面是指在小口径的基础上再加上资源有效开发和节约利用的投入，包括用于节能、节材、节水、节地等措施的费用支出。从宏观层面来看，凡能推动“绿色 GDP”增加的投入均可属于绿色投融资，亦即在现有社会投资总量中扣除不构成“绿色 GDP”的无效投融资甚至是负效投融资，扣除对人类生存和发展的无益投资甚至是有害投资。这一层面是最能体现以人为本和经济社会可持续发展的投融资，也是最能体现科学发展观的投融资。

一、发展绿色投融资的必要性

绿色投融资将生态观念引入金融企业内部，使得生态观念成为其经营活动的核心理念，以此来实现金融可持续发展。相对于传统的金融经营理念和活动，它更关注人类社会生存环境的利益，将对环境的保护、资源的有效利用程度作为计量其活动成效的标准之一，通过金融业自身活动引导各经济主体去注重自然生态平衡，减少环境污染，保护和节约自然资源，维护人类社会长远利益及其长远发展。它讲究金融活动和发展要与环境保护、生态平衡相协调，最终实现经济、人类社会可持续发展和金融业自身可持续发展的双赢。

（一）大力发展绿色投融资是经济可持续发展的有效途径

从人类社会的发展史来看，投融资一直是经济增长的源泉。如何提高投融资效率，实现经济、社会和环境的协调发展，是我们长期努力探索的课题。绿色投融资的理念给我们指明了一个方向——将资金引入到可持续发展的、有社会责任的投融资渠道中，使资本既能产生经济效益，又能产生社会效益。这是推动经济可持续发展的基础动力。

1. 绿色投融资可以引导资金用来发展绿色经济。绿色投融资会形成绿色资本，这是经济可持续发展必需的投入要素。绿色资本是一种充满长久活力的能使自身持续增长的生产要素，它可以为经济发展提供资金支持。许多保护自然资源和治理环境污染的项目都是因为缺乏资金而搁浅。从企业的决策看，由于节约资源和保护环境具有外部经济，而且企业在实行绿色经济措施时，经济效益不明显，甚至在现有技术下经济效益有时还会降低，因而企业对绿色经济的积极性还不是很高，一些节能环保措施是在有关法律法规的强制下实施的。

2. 绿色投融资可以促进绿色技术创新。绿色投融资创造了绿色生产力，它本身是技术进步的载体。发展绿色经济，必须充分发挥科技作为第一生产力的作用，开发、建立绿色技术支撑体系。绿色投融资所形成的绿色生产力，既可以提高在经济发展全过程中防止产生污染的能力，还能够创造出如清洁生产之类的发展经济的新形式，实现经济、社会和生态效益的“共赢”。

（二）大力发展绿色投融资是金融可持续发展的必由之路

1. 大力发展绿色投融资是提升金融业声誉的必然选择。随着公众环保意识的不断增长，政府和民众对工商企业和金融企业社会责任提出了新的要求，单纯追求经济增长的发展模式已经不能满足持续发展的要求，金融业应该顺应这一趋势，利用金融手段来改善产业结构，努力承担自己的社会责任，并以此赢得国内外各界的肯定，确保金融可持续发展目标的顺利实现。

2. 大力发展绿色投融资是拓展金融业自身业务范围的必要之举。经济增长的同时也意味着能源的不断耗费，为解决这些问题，需要开发利用可再生资源、研究新技术。国家对污染治理需要投入大量的资金，但仅靠政府之力难以实现，金融企业正好可以提供这些资金支持。这些资源、技术的使用可以带来巨大的经济效益，能够保证资金的顺利回流，从而促进金融业的可持续发展。

3. 大力发展绿色投融资是实现金融业和工商企业双赢的必经之路。金融业利用其资金导向作用来引导企业降低资源和能源的消耗以及减少环境的污染，提高产品的市场竞争力，追求企业的绿色利润最大化。虽然环境治理的经济效益一般在短时间内很难实现，但它带来的长远效益是不可估量的。在促进国民经济发展和企业成长的同时，金融业自身资产规模持续扩大，金融工具不断创新，风险防范能力越来越强，为实现自身可持续发展铺平道路。

二、绿色投融资的主体及其方式

（一）绿色投融资的主体

按照绿色投融资的资金来源、决策方式、风险承担和利益分配的不同，其主体可分为政府、金融业、企业、公众和其他社会组织、国际组织和机构。不同的投融资主体在进行绿色投资时，其投资动机、投资决策、管理模式和投资效果都有区别①。

1. 政府。政府是一个国家和地区的管理者，包括中央政府和地方政府。它的主要经济职能是对社会经济进行管理和调控，建立一个保证经济正常运行的宏观经济环境。随着可持续发展战略的实行，政府宏观管理和调控的目标已经涵盖了环境与资源保护。它是进行环境保护的主要

① 孟耀：《绿色投资问题研究》，东北财经大学出版社2008年版，第86—95页。

决策者、组织者和责任的承担者，也是环境保护的主要实施者，因而是绿色投融资的积极推动者。

政府绿色投融资的领域很多，主要有：环境保护中的江河湖泊污染治理和防治；森林、草原、滩涂的再生与维护投资；生物多样性保护措施；进行环境产业投资支持，积极开展新能源、新材料、新技术的研究开发等。现在国内外政府每年都将污染治理和环境保护投资作为一项重要的支出列入国家预算。

2. 金融业。金融业主要包含了银行、投资公司、证券公司、保险公司、金融中介机构等金融机构。随着中国绿色经济的发展和金融体制改革的不断推进，银行业的作用也越来越大，主要体现在资金导向和商业融资方面。因为银行本身具有融资和投资的功能，而多数绿色经济投融资行为都是和银行有关的。银行在绿色投融资中的作用主要体现在两个方面：一是执行国家的有关政策，为绿色经济项目提供优惠贷款；二是依据效益原则，银行对经济效益好的绿色经济项目提供商业性贷款，支持这些项目的运作。

发行国债和股票融资两种形式也成为新兴的绿色经济投融资渠道。从目前的运作来看，证券市场是吸引社会闲散资金进行绿色经济融资的非常好的手段，是一种完全市场化的融资方式。在法律和规范化的操作约束下，应充分挖掘证券市场，特别是股票市场的融资潜力，这样，一方面可以减轻政府对绿色经济投入的财政压力，另一方面可以减轻企业的资金负担，为上市公司进行绿色经济投资提供更多的选择，有利于中国绿色经济的发展。

3. 企业。企业一般作为绿色经济的投资对象，但其自身的投资也可视为融资的一部分。企业的生产行为是环境污染的主要来源。在环境治理上，当前主要的做法是"谁污染，谁治理"、缴纳环境污染税、实行"先污染，后治理"和"生产、污染、治理"三同时。随着绿色经济的发展，要求企业从生产的源头上控制污染，实行清洁生产技术，减少资源的消耗，减少废物排放。企业开始由被动投资环境向主动投资环境保护转变。但是不可否认的是，工商企业的环境投资通常是在利益的驱使下进行的。如果没有政府管理部门环境法律法规的约束，没有相关的政策措施以及金融企业绿色投融资的积极引导，其绿色投融资的发展必然是缓慢的。

4. 公众和其他社会组织。公众和由一些公众组成的社会组织也是绿色投融资的重要主体，并且在绿色投融资中的作用在不断加强。公众通过投资于生态基金等方式进行绿色投融资。社会组织除直接进行污染防治、环境维护的投资外，还从金融市场融资的角度参与绿色投融资活动。

社会责任投资基金是生态基金的一种形式，它是社会责任投资者建立的投资基金。目前在西方国家和我国香港、台湾等地区已经得到了较大的发展。具有社会责任的投资者通过社会责任投资基金，向具有环境保护和负担社会责任的企业和领域进行投融资。

5. 国际组织和机构。国际组织如国际货币基金组织、世界银行等，一贯重视企业在社会责任方面的表现，对那些促进人类健康、和平、环境安全的产业提供优惠贷款。例如，世界银行支持帮助了很多有关清洁生产和生态工业的项目建设，重点在于改善生活的环境影响，在政府招标时考虑环境和社会影响等。同时，国际组织对清洁生产和清洁发展的积极鼓励也在一定程度上引导了绿色投融资发展的方向。

（二）绿色投融资的方式

政府可以直接利用财政资金投资于环境资源保护领域，也可以对投资项目通过合作方式投资入股进行绿色投融资。相对来说，金融机构的投融资方式更为灵活，存在的问题也更加复杂多变。

1. 绿色投融资的基本模式。

（1）BOT 模式。BOT 是英文 Build - Operate - Transfer 的缩写，意为“建设—经营—转让”，实质上是基础设施投资、建设和经营的一种方式。BOT 模式适用于那些投资额巨大，投资回收期长，建成后具有稳定收益的建设项目。经营性政府工程，如污水处理厂、发电站、高速公路、铁路等公共设施正具备了这一特点。通过 BOT 模式，政府得以在资金匮乏的情况下利用民间资本进行公共基础设施建设，减少项目建设的初始投入，将有限资金投入到更多的领域。目前BOT模式在全国范围内应用较为广泛，已成为经营性城建项目中一种较为成熟和有效的投融资模式。

（2）ABS模式。ABS是英文Asset - Backed - Securities的缩写，意为资产证券化，即将一组流动性较差的资产经过一定的组合，使这组资产能产生可预计且稳定的现金流收益，再通过中介机构的信用加强，把这些资产的收益权转变为可在金融市场上流动的、信用等级较高的债券型证券的过程。ABS作为一种证券化融资方式，代表着项目融资的未来发展方向。随着我国市政公用事业项目投资规模的不断扩大和资本市场的全面发展，中国也深化了ABS模式融资，如南京城建污水处理费收益资产即为中国证监会批准的证券化项目。

（3）O&M模式。O&M是英文Operations - and - Maintenance的缩写，意为运营和维护，此种模式一般适用于已有设施，由投资者与政府部门签订协议，代为经营和维护公共部门拥有的基础设施，政府向投资者支付一定费用。O&M保持了政府对项目的所有权，投资人只负责已有设施的运营维护。目前国内已经有一些市政公用项目，如供水、污水处理等，尝试采用专业运营公司进行管理和运营的模式。

2. 金融机构实行绿色投融资的主要方式。

（1）绿色信贷。绿色信贷（Green - Credit Policy），是指金融机构对研发、生产治污设施，从事循环经济生产、绿色制造的企业或者机构，提供优惠利率的贷款扶持，对高能耗和高污染的企业贷款实施限制，并以高利率实施惩罚。2007年7月，国家环保总局、中国人民银行、中国银监会联合发布了《关于落实环保政策法规防范信贷风险的意见》，标志着绿色信贷全面进入到我国污染减排的主战场。其主要表现形式为：为生态保护、生态建设和绿色产业融资，构建新的金融体系和完善金融工具。规定对不符合产业政策和环境违法的企业和项目进行信贷控制，各商业银行要将企业环保守法情况作为审批贷款的必备条件之一。

（2）绿色证券。国家环保总局于2008年2月正式推出了绿色证券：

从事火电、钢铁、水泥、电解铝行业以及跨省经营的13类重污染行业的公司，在申请首发上市或再融资时，必须先过环保核查关；同时，国家环保总局将及时公开上市公司的环境信息，由中国证监会裁决，供公众参考。这一政策的出台使得环境保护和金融市场金融机制实现了有机结合，为从经济利益角度约束环境污染问题做出了积极努力。

（3）绿色保险。绿色保险又被称为环境责任保险，是以被保险人因玷污或污染水、土地或空气，依法应承担的赔偿责任作为保险对象的保险。绿色保险通过解决环境纠纷、分散风险、为环境侵权人提供风险监控等为环境保护提供服务。我国已经对于海洋石油勘探与开发的企业、事业单位和作业者施行了环境责任强制保险。但是总体看来，绿色保险在我国开展范围较小，投保企业不多。

三、我国发展绿色投融资的困境及其原因

改革开放以来，我国的经济发展取得了举世瞩目的成就，但主要依靠高资本消耗、高风险积累、低经营收益的外向粗放式发展路子。如何利用绿色投融资对绿色经济的推动作用，如何优化经济结构、转变增长方式以正确处理好经济效益与环境、生态、社会效益的协调发展就显得尤为必要。

随着绿色经济的发展，目前我国绿色投融资得到较大的发展空间，成为绿色经济的增长极，同时也成为现代金融机构的发展趋势。近10年来，我国不断增加生态建设和环境保护的投入，总投资接近1万亿元。又先后实施了退耕还林、退牧还草、天然林保护、三江源头保护和南水北调水源地保护等重大生态建设工程，总投资达7000多亿元，其中用于各种补助性质的支出3000多亿元；开展了大规模的水污染治理工作，加大了环保基础设施建设力度，累计安排2000多亿元资金用于重点流域水污染治理和城市污水治理，不仅减少了大量污染，而且改善了中国尤其是西部地区的生态环境。2001年以来，还先后投入200多亿元用于森林

生态效益补偿。[①] 可见，我国绿色投融资已经取得了可喜的成绩。

但是，中国资源环境危机带来的压力十分巨大，绿色投融资困境重重。主要障碍既有制度方面的因素，也有非制度方面的因素；既有技术方面的因素，也有管理方面的因素；既有投资方面的因素，也有融资等方面的因素；既有观念上的因素，也有执行上的因素等。笔者经过归纳整理，将妨碍绿色投融资发展的障碍主要归结为观念瓶颈、制度瓶颈、投融资体制瓶颈、信息沟通与管理等执行瓶颈。

（一）观念瓶颈

1. 宏观上重增长、轻环保。“先发展，后环保”、“先污染，再治理”的思想虽然受到了广泛的批判，绝大多数经济学家认为这种模式必然导致社会生态环境的严重破坏，人类将为此付出沉重的代价和遭受到难以弥补的损失，但是现实生活中这种思想仍然普遍存在。发展经济需要集中大量的财力，在一个国家或地区财政收入有限的情况下，必然存在如何进行资金分配的问题。在以经济增长率为考核执政者政绩指标的社会环境下，由于这种发展政策可以在短期内取得明显的政绩，而执政者会受到上级的重视并获得提升机会，所以这种思想在地方当局和执政者那里很受欢迎，并且容易实施。

2. 微观上简单核算私人绿色投融资成本、收益。任何投融资都需要回报，绿色投融资也不例外。发展绿色经济的固定成本高，一次性资金投入大，建设周期长，收益见效慢，这种特殊的投资特点较大地抑制绿色投融资的发展。绿色投融资是由具有生态环境理念的经济人进行的投融资，主体不单是追求经济利益的经济人，而且应是具有社会责任的投资者。在其投资决策中，他的选择标准是经济、社会、环境三重标准，而不是单一的经济准则。传统投融资主要追求利润，不考虑或者很少考虑投资行为对环境的影响。而绿色投融资的收益是三重盈余，包括经济的、社会的和生态的收益。如果仅仅简单核算私人的成本收益，而没有

① 相关数据参见田江海：《绿色经济和绿色投资》，《中国投资》，2010 年第 2 期。

社会成本收益的意识，或者说不能成功将外部成本内部化，绿色投融资只能踯躅不前。

3.“搭便车”的思想普遍存在。环境保护明显具有公共产品的性质。公共产品常常出现过度使用的问题，原因在于个人行为的外部性，即正的外部性得不到补偿，负的外部性不能够内部化，这类现象被经济学者称为“公地悲剧”。环境需要保护，否则就会因为过度使用而出现退化的问题。但是，在制度不完善的情况下，环境的维护和污染治理由具有社会责任的企业或个人及组织进行投融资，那些不具有社会责任的环境使用者就会采取“搭便车”的行为。如果每个生产者都企图搭便车，那么环境就会因为缺乏投资保护而出现恶化，甚至出现环境危机。

（二）制度瓶颈

制度经济学认为，制度是一个社会的规范体，是为决定人们的相互关系而人为设定的一些制约；制度为人们提供了经济行为的框架，构成了人们在政治、经济等方面发生交易的激励结构。一国的制度安排决定了各类经济组织的活动边界，如果制度为生产提供了激励，则该国经济发展就快；如果一国的制度安排为从事非生产活动提供激励，则该国经济发展就慢。而制度不健全正是制约我国绿色投融资发展的瓶颈之一。

1. 绿色投融资法律制度不健全。发达国家政府为发展循环经济和保护环境，已经建立了一套比较完善的法律法规体系，对我国具有很好的借鉴意义。我国在近年来为保护环境也制定了一系列的法律法规。如在《刑法》中，增加了“破坏环境资源保护罪”的规定，为强化环境监督和制裁环境犯罪行为，提供了法律保证；1999 年 12 月，修订了《海洋环境保护法》，加大了海洋环境保护监督力度；2000 年修订了《大气污染防治法》，强化了法律责任和执法力度等。但是，我国保护环境和促进循环经济的法律法规并不健全，已有的法律法规还不能达到促进绿色投融资、保护环境的要求。

2. 投融资制度不完善。我国的金融制度安排存在许多的制度缺失，主要表现在：首先，对民营经济的金融支持不够。我国相当多的中小型污染企业采取民间融资或自筹资金，基本不向金融机构贷款或很少贷款，又达不到上市融资的条件，因而绿色投融资难以对这些数量大、涉及面广的中小型污染企业发挥制约作用。其次，对高技术创新活动支持少。虽然我国已经为中小高技术企业融资提供了二板市场，但是，并不能满足它们的融资需要。再次，我国金融制度只是对绿色投融资进行关注，并没有制定具体的促进绿色投融资的制度，也没有形成基于可持续发展的企业评价体系和评价机制，因而不能有效地推动绿色信贷，绿色保险、绿色证券的发展步伐就更为缓慢，无法满足绿色企业的融资需要。

3. 绿色市场价格制度缺失。绿色市场价格制度缺失主要表现在资源、环境市场定价偏低，市场制度没有建立。与国际上自然资源环境的市场定价相比，我国明显地存在人为压低资源价格和对环境缺乏定价的问题。资源经济学和环境经济学的研究成果表明，自然资源和环境都是有价的，因为它们都是有用的，而且许多资源是稀缺的，需要经过人力、财力加以开发和维护。但是，我国在计划经济下形成的定价机制，严重地低估资源和环境的价值，许多资源的定价不能反映其稀缺性和真实价值。直接后果就是我国的经济增长是靠大量消耗资源和环境破坏为代价换来的，严重地影响了我国经济可持续发展，甚至在将来很长的时期内都难以改变这种方式。改变这种局面，只有依靠市场机制，通过市场（特别是国际市场）使资源环境的价值通过价格体现出来。

（三）投融资体制瓶颈

目前，我国绿色经济项目投融资的手段主要为政府投资（直接拨款和政策性补贴）、银行贷款、企业自筹等，投资主体较为单一，私人资本介入较少。其中政府处于主导地位，主要是通过政策性指令和补贴等手段为循环经济的发展筹集资金，没有形成一个市场化的投融资运行体制，达到“融资—投资—还款”的良性循环。

1. 绿色投融资总额不足。尽管我国绿色投融资总量不断攀升，但在GDP中的比重依然较低，且远远低于发达国家所占比重。绿色投融资总额与控制环境污染、改善资源状况、提高经济效益的需求还有很大差距，绿色资金投入的力度还需要进一步加强。根据国家环保总局有关评估结果显示，截至2002年年末，相关投资完成率仅27.97%；到2005年底，投资完成率仍仅为70%左右①。

2. 绿色投融资主体单一。由于缺乏相应的激励和保障措施，我国绿色经济投融资的资金主要靠财政注入，缺少社会财力的支持。尖锐的财政收支矛盾使得财政不得不优先保证基本职能的需要，从而导致绿色投融资一直较为匮乏。2007年，国家环保总局、中国人民银行、中国银监会联合推出绿色信贷、绿色证券、绿色保险并没有太大起色。作为污染行为主要承载者的企业，特别是污染严重的中小企业来说，融资渠道不通畅，生产资金基本靠自筹，绿色投融资对其的约束力和吸引力都很小。

3. 绿色投融资渠道单一。我国资本市场具有"新兴加转轨"的双重特征，还存在一些深层次问题和结构性矛盾，制约了市场功能的有效发挥，导致资本市场的弱有效性，这些都使得资本市场环境准入机制尚未成熟，对绿色证券、绿色保险实施的有效性产生重大影响。政府财政投入作为绿色投融资的主要渠道，其作用是有限的。资本市场的不完善又限制了直接绿色投融资的可能性。

4. 绿色投融资效率较为低下。投融资效率不高集中体现在投资项目效率低下，没有充分发挥作用。我国在提倡发展绿色经济之初，必须加强政府的指导作用，以财政投融资为主，这可能使某些投融资行为不是建立在市场运作基础之上，导致建设滞后、盲目重复建设现象普遍、投放面广而规模效益差等现象的发生。资金投放前缺乏全面科学的可行性分析、成本效益分析，工程建设中缺乏有效的监督约束机制，项目结束后不进行评估，这诸多环节都造成了绿色投融资的极大浪费。

（四）信息沟通与管理等执行瓶颈

我国环保信息沟通缺乏有效的渠道。目前对能源的统计预警监测制度还没有形成，缺乏健全完善的统计分析制度，现有数据滞后，难于开

① 闫敏：《构建我国循环经济投融资体系》，《宏观经济管理》，2006年第10期。

展分析预测，商业银行无法掌握“两高”（高耗能、高污染）企业的环保达标及耗能指标等第一手资料，掌握的信息大部分是通过企业获得的，其中不排除由于企业恶意隐瞒而造成信息失真的可能性。一些地方环保部门发布的企业环境违法信息针对性不强，时效性不够，不能适应银行审查信贷申请的具体要求，影响绿色信贷的执行效果。而且，商业银行不能提供环境信息使用的反馈情况，还没有真正做到数据共享。

到目前为止，我国绿色经济投融资主要是财政投资。在中央层面，绿色经济财政投融资主要由中国人民银行、财政部和有关部门分别管理，缺乏统一规划，难以形成合力，削弱了财政绿色经济投融资体系的政策性职能；在地方层面，管理机构更多，仅就各级财政信托投资机构而言，它们基本上既承担政策性业务，又从事经营性业务。一些财政投融资机构对于基础性行业投资兴趣不大，而热衷于高收入、高利润的行业，并从事高息拆借的融资活动，与商业银行争夺地盘。资金管理部门行为缺乏规范性，降低了财政绿色经济投融资的社会效益。

四、发达国家发展绿色投融资的经验借鉴

政府制定的一系列正向或负向的激励机制，可以推动绿色投融资的发展。发达国家为促进绿色经济发展，进一步提高绿色投融资的数量和质量，采取的激励政策很多，其中包括：奖励与收费政策、财政政策激励、金融政策激励、产业政策激励等。这些激励政策为我国深化绿色投融资提供了有益的借鉴。

（一）奖励与收费政策

奖励与收费政策是最为直接的激励机制。

奖励政策是指对那些环境保护有贡献的行为进行奖励。例如，美国1995年设立了“总统绿色化学挑战奖”，奖励那些具有基础和创造性、可以防治污染的化学工艺新方法。英国设立 Jerwood - Salters 环境奖。日本在许多城市设立资源回收奖励制度。

收费政策是指对垃圾等废物进行收费，这是德国发展绿色经济的一项重要措施。在德国，垃圾处理费的征收主要有两类：一类是向城市居民收费；另一类是向生产者收费。目前，对居民的垃圾收费，在多数城市是按户征收垃圾处理费，部分城市开始实行计量收费制，按照废物的种类、数量收取不同的费用。向生产者收费体现了“谁污染谁付费”的原则，促使生产者提高技术、节约材料，对于筹集垃圾处理资金有很大的帮助。德国实施垃圾收费制后，生活垃圾减少了65%；包装企业每年仅包装废弃物回收所交纳的费用达2.5亿—3亿美元。

（二）财政政策支持

在发达国家，常常使用补贴、贷款和税收减免等财政手段，鼓励厂商降低污染、节约能耗的投资。例如，支持绿色投融资的财政政策包括赠款、补贴、审计资助、贷款（包括软贷款和创新贷款资金）、购买能效设备的税收减免以及大量降低能耗、减少温室气体排放或资源协议等原因的税收减免。

其中，补贴和赠款是指直接给予节约资源或提高能效项目实施方的公共资金。提供补贴和赠款的通常是公共部门，不从这项资金投入中寻求任何直接的资金收益或回报，以便降低投资者的成本。例如澳大利亚温室气体减排主要集中于大项目上，尤其是关注那些每年排放超过25万吨 CO_2 当量的项目。大约1.45亿美元提供给了15个项目，温室气体总减排量将近2700万吨。日本政府对中小企业从事的有关环境技术开发项目给予大约占其研发费用1/2的补贴；对引进先导型合理利用资源设备给予1/3的补贴，补贴金额最高上限2亿日元；对民间生产企业采用的高效使用技术给予2/3的补贴，补贴上限为1亿日元。

这里的贷款通常是软贷款或公共贷款，是一种用于能效的投资利率一般低于市场利率的补贴贷款。它通常和创新基金结合在一起，类似于赠款，其目的是促进效能措施的应用。

税收减免也能达到投资者降低投资成本的目的，以吸引更多的绿色投融资。西方国家的做法主要是对节能、节耗、废物综合利用采取减免税收、退税的政策，通过将其投资成本在缴税基数中扣除实现；对于特定技术减税通过免税、减税和加速折旧实现；而节能等自愿协议也可以享受减税、免税的优惠。例如，美国亚利桑那州 1999 年颁布的法规中，对购买回用再生资源及污染控制型设备的企业可减税 10%。日本对废塑料制品再生处理设备在使用年度内，除了普通退税外，还按价格的 14% 特别退税。加拿大规定允许对特别的能效和可再生能源设备以 30% 的比率减值。这项计划于 1996 年开始实施，范围包括热电、太阳能系统、余热回收、风能、地热、以废弃物为燃料的发电系统、废弃物燃料供热设备等。

补贴可以直接减少与提高能效有关的成本投入，也是政府财政政策支持的一种表现。补贴可以是公共基金，直接补贴给有能效投资的企业或公司，也可以补贴给服务部门，如能源审计。

政府采购是政府财政支出的重要途径，许多西方国家在进行政府采购时，强调优先购买具有环保意义的绿色产品。

（三）金融政策支持

在金融政策方面，鼓励金融业对绿色企业优先贷款和实行优惠利率，对符合上市条件的绿色企业提供上市的便利通道。例如，日本对从事绿色经济研究开发、设备投资、工艺改进等活动的民间企业，根据不同情况由日本政策开发银行提供不同级别的政策贷款利率。企业设置资源回收系统的，由非赢利性金融机构提供中长期优惠利率贷款。

另外，金融创新也为绿色投融资的发展开辟了新的空间。相对日本来说，欧美国家更侧重于积极推进资本市场上的金融创新，发展适合绿色经济的金融衍生工具。目前活跃在欧美市场上与绿色经济相关的金融产品很多。例如，1988 年，英国率先推出了第一只生态基金——Merlin 生态基金。这类基金产品把投资者对社会及环境的关注和它们的金融投资目标结合在一起。美国率先于 1997 年推行了巨灾债券（巨灾风险证券化），巨灾风险通常是指可能造成巨大财产损失和严重人员伤亡的风险，既包括自然巨灾风险，也包括环境污染等人为巨灾风险。美国还赋予排污权（排放减少信用）以金融衍生工具的地位，允许其以有价证券的方式在银行存储，并可以出售给其他企业。

由此可见，发达国家对绿色经济的金融支持已经转向更多的通过资本市场来解决问题。这与多数市场经济国家已经具有了相对发达的金融体系和资本市场有关。除了外部性较强的部分绿色经济部门和企业需要政府提供直接或间接的财政支持，其余的绿色经济运行已经较好地纳入了市场化运行轨道。绿色经济部门能够与其他经济部门一样，通过银行体系获得发展的资金，也可以通过直接融资方式在资本市场筹集资金，还可以用多种证券化和结构金融产品来改善资本结构。

（四）产业政策支持

这类支持主要是指实施产业倾斜政策。德国政府把垃圾处理作为全民的事业，由于投资巨大，政府的财力有限，就积极推进垃圾处理的市场化和专业化。日本在20世纪90年代，为发展循环型社会，提高产业素质和产品竞争力，对采取环保措施的企业实行产业倾斜政策。对从事环保技术开发的中小企业，政府补助技术开发费用率最高可达50%；对引进3R技术设备的企业提供低利融资。在税收方面给予引进循环设备的企业减少固定资产税和所得税。美国将医学生物技术、环境生物技术列为重点发展产业，以推动美国环保技术产业的发展。

五、我国发展绿色投融资的制度创新

绿色投融资制度是指为达到环境保护和污染预防、实现可持续发展的目标，引导和驱使相关的利益主体即地方政府、金融业、企业和公众采取有利于绿色投融资发展的行为的机制。恰当的投融资制度设计可以鼓励那些能够使整个社会利益最大化的环境行为，约束那些与绿色经济理念相违背的行为，从而促进绿色经济的发展。借鉴发达国家发展绿色投融资的成功经验，结合我国的实际，我国绿色投融资制度创新应该从以下几个方面进行。

（一）引导绿色理念，提倡绿色消费

绿色消费有两个内涵：一是消费无污染、有利于健康的产品；二是有利于节约资源、保护生态环境的消费行为。绿色消费是人们对环境问题有了深刻认识之后才逐渐形成的，确切说是人们接受了绿色理念后的必然选择。倡导绿色消费对于发展绿色投融资来说是一种直接、有效的激励机制，它可以从利益层面，通过市场机制吸引各主体进行绿色投融资。

1. 要改变人们环保观念淡薄，缺乏可持续发展意识的现状。通过大力的宣传、教育，让更多人接受绿色理念，明白要重视他人和子孙后代的健康和持续发展，重视环境保护。

2. 政府在宏观管理层面上应该给予一定的支持。如政府可以制定合理的价格政策，对绿色产品的生产和销售实行价格优惠，引导企业大力发展绿色生产。政府还可以制定合理的税收政策，对浪费性消费和污染环境的消费课以重税，对绿色产品的生产和消费给予适当的税收减免，对绿色产品的生产和生产技术的开发给予必要的财政补贴等。

目前，我国多数人的消费状态与绿色标准相差甚远，为更好地促进绿色消费，达到促进绿色投资的目的，应倡导人们购买食品时首选绿色食品，选购生活用品时要首选绿色产品，同时，提倡人们从环保的角度，抵制污染环境的产品，包括过度包装、用后变成污染物、生产时造成污染或使用时造成污染和浪费的产品。

（二）完善我国的绿色金融法律制度

法律法规的支撑是推进绿色金融健康发展的制度保障。它不仅能使金融业务获得良好经济效益，而且更重要的是它所提供的激励效应还能使企业将个体目标与整个社会目标有效地统一起来，达到“激励相容”。完善绿色金融法律制度主要包括以下内容：

1. 完善绿色政策银行法律制度。从发展绿色经济的角度，我国应当建立绿色政策性银行，专门从事环保产业专项资金的管理，并加强与商业银行的合作，更好地发挥政策银行的协调作用，为绿色信贷的发展搭建平台。商业银行可以有效地利用政策银行的环境评级系统，对贷款目标企业进行评估与监督，规避投资风险、提高投资效率，增加对环保领域投入的积极性。[①] 为此，我国应当制定专门的绿色政策性银行法，对政策性银行设立宗旨与目标、设立程序、业务范围、组织机构、业务规则等内容做出具体规定。然后再根据法律的规定建立政策性银行的组织机构，并依法进行业务运营活动。

2. 完善绿色信贷法律制度。绿色信贷政策法制化是大势所趋，目的是使绿色信贷作为一个内生变量内生于银行的信贷和其他金融活动中，使支持环保经济和防止环境污染成为银行信贷的内在部分，而不是监管部门、环保部门和社会强加给银行的。对于绿色信贷政策法制化的具体措施有：

（1）完善产业政策法，充分发挥产业政策对形成节约能源资源和保护环境的产业结构的作用。产业政策是银行支持环境保护的中介。

（2）《贷款通则》在修改时应吸纳绿色信贷政策，如银行应考虑逐渐将清洁生产作为企业的贷款条件，贷款人有权要求借款人按期提供环境报告，贷款人可以要求借款人进行环境影响评价等。

3. 完善绿色证券和绿色保险法律制度。绿色投融资必须树立“社会化融资”的新思路，不再单纯依靠政府，而是更多地依托金融市场和资本市场筹集资金，形成政府、银行、企业个人多元化的投资局面。目前我们已经大力倡导绿色证券和绿色保险，但相关法律制度还比较薄弱。

绿色证券法律制度是环境保护法律制度与证券法律制度的交融，它要求在监管证券市场时引入环境保护法的理念与方法，将市场主体的环境信息作为衡量其在证券市场表现的重要指标。因此，证券制度“绿色化”要求环境保护部门借助证券监管的渠道以履行其环境监管职责，督促市场主体切实履行其环保义务。

绿色保险的发展依赖于一个健全的法制环境，而中国现行环境经济

① 常杪等：《日本政策投资银行的最新绿色金融实践——促进环境友好经营融资业务》，《国际瞭望》，2008 年第 5 期，第 67—69 页。

法律还不完善，需要进一步明确责任。如修订《环境保护法》、《水污染防治法》、《大气污染防治法》等法律，明确水、土壤和大气污染责任者对清除污染费用、对第三方损害的经济赔偿责任，以及环境污染责任保险制度的基本内容和要求等。逐步制定有关环境污染责任保险制度的专门行政法规、部门规章，细化有关责任事故认定、损失评估标准、保险保障范围、操作流程等具体内容；明确企业投保费用税前列支，减轻企业负担，提高其投保意识和积极性，增强制度的可操作性。

4. 完善绿色基金法律制度。最早的绿色基金——Merlin 生态基金于 1988 年在英国诞生。此后，受 20 世纪 80 年代后期环保主义的影响，全球范围内绿色基金得到迅速发展，各种各样的生态基金、可持续发展基金、环境共同基金纷纷涌现出来。发达国家绿色基金运作经验可以为我们提供借鉴，我们可考虑发展环保产业投资基金，以利于培育新型投融资主体，建立投资风险约束机制，集中闲散资金主要对受现行政策及企业规模制约难以上市、贷款也难的企业进行投融资支持与服务，并促进其改革、改组、改造与加强管理。实践表明，绿色基金的投资者对投资对象的持续关注有助于投资对象对投资目标的选择不断趋于合理，投资者实际上起到了绿色投票和监督的作用，有利于加强企业的绿色经营。目前我国的基金发展迅猛，但绿色基金还在萌芽阶段，政府应当从政策法规上规范基金的发展方向，完善基金法的相关规定，凸现基金规范的绿色化。

（三）采取多元化绿色投融资的策略

1. 政府奖励和收费。奖励与收费政策是发达国家行之有效的绿色经济激励机制。我们也可以效仿，由政府财政出资对那些环境保护有贡献的行为进行奖励，并推行“谁污染，谁付费”的原则，改革和完善现行的排污收费制度。同时，统一和完善环境资源税，如水资源税、森林资源税、土地资源税等，逐步把现有的资源补偿费纳入资源税范围。采取税收和收费的政策，可以弥补市场缺陷，促进环境保护和经济的发展，同时也可为绿色经济的公共投入提供资金。

2. 组建政策性绿色银行。借鉴德国、日本创办环保银行的先例，我国可以考虑组建政策性绿色银行，以支持那些商业效益不高，一般的传统银行不愿意接受，但又是社会所必需的传统环保事业，以及那些很有发展前景，但目前急需资金支持的环保项目。

3. 推动绿色企业上市和发行债券融资。对于规模大，有一定实力的绿色企业可以考虑通过股票市场进行融资，国内目前已有多家绿色经济企业上市；对于一些技术含量高的循环经济中小企业可考虑在内地和香港创业板上市，为其发展筹措足够资金。同时，银行通过发行金融债券可以吸收相对稳定的中长期资金，再以贷款方式投入到社会效益较好但却需要动用大量资金的环保项目和生态工程以及急需资金的产业领域或工程项目中去。对于经济效益比较好的环保企业，可以允许他们发行企业债券，以满足这些企业对资金的需求。

绿色企业通过发行股票和债券融资，不仅有利于降低成本，而且可以处于主动地位。为了支持绿色金融的发展，国家应把调整产业结构、加强环境保护作为一个重要的政策导向，建立健全“环保审查”机制。凡是未能通过“环评”的企业，不能上市发行股票。在同等条件下，环保效果更佳的企业或项目可优先考虑上市或发行债券。还可发行绿色优先股即环境保护优先股股票，企业通过这种优先股筹集来的资金，必须专用于建立环境污染的预防和治理体系。

4. 创立专门的绿色经济投资基金。目前，中国已有的绿色经济基金包括中华环保基金会、中国全球环境基金等。在循环经济投资过程中，可充分发挥这些基金的优势，在此基础上可设立循环经济投资专项基金，通过政府参股方式提供一定的财政支持，发挥政府引导、放大民间资金的杠杆作用。

具体做法是通过政府财政划拨一部分资金、收取企业排污费、转移支付等方式筹集资金，建立绿色产业基金，对绿色企业产品开发进行直接投资，或用投资控股的方式对与生态环境密切相关的企业进行积极的资金渗透，从原材料、生产技术、产品销售等方面支持他们的生产经营，促进这些企业所采用的绿色技术不断提高，走保护生态环境与合理开发利用资源的可持续发展的道路。

5. 积极利用国际资金发展我国绿色经济。在国际融资方面，一方面要充分发挥国际信贷市场的作用，争取国际金融贷款、政府间贷款及国际银行组织的专项贷款；另一方面可以进入国际证券市场，利用债券、股票等金融工具筹措大量资金，为循环经济提供金融支持。但同时也要注意，许多外商利用我国环境标准低、环保意识淡薄的机会，把国外禁止生产的高污染产品向我国转移，加剧了我国环境污染程度，得不偿失。对引进外资要实行环保一票否决制，决不能仅看数量和规模而忽视环境效益。要按照国家产业导向目录的要求开放市场，创造平等竞争的条件，积极争取外商投资企业进入中国投资设厂，提供先进的循环经济产品和技术，参与环境污染治理。作为环境大国，中国目前的循环经济发展有巨大的潜在市场。对意图进军环保业的投资者和企业来说，是极好的机会。中国各级政府和企业应该充分利用这一时机，为把国外资金引入绿色经济的产业发展创造条件。

6. 进行绿色投融资的主体多元化建设。针对绿色生产各个环节所需求的投融资不同，应积极寻找绿色投融资的主体多元化渠道，以期能够对绿色经济进行全方位的建设。如积极调动银行信贷的积极性，组建绿色经济专业投资公司，发展中外合资及公私合作的绿色经济投资机构，鼓励企业进入绿色经济投资领域等。例如积极引导、支持和鼓励具有实力的国内大型企业，特别是在资金运作、产业投资和经营管理方面具有优势的绿色经济上市公司和企业集团发展公司附属的投资机构，实现大型企业投资的专业化和制度化。这样不仅有利于公司进一步延伸绿色经济产品链、贯彻企业循环经济战略、保值增值企业闲置资金，而且扩大了社会绿色经济资金来源。

7. 发行“绿色”彩票。发行彩票是一种非常好的资金筹集方式，它不需要还本付息。如果国家每年发行100亿元的“绿色”彩票，扣除发行费用和返奖部分，至少还能筹集30亿元的资金，这将对绿色金融的运行提供不小的动力。

（四）加强绿色投融资的执行力度

1. 建立绿色投融资的监管合作制度。绿色投融资事关经济社会的可持续发展，因此必须以制度的方式落实环保与金融合作中政府机构各部门应尽的责任与义务。金融领域的四大监管部门是中国人民银行、银行业监督管理委员会、保险业监督管理委员会、证券业监督管理委员会。但是，绿色投融资是环保与金融的合作，却没有一个监管的合作平台。这将导致环保与金融工作的责、权、利关系无法落实到位，形成管理空位，使绿色投融资政策无法真正地细化落实。

从强化责任归属的角度看，应建立综合监督管理框架制度，在该制度中主要明确环境监督管理部门与各金融监督管理部门在环保与金融合作中的责任关系。这一框架制度最低应以国务院法规的方式加以规定，否则难以保证其实施效果。如以国家法律的方式制定，效果会更好。

为了使环保部门和金融部门更好地沟通合作，可以以社会团体机构的方式，在环保管理部门、人民银行、银监部门、保监部门、证监部门共同参与的情况下形成一个合作机制。把各部门应尽的责任授权给社团机构，由社团机构具体行使各监管部门的职责，确保环保与金融的合作责任落实到位。在社团机构下可分设银行部、证券部、保险部、民间部，分别管辖不同形态下的资金融通工作。

2. 建立环境风险数据库信息和企业环境风险管理体系。信息是各金融机构风险管理的基础，集中统一数据库的建立可以创造性地解决环保与金融联合机制中的信息沟通渠道问题，有效提高环保与金融合作的工作效率和质量，降低社会综合成本，培育企业环保信用意识和信用行为。环境风险数据库的根本功能是将未经处理的原始信息转化为可利用资信信息，为各级监管部门和各金融机构的决策提供准确、及时、全面的信息源。其基本功能有：搜集各企业环境风险状况，记录其环保建设及违规的主要情况，评价其信用等级并提供实时监测等。

建立企业环境风险信用管理体系目的在于构建一个全社会广泛参与

的企业环境污染控制体系，通过全社会的广泛参与调动社会每个阶层参与环境保护的积极性，形成一个对环境保护全社会齐抓共管的新局面。这对金融机构也是一种保护，金融机构可以在信息非常清晰的条件下从事资金的融通工作，极大地降低金融机构的环境信用风险，促进其经济效益的提升。同时通过对企业动态变化的连续跟踪，帮助企业规范其环境污染行为。企业环境风险信用管理体系的建立应遵守广泛性、真实性等原则。

3. 建立绿色投融资考评机制。对于绿色投融资的评价需要一套严格的考评机制以确保绿色投融资制度的贯彻与执行。考评工作应坚持以下原则：一是公开原则，保证整个评选过程的阳光；二是公正原则，要广泛邀请社会各界的参与，包括新闻机构的全程监督；三是公平原则，给每一个参评单位一个公开宣传自己的机会，以展示各企业主体对社会的贡献度，树立品牌，树立有社会责任感的社会形象。

第二节　绿色税收制度创新

绿色税收的思想最早主要是基于1920年英国经济学教授庇古在其著作《福利经济学》中提出的“政府利用宏观税收调节环境污染行为”的环境税收思想而产生①。这是一种浅绿色税收观念，它是指对投资于防治污染、环境保护或资源节约、生态建设的纳税人给予的税收减免或对污染行业、污染物使用及资源使用所征收的税或税收体系。狭义的绿色税收即为实现保护环境的目的而专门征收的环境税，即国家为了限制环境污染的范围、程度，而对导致环境污染的经济主体征收的特别税种。中义的绿色税收即为环境保护税，是指对一切开发、利用环境资源的单位

① ［英］A.C. 庇古：《福利经济学》，商务印务馆2006年版，第14页。

和个人，按其对环境资源的开发、利用强度和对环境的污染破坏程度进行征收或减免的一种税收。广义的绿色税收则包括税收体系中与环境保护相关的各税种、税收措施及政府部门收取的各种费的总称。本章内容立足于对广义的绿色税收概念进行探讨，它由两个部分构成：一是以保护生态环境为目的，针对污染、破坏环境的特定行为课征的税种，它是“绿色”税收制度的主要内容；二是其他一般性税种中为保护生态环境而采取的各种税收调节措施，包括为激励纳税人治理污染及保护环境所采取的各种税收优惠措施和对污染、破坏环境的行为所采取的某些增加其税收负担的措施。

作为一种经济手段，绿色税收利用经济规律的作用并根据市场利益原则，通过对环境资源予以定价，将同环境污染、资源开发、生态系统的破坏等相关的外部成本内化到企业的生产成本中，使当事人对自己的经济行为引起的环境破坏和资源利用付出相应的代价，从而间接影响市场主体的经济行为，引导经济当事人以利益最大化的方式对此做出反应并最终转向有利于环境的经济活动中。发达国家的经验表明，政府在弥补“市场失灵”时，税收矫正市场扭曲的政策效果比较明显。政府一方面通过对有害于环境保护的产业课以重税，以限制其发展；另一方面利用直接税收减免、投资税收抵减等税收手段促进企业重视和加强生态保护并充分利用有限资源。由此，通过绿色税收的调节功能，在一定程度上消除了企业生产成本和社会成本的差异，矫正了市场价格结构。因此，与政府管制相比较，污染者可以对政府提供的绿色税收刺激做出更为灵活的反应，弹性更大，效率更高。

一、绿色税收制度在绿色经济发展中的地位与作用

传统的税收功能是组织财政收入和调控宏观经济，绿色税收将其功能延伸到生态环境保护领域，拓宽了税收的调节范围。由于绿色税收具有税收的强制性、无偿性和固定性的基本特征，使得税收手段在环境经

济政策体系中具有不可替代的优越性，为有效解决可持续发展的一系列问题，尤其是解决环境与资源问题提供了一个重要手段，发挥了重要作用。

（一）绿色税收可以将经济活动的外部效应内部化

绿色税收的鼓励性措施与限制性措施借助于价格、利润等传导机制，把“外部成本”有效地体现在价格中，诱导环境主体在发展经济的同时，减少对资源和生态环境的破坏，建立与可持续发展相适应的经济增长方式。尽管绿色税收并不是解决环境问题的唯一方法，但适时课征绿色税，一个污染者有可能承担与其排放量产生的社会损害相等的税收，即排污产生的边际社会成本与单位排污量的税收相等。因此，根据经济发展和环境状况适时课征绿色税，运用绿色税收这种调节手段，将经济活动的外部效应内部化以引导各微观经济主体规范自身的经济行为，在发展经济的同时实现生态环境的保护。

（二）绿色税收可以有效解决生态物质补偿问题

绿色税收能够增加财政收入，统一规范预算管理体制，实现生态环境的物质补偿。治理环境污染、保持生态平衡的投资是非常巨大的，如果只依靠国家财政投资进行治理，既增加政府财政负担，又不利于控制污染。因为这种做法没有触及环境主体自身的经济利益，人们就会继续以资源的高投入、环境污染和生态失衡换取自己的超额利润，所以不断完善绿色税收体系既可以从经济利益角度唤起人们的环保意识，又有助于增加政府的财政收入。事实证明，绿色税收筹集到的资金为治理环境污染提供了一个可靠的资金来源。此外，绿色税收筹集到的资金专款专用，纳入专门预算，有利于环保资金的统筹安排与合理使用。

（三）绿色税收可以有效激励公民的环境意识

绿色税收的激励作用表现在它使人们更少地使用或产生课税物品。税收提高消费价格，因此消费者受到了一种刺激，即减少使用收税产品，积极选择无污染的商品进行“绿色消费”。这也同时影响了生产者，由于绿色税收在某种程度上可以刺激劳动者提高自身的技能，以便在摆脱税负中处于有利地位，客观上促进了社会劳动力素质的整体提高。绿色税收对污染的惩罚性措施强迫企业去提高资源的利用效率，刺激企业进行技术创新，主动享有绿色税收的优惠措施。可以说绿色税收某种程度上有利于公平原则的实施，提高整个社会的经济效率。因此，构建绿色税收体系是从经济角度树立环境意识的一个重要手段。

二、我国绿色税收制度实施中存在的问题

我国的绿色税收实践起步较晚，严格说来并不存在纯粹意义上的绿色税收，只是分散于一些税种中的税收优惠措施含有绿色的成分。1994年税制改革后，资源税、消费税、所得税、增值税、车船使用税、城镇土地使用税、耕地占用税、城市维护建设税等税种与生态环境有关。这些税种和税收条款的设置对环境保护和削减污染起到了一定的刺激和推动作用。

我国对污染的治理主要是通过排污收费制度来实现的，主要针对污水排放。税收政策则是通过采取税收限制与税收优惠结合的办法，形成了限制污染、鼓励环保的政策导向。在减少环境污染和保护自然资源方面取得了一定的成效。

但是总的看来，目前我国税制的绿化度还不高，尚没有形成完整的绿色税收体系，其政策导向主要集中于两个方面：一是利用税收（主要是资源税）作为杠杆抑制污染企业；二是通过税收优惠政策支持低能耗、无污染、高就业的替代企业或产业发展。但是由于缺乏规范性，目前绿色税收征收难度大，征收效率低，同时征收的各种费用使用效率也不甚理想。面对日益严峻的环境形势，我国要实现绿色经济的战略目标，绿色税收的作用尚未得到充分有效发挥，还存在着很多问题。

（一）绿色税收理念较为薄弱

20世纪70年代以前，人们都认为我国地大物博、物产丰富，却没有意识到环境资源的承载能力是有限的，从20世纪70年代以后才开始关注环境保护问题。1978年，我国政府才首次颁发了排污收费的正式文

件，1979 年颁布了《环境保护法（试行）》等。在我国经济建设过程中，环境往往成为经济数据和税收收入增长指标的牺牲品，税收制度设计和税收功能判别上就缺乏绿色税收的考量。1994 年的税制改革中在税收设计时有财政和调控理念，但缺乏绿色税收和绿色经济的理念，所以就没有设置专门的保护生态环境的税种，更没有保护环境的税制体系。

（二）绿色税收的推进遭遇各种阻力和干扰

绿色税收的作用和社会效益虽然好，但因其涉及到各部门、各行业和各地区之间的权能与利益调整，落实起来往往步履维艰①。如燃油税在实施中就因部门之间的利益冲突存在着相当的难度，主要是涉及财税部门与公路交通等行业之间利益格局重新分配的问题、中央和地方各级政府之间的利益再分配问题，因为很多地方名目繁多的路桥收费是各部门的主要财源。所以，绿色税收因部门利益受影响阻力重重，仅仅因为一个部门或一个地区的利益，使有利于更大公共利益的绿色税收政策实施受到阻碍。

目前，我国财政体制仍然是一种“分权”体制，地方财政要靠地方各级政府自己去发展，收入多就可以多支出。与此同时，地方政府的政绩考察主要看任期内本地区的经济发展情况，这就更强化了地方保护主义的倾向。为了使本地区经济快速得到发展，使本届政府在任期内有好政绩，地方政府对本地区因盲目生产、重复建设造成的环境污染和资源浪费现象视而不见，甚至文过饰非。由于高污染、高能耗行业有利可图，有些还属于短期的暴利行业，致使有些地方政府竟然充当污染企业的保护伞，帮助企业隐瞒超标排污行为，随意干扰排污费的收缴。我国的环境问题就是由此产生和加剧的，绿色税收的实施仍然受到地方保护主义的严重干扰。

（三）现行税制中仍存在反绿色的制度

有些税收政策在扶持或保护一些产业的同时，对生态环境的保护却

① 《专家建议我国应该尽快建立绿色财政税收政策体系》，载于《第一财经日报》，2006 年 10 月 21 日。

起了负面作用。如对农膜、化肥、农药等农业生产资料的优惠政策，其目的是扶持农业生产，降低农民负担，却忽视了农膜、化肥、农药的污染问题。从绿色环保的角度来说，这无疑是在鼓励污染。又如现行的资源税政策，采取从量定额计税方式计税，是对使用煤、天然气、石油、盐等自然资源所获得的收益征税，收入大部分归地方财政。一些欠发达地区为了增加收入，往往鼓励企业对资源过度开发，加剧了资源的浪费和生态环境的恶化。

（四）主体税种缺位

现行税制中，没有专门的、具体的保护环境的绿色税种，难以形成整体效应，弱化了税收在环保方面的作用。主体税种的缺位既限制了该税收对污染、破坏环境行为的调控力度，也难以形成专门用于环境保护的税收收入来源，而单纯依靠收费筹集的环保资金已经很难满足日趋严峻的环境形势的需求。目前国家治理环境污染，主要采取对水污染征费，对超过国家标准排放污染物的生产单位征收标准排污费和生态环境恢复费，这种方式缺乏税收的强制性和稳定性，环保成果难以巩固和扩大。从长远来看，与其他国家相比，我国绿色税种存在许多空白和不足，应增加新的税种、扩大征收范围、丰富绿色税收政策体系，如可以考虑开征环境保护税、碳税等。

（五）税种设计过程中有关绿色的规定不健全

1. 以资源税为例。其主要存在以下问题：第一，税收性质和地位不合理。我国现行资源税以调节级差收入为主要目的，属于级差性质的资源税，纳税人适用税额的高低主要取决于资源的开采条件，而与资源开采所造成的环境影响无关。由于国家长期调控资源价格，使其远远低于资源的应有价格，不能将资源开采的社会成本内部化，因而极大地限制了资源税作用的有效发挥。第二，征税范围过窄。现行的资源税只对原油、天然气、煤炭、其他非金属矿原矿、有色金属矿原矿和盐等七种自然资源征税，其他非矿产资源如水资源、森林资源、草场资源、海洋资源等都未纳入调整范围，从而导致了这些非矿产资源的过度消耗和严重浪费。第三，税额设置不合理。现行资源税的税额只是部分反映了资源的级差收入，普遍设置过低，使应税资源的市场流通价格不能反映其内在价值，造成资源的过度使用。第四，计税依据存在漏洞。现行资源税的计税依据是纳税人生产应税资源的销售数量，对已经开采而未销售或使用的应税资源不征税，直接鼓励了企业和个人对资源的无序开采，造成了资源的积压和浪费。

2. 以消费税为例。我国开征消费税主要目的是调节和引导消费，体现国家的产业政策和消费政策。在征税范围的选择上，考虑了保护生态环境因素；在税率的设计上，区分含铅汽油和无铅汽油等。这些制度确实体现了限制污染和保护生态的税收意图，但是消费税的环保作用并不明显。这主要是由于消费税征税对象范围过窄，一些容易给环境带来污染的消费品没有列入征税范围，如电池、氟利昂、化肥、剃刀、饮料容器、塑料袋以及煤炭等，这对环境的保护也是极其不利的。

3. 以增值税为例。增值税是税收的主体税种，对生产节能产品的企业，依据节能的程度不同，施行增值税即征即退政策，用以鼓励企业节能减排。但是，目前规定对于资本有机构成较高的企业，在购进固定资产时，承担的进税额不能减免。这样一来，税收的调节作用效果明显降低。同时，增值税在限制高能耗、高污染、高材耗的产品时，缺少出口退税政策的支持，而且一些增值税的优惠政策（如对农药免征增值税的规定，这会刺激农业生产中剧毒农药的使用和过度排放，导致土壤和水资源的质量严重下降）实际上会有悖于节能减排目标。

4. 以城镇土地使用税和耕地占用税为例。城镇土地使用税和耕地占用税目前存在的主要问题是税率偏低，难以起到合理用地和保护耕地的作用，因而难以遏制因滥用土地而对环境所造成的破坏。我国现行城镇土地使用税和耕地占用税税额远远低于土地的市场价格，而且在实践中部分地区存在有意压低税率的现象。

5. 以车船使用税为例。车船使用税是按每辆车或船的载重吨位征收，没有考虑其性能、油耗和尾气排放量以及对环境损害程度的差异等因素，纳税人的税收负担与其对环境的污染程度没有密切联系起来。此外由于车船使用税的税负较低，其环保作用不是很大。

（六）税收优惠形式单一

我国税制中对绿色产业的税收优惠项目较少，且不成体系，主要是涉及增值税、消费税和所得税中减免项目，影响税收优惠政策的实施效果。而且多从国家的产业结构和消费结构进行考虑，勉强和环保结合，受益面比较窄，缺乏针对性和灵活性，对于不同企业采取“一刀切”的办法，根本不能有效鼓励人们增加使用低污染的产品，也不能激励企业最大程度地减少污染。国际上通用的加速折旧、再投资退税、延期纳税等方法均可应用于环保税收政策中以增加税收政策的灵活性和有效性。相比之下，我国税收优惠方式缺乏多样性和灵活性，不能充分体现税收政策的导向作用和税收优惠的效应。

（七）排污收费制度立法层次低，征管不到位

我国的排污收费工作开始于1982年，虽经过数次改革和调整，目前仍存在立法层次低，征收不规范，对拒缴和挪用排污费者的处罚力度不够等问题。这一系列的问题弱化了排污收费制度的实施效用。从收费标准上看，我国排污费起点低，收费标准低于成本和收益曲线的相交点，所以就出现了企业宁愿缴纳排污费也不愿处理污染的情况；从排污费的征收方式上看，排污费的本质是污染税，仅环保部门统一征收，这种单一的收费方式增加了排污费征收的阻力，实际执行中存在有法不依、执法不严的情况。由于排污费的征收制度在设计上缺少必要的刚性，政府部门的主观随意性较大，致使实施环节缺乏有效的监督，最终导致排污收费成为滋生腐败的温床。所以，在条件成熟时，排污收费制度需要以税收形式取而代之。

三、国际绿色税收制度的经验借鉴

20世纪60年代以来，随着产业结构调整和工业快速发展，发达国

家出现了比较严重的污染危机，引起了人们对环境问题的高度重视。人们认识到传统的行政管制方式在治理环境污染方面存在很大的局限性。因此，从20世纪70年代开始，一些国家、特别是发达国家，先后引入了“绿色税收”制度。目前，绿色税收在世界各国的环境保护和经济社会发展中扮演着越来越重要的角色。

（一）国外绿色税收制度概况

1. 丹麦的绿色税收制度。丹麦是欧盟第一个真正进行绿色税收改革的国家。自1993年丹麦通过环境税收改革决议以来，丹麦绿色税制逐渐形成了以能源税为核心，包括水、垃圾、废水、塑料袋等16种税收的环境税体制。仅1993年当年，与环保有关的税赋占国家总收入的11%。能源税作为丹麦绿色税制的核心自1978年开始征收，其目的是增加财政收入，促进节能，主要包括二氧化碳税和二氧化硫税。其中，二氧化硫税与其他环境税相比，由于技术上可以去掉硫，对排放的废气进行清洁处理存在可能性，因此，计征方法具有选择性。应税企业的纳税方法可以有两种不同的选择，一是对应税燃料的含硫量进行征收，税率为每公斤硫20丹麦克朗；二是对二氧化硫的排放量进行征收，税率为每公斤二氧化硫10丹麦克朗。此外，丹麦还有值得一提的产品税，它是丹麦实行税制改革时新增加的税种，其对消费品的征税范围不断扩大，包括对杀虫剂、生长促进剂、镍镉电池、一次性餐具、特定商品零售包装以及垃圾等征税。

2. 荷兰的绿色税收制度。荷兰是实施绿色税收比较成功的国家之一，早在20世纪60年代就把绿色税收引入税收体系。自1969年起，荷兰开始征收水税，包括对污染水资源征收的水污染税和对水资源的开采和使用征收的地下水税。1995年，荷兰国家财政部特别设立了荷兰绿色委员会研究实施绿色税收制度。至今荷兰的税制结构已经较为成熟，绿色税收收入约占总税收收入的14%以上，占GDP的3.2%①。它的绿色

① 周迪、傅春：《国外绿色税收体系实践对我国的启示》，《中国乡镇企业会计》，2009年第9期，第187页。

税收体系可以分为资源税系和污染税系，其中资源税系主要包括燃料税和能源调节税，而污染税系包括垃圾税、水污染税、超额粪便税等。其中，燃料税是政府为保护环境筹措资金而对汽油、柴油、天然气、煤等主要燃料征收的一种税，纳税人是燃料的生产商和进口商，实行定额税率，税率由政府每年根据环境部确定的环保目标所需资金额来确定。垃圾税主要是为收集和处理垃圾筹集资金。该税种以家庭为单位征收，人口少的可以得到一定程度的减免。同时，荷兰还根据每个家庭所生产的垃圾数量开征政府垃圾收集税，各地政府可在两种税之间进行选择。此外，荷兰主要通过设立绿色投资基金、对绿色投资免税、对有环境污染的燃料实行差别税率、加速折旧等方式为环境税收提供优惠。

3. 美国的绿色税收制度。1987 年，美国国会提出对一氧化硫和一氧化氮的排放征税，绿色税收政策被引入到对资源、环境的保护和生态经济的发展上。至今，美国已形成一套相对完善的绿色税收体系。总体而言，美国目前的绿色税收体系可细分为资源税系和环境税系两大类。资源税系主要包括开采税和新鲜材料税，而环境税系则包括了环境收入税、与汽车使用相关的税收和对损害臭氧层的化学品征收的消费税。

同时，税收优惠政策为美国绿色税收的发展提供了有效激励。如以立法形式对研究污染控制新技术、生产污染替代品、综合利用资源生产的企业所得予以减免所得税；对购买太阳能和风能能源设备所付金额分两次从须交纳的所得税中抵扣；对开发利用太阳能、风能、地热和潮汐的发电技术投资总额的 25%，给予从当年的联邦所得税中抵扣的优惠；对用于防治污染的专项环保设备可在 5 年内加速折旧完毕；对采用国家环保局规定的先进工艺，在建成 5 年内不征收财产税。当前金融危机之下，奥巴马政府加大了对清洁能源研发和应用的投资力度。在其经济复兴计划中，用于清洁能源的直接投资及鼓励清洁能源发展的减税政策涉及金额 1000 亿美元。通过征税，美国政府希望将能源消费更多地导向风能、太阳能等清洁能源。根据计划，到 2025 年美国电力总量的 25% 将由这些可再生能源提供。

4. 日本的绿色税收制度。2004 年，日本发布了《环境税具体方案》，主要是以所有的化石燃料和电力为征税对象，根据课征阶段分为上层课税和下层课税，即挥发油、轻油、煤油等作为上层课税税目，在生产或进口阶段课税。煤炭、重油、天然气、城市煤气、电力、喷射燃料作为下层课税税目，在消费阶段课税。但煤炭、重油、天然气仅对消费大户征收。其中，石油消费税是日本资源税系中的主税种之一，筹集的资金主要用于道路建设，同时，日本还开征道路使用税和液化气税作为石油消费税的补充。在税收优惠方面，日本通过对环保生产企业资产的购置、使用设置特别退税率、特别折旧率，减免固定资产税，促进环保设备的投资和使用。

（二）国外绿色税收的特点

尽管由于国情不同，发达国家的绿色税收制度也存在很大差异，但是通过横向比较仍然可以总结出其共有的特点，寻找到不同国家绿色税收制度得以完善和发展的精髓。

1. 以能源税为主体，税收种类呈多样化趋势。发达国家的能源税在绿色税制中占有较重的地位，原因在于其能源消耗很大，通过提高税率和扩大课税范围的资源税设置，可缓解不可再生资源的消耗以及因能源的过度使用产生的污染和进而形成的一系列环境污染问题，如酸雨、酸雾、气候变化等。以最早进行绿色税制改革的国家之一丹麦为例，自改革以来便陆续增加了对汽油、柴油、电、煤、（废）水、垃圾、塑料袋的税收征收，有关能源税和绿色税的收入占该国税收总额的 10% 左右。再以实施绿色税收中较为成功和典型的荷兰为例，该国政府约有 9% 的税收收入来自包括燃料税、水污染税、土壤保护税、地下水税、汽车特别税、石油产品税和消费税等在内的绿色税种。

2. 将税负逐步从对收入征税转移到对环境有害的行为征税。在绿色税收的理念指导下，发达国家大都通过进行税收整体结构的调整，将税收重点从对收入征税逐步转移到对环境有害的行为征税。以丹麦为例，其税改精神被确定为在劳务和自然资源及污染之间进行税收重新分配，将税收重点逐步从工资收入向对环境有副作用的消费和生产转化，此改革的结果在降低收入税的同时增收了新的绿色税收额。

3. 调整现行税制结构，推行税收中性政策。开征新的绿色税收，是对各方利益分配的过程，可能会遇到许多阻力。为使绿色税收能得到贯彻和执行，使纳税人在一定程度上可以接受，欧洲许多国家调整现行税制，推行税收中性政策，即通过对纳税人进行补偿、补贴或减税的形式，对他们所支付的绿色税给予一定的返还，使其在缴纳绿色税收的同时又不增加自身总体税负水平。这样，发达国家在征收绿色税收的基础上进行了相应的税制改革，如同时降低了所得税税率等，并未加重企业、个人的负担，减轻了税制改革的阻力。以荷兰为例，该国政府在1996年开征的能源税主要由家庭和商业机构等最终消费者负担，而政府则通过改革个人所得税，如提高免税额度和商业机构的扣税标准或降低公司税率等方式，将税收收入一部分补偿给消费者，即绿色税收的纳税人。

4. 税收优惠政策灵活多样。为了提供正确的市场和价格信号，更好地引导企业或个人的行为，完善政府的激励机制，发达国家通常采取一系列的“绿色税收”优惠政策来鼓励和扶持企业或个人的节能环保行为。具体来看，各国常用的“绿色税收”优惠政策有投资税收抵免、税收减免、优惠税率、设备加速折旧等多种方式。以节能环保设备的加速折旧为例。美国规定对防治污染的专项环保设备可在5年内加速折旧完毕。日本对改进能源利用效率的设施，除一般折旧，还可按取得成本的30%提取特别折旧；对防止污染的设备，除一般折旧外，可按取得成本提取18%的特别初始折旧。再如，节能环保投资优惠，即对节能环保投资允许税前扣除或给予一定比例的税收抵免。例如，美国对利用太阳能和地热设备，其投资额的10%可获得税收抵免，企业利用可再生资源发电每千瓦时可获1.5美分税收抵免；爱尔兰、荷兰、挪威等国对防止污染、节约能源的设备投资也都给予加速折旧或税收抵免等优惠。

5. 税收手段与其他手段相互协调和配合。发达国家的环保工作之所以能取得如此显著的成效，主要原因是建立了完善的环境经济政策体系。

在采用绿色税收手段的同时，注意与产品收费、使用者收费、排污交易等市场方法相互配合，使它们形成合力，共同作用。另外，运用税收优惠、差别税率等政策，积极有效引导社会资金投向生态环保领域。

6. 严格规范绿色税收的征管，坚持“专款专用”。发达国家在绿色税收的征管上较为严格化和规范化，对于税款的使用坚持“专款专用”。这种做法可以保证绿色税收征收的稳定性、可靠性。“专款专用”意味着保证环境污染的预防、治理有充实的资金，确保环境保护工作的顺利进行。

7. 重视税率差别的调节作用。发达国家的环境税非常注重税率的差别和税收减免的调节作用。例如，欧洲大多数国家采取含铅与无铅汽油的差别税率，使污染较重的产品市场占有率大大下降。在德国、丹麦、奥地利、芬兰等国，含铅汽油已经退出市场；希腊、芬兰、荷兰等国家对汽车价格实行差别税率，对安装有尾气净化器装置的车辆实行优惠税收。

（三）国外绿色税收制度的经验借鉴及启示

纵观发达国家实施的绿色税收，大致经历了税种由少到多、征税范围由窄到宽、税收政策逐步完善及绿色税制趋于成熟的过程。同时，这些国家根据自身具体国情对绿色税制加以调整，使其在资源环境保护方面体现出良好的调控效果，其成功经验对我国绿色税制的构建与完善具有一定的借鉴意义。以下主要从四个方面总结一下所获得的启示。

1. 政府调控手段与市场机制并重。发达国家已经认识到，要利用绿色税收制度引导经济行为，使得调控手段与市场机制并重。一方面，强化政府公共部门管理效率，实现依法管理和政策激励相结合，通过制定和完善法律法规，提高政府规制水平和能力，规范各类经济主体的行为，为资源节约、环境保护创造良好的法律环境和公平的市场竞争环境；另一方面，认识到企业是经济运行的主体，发展绿色税收要充分发挥市场在资源配置中的基础性作用，通过制定各种激励政策，运用价格、税收、补贴等经济杠杆，使企业的利润目标和企业经营行为符合可持续发展方向，提高企业参与的积极性，发挥企业、中介组织和消费者的积极性[①]。

2. 经济效率与分配公平并重。发达国家通过实施绿色税收制度，保证了绿色经济的发展，在一定程度上实现了经济效率与分配公平的协调进步。一方面，通过绿色税收制度，引导社会合理使用环境和资源，促进了代际之间、区域内外乃至个体之间的分配公平，同时也促进社会福利水平的提高。而且对污染物和破坏环境的行为课征税收，有利于促进企业之间的公平竞争，达到收益水平的合理化。另一方面，课征绿色税收，不但有利于保护社会资源，实现资源配置优化和节约降耗，提高社会总体效率，而且有利于引导企业改进生产技术，节约成本，提高运营效率。很多发达国家的政府、企业和个人已经将节约降耗、有利于环境作为政策制订、投资经营甚至个人消费中考虑的主要因素。

3. 资源使用与节约降耗并重。西方发达的绿色税收制度大多以能源税收为主，而且税种多样化，这是对于资源合理使用的强化。但同时，很多绿色税收优惠从多个角度促进了节约降耗，积极引导生产消费行为，实现全社会的资源优化配置。绿色税收的重点从对收入征税逐步转移到对环境有害的行为征税，即在劳务和自然资源及污染之间进行税收重新分配，将税收重点逐步从工资收入向对环境有负作用的消费和生产转化，这样有效地促进了经济资源合理配置。

4. 公共部门和社会其他组织协调并重。建立了完善的环境经济公共政策体系是发达国家资源环境保护卓有成效的有力保证。一方面，出台一系列税收政策，通过调整税率、改变税负、增减课税对象等税制变化，灵活地引导生产者、消费者的行为选择。另一方面，在采用绿色税收手段的同时，注意与产品收费、使用者收费、排污交易等市场方法相互配合，与社会其他组织相协调。通过诸多方式的配合，积极有效引导社会资金投向有利于资源合理利用、更好地保护生态环境方向上，促进社会协调发展和和谐稳定。

---

① 吴艳芳：《“绿色税收”与经济可持续发展》，《税务研究》，2006 年第 10 期。

四、我国绿色税收的个案分析：成品油税费改革

2009 年 1 月 1 日，国务院决定实施成品油税费改革，取消原在成品油价外征收的公路养路费、航道养护费、公路运输管理费、公路客货运附加费、水路运输管理费、水运客货运附加费等 6 项收费，逐步有序取消政府还贷二级公路收费；同时，将价内征收的汽油消费税单位税额每升提高 0.8 元，即由每升 0.2 元提高到 1 元；柴油消费税单位税额每升提高 0.7 元，即由每升 0.1 元提高到 0.8 元（其他成品油消费税单位税额相应提高）。这一改革是中国建立完善的成品油价格形成机制和规范的交通税费制度，促进节能减排和结构调整，公平负担，依法筹措交通基础设施维护和建设资金的重大举措，是中国完善税收制度、积极推进绿色税收制度的重要环节，顺应了社会各界要求运用税收手段抑制燃油不合理消费的呼声。

成品油税费改革作为一项绿色税收制度改革，充分体现了“多用油多负担、少用油少负担”的公平税负的价值取向，有效地促进了节能减排。在原有的成品油和交通税费征收模式下，燃油使用者的边际成本随其使用量的上升而递减。以机动车为例，行驶里程越多，单位税费成本越低。因此，在给定环境保护和排放目标的前提下，这样的税费模式在一定程度上提供了错误的政策激励，造成了燃油使用者行为的扭曲。而成品油税费改革在取消公路养路费等 6 项收费和逐步有序取消政府还贷二级公路收费的同时，大幅度地提高了成品油消费税税额标准，使燃油使用者的边际成本保持恒定，税负直接与用油的多少相关联。这一改革对成品油消费行为提供了稳定的激励措施，促进使用者主动节约能源，实现了从负向激励到正向激励的转变。

成品油税费改革的实施，引起了社会各界的普遍关注，人们从不同角度对此进行了评价。胡鞍钢教授评价成品油税费改革是“绿色新政”中的“绿色改革”，开“绿色税收”之先河。自实施以来，改革进展平

稳顺利，预期目标基本实现，在形成直接财税效应的同时，也产生了积极的社会效应和社会反响。从实施效果上看，在短期内增加了税收，从长期看促进了经济发展模式转型[①]。江苏省国税局局长周苏明说，成品油税费改革从出台到实施时间是比较短的，但是运行平稳有效，来之不易。达到这样的效果，可以归功于三点原因，一是制度设计科学，充分利用现行的征管方式和手段，不增设新税种，有利于效率的提高；二是配套保障措施到位，包括人员的安排，经费的保障等；三是基层税务部门加强征管，宣传到位，对重点企业重点宣传，对基层干部全员培训，让大家充分理解政策的意义和落实的措施[②]。这几点经验都是在推行绿色税收制度过程中需要特别注意借鉴的。

成品油税费改革在车辆购置税减免的政策助推下，2009 年以来，相对节油减排的 1.6 升及以下排量乘用车销售快速增长。中国汽车工业协会近日公布的数据显示，2009 年中国乘用车累计销量年增长率 52.93%，达到 1033.13 万辆，首次超过千万辆大关。受政策优惠等因素影响，中国 2009 年小排量乘用车销量年增长率 71.28%，达到 719.55 万辆，占乘用车总销量的 69.65%，增长率和市场占有率均创下历史新高。这种消费行为上的变化，体现了政策引导和政策干预的积极效果，也体现了人们绿色消费意识的提高。

虽然成品油税费改革取得了显著成效，但是如何进一步强化其节能减排功能仍然是值得关注的问题。应当承认，成品油税费改革融入了节能减排的目标，但是，它毕竟是在总体上保持原有燃油收费负担不变甚至有所减轻的条件下推出的，因此同全球气候变暖背景下的节能减排的要求相比，还存在相当的距离。国际征税实践的比较分析表明，汽油税收占含税零售价格的比重差异较大。欧盟国家对燃油消费的调节功能较强，如比利时、法国、德国、意大利、荷兰和英国等国的汽油零售价格

① 胡鞍钢：《“绿色税收”的成功实践》，《中国财政》，2010 年第 10 期。

② 刘威威：《平稳实施　成效显著——成品油税费改革一周年座谈会综述》，《中国税务》，2010 年第 1 期。

中，税收所占的比重分别为61.84%、63.82%、67.61%、60.28%、65.40%和63.93%。我国周边国家的税负为中等水平，如日本、韩国、印度、俄罗斯的汽油零售价格中税收所占的比重分别为40.99%、31.50%、25.85%和44.33%。我国目前实行汽油消费税的定额税率为1元，占含税零售价格的20%左右，税率处于较低水平，今后我国燃油消费税的税率应进一步提高。通过成品油消费税税额的进一步提升，让成品油价格更加贴近资源能源类产品的稀缺状况，从而更加强化成品油消费税的节能减排功能，是我们下一步必须致力的目标。此外，应对空气污染程度不同的燃油品种采取差别比例税率，鼓励清洁油品的消费。我国目前仅对汽油和柴油实施差别税率，今后应将差别税率细化，除对含铅汽油和无铅汽油实行税收差别对待外，还应根据汽油、柴油使用后对环境的损害程度将其划分为若干等级，越清洁的燃油税率越低。

五、我国发展绿色税收的制度创新

随着环境污染与生态破坏的日益加剧，政府介入生态环境问题已经成为世界各国的共同选择，而绿色税收作为政府解决生态环境问题的最重要的财政政策工具，在保护生态资源与遏制环境污染方面发挥着日益重要的作用。因此，加强对我国绿色税收制度的创新，充分发挥绿色税收在解决生态环境问题尤其是加强生态建设方面的重要作用无疑具有重大的理论与现实意义。

绿色税收制度的创新与完善应立足于一个长远方案，兼顾改革的短期影响和长期目标。绿色税收在短期内会对一国消费和生产水平产生一定的副作用，协调好各级政府、部门的利益关系也不容忽视。同时，如何强化绿色税收意识、如何激励绿色税收良性发展、如何完善绿色税收的征收管理工作等等问题都需要切实解决。因此，我国的绿色税收体系构建应该是一个阶梯式的进程。具体说可大体分为初级阶段和高级阶段两个阶段。初级阶段应在我国现有的国情下以最小的成本初步展开，重点对现行税制进行调整，缓解最突出的环境污染问题；高级阶段是我国绿色税收的成熟阶段，可以考虑开征单独的环境税。具体来说，进行绿色税收制度创新应从以下几个方面进行。

（一）健全法律法规，增强全民绿色税收意识

建立绿色税收制度要与我国相关立法进程相配合。我国已颁布环境保护法、清洁生产促进法、可再生能源法等相关法律，并正在修订节约能源法，这些都为建立绿色税收体系提供了重要的法律依据。随着相关立法的完善，我国依法促进节能降耗、减少排污的力度将会加强，法律调整的范围也将扩大，即从以往偏重于工业领域，扩大到建筑、交通、政府机构和公用事业等领域，这也迫切需要设计更有针对性和综合调节作用的税收体系。

随着法律法规的健全，人们的绿色税收意识也应该相应得到增强。在全民绿色税收意识没有得到普及之前，绿色税收的开征往往得不到企业和消费者的深刻理解和大力支持，继而转变成绿色税收制度发展与完善的阻力。此时，对于绿色税收的宣传与教育工作的重要性就凸显出来。

（二）实行绿色政绩考核制度，消除政府失灵

我国污染的日益严重与治污环节中存在的政府失灵有很大关系。事实上，在治污问题上不仅存在着政府失灵，而且存在着政府发挥相反的作用的情况。过去，地方政府为了追求 GDP 增长的政绩以及由此带来的税收、就业增长，使得以牺牲环境为代价的生产方式得以持续。今后要在考核干部政绩的时候把环境保护纳入考核指标并付以较大比重的权限，并且接受公众的监督。如果完成得不好，就要坚决免职。实行绿色政绩考核制度虽然目前看来难度还比较大，但确实是构建绿色税收制度亟待突破的瓶颈，是绿色税收制度能够健康发展的重要保证。

（三）完善现行税收制度中与环境保护相关的税种

构建绿色税收制度应该循序渐进，适度改良我国现行税收制度中与环境保护相关的税种，取消对环境有害的税收政策，这对于完善我国绿色税收制度是事半功倍的做法。可以考虑从下面几个和生态环境保护与

建设关系密切的税种入手。

1. 资源税。对资源税的改革应该作为我国绿色税收制度改革初级阶段的重点，确立普遍征收机制。

（1）扩大征税范围。目前可先将水资源、土地资源、森林资源、草原资源纳入征收范围，待条件成熟后，再对其他资源课征资源税。同时，应将现行的城镇土地使用税、耕地占用税等合并成为资源税一个税目。这会使现行资源税更加规范与合理。

（2）提高单位税额。通过提高税负和运用差别税率强化国家对自然资源的保护与管理，防止追逐暴利对资源造成的乱采滥用。

（3）调整计税依据。将资源税的计税依据调整为开采或生产数量，对一切开发、利用资源的企业和个人按其生产的实际数量从量课征，最大限度地保障资源的充分利用。

（4）完善计征方法。应当根据资源的不同性质来划分不同的种类，实行从量从价计征相结合的计征方式。加快建立一般性质的资源税；应该使税率体现对污染程度不同、稀缺程度不同的资源的差别态度。将现有的各类资源性收费，如矿产资源管理费、林业补偿费、渔业资源费等并入资源税，然后再增加尚未涵盖的资源项目。税额与资源的可采储量挂钩。

2. 消费税。

（1）继续扩大征收范围，将难以降解和无法再回收利用的材料，可能会在使用中对环境造成严重污染的各类产品及一次性使用产品，如镍镉类电池、含磷洗涤剂、一次性餐具用品、剃刀等造成危害的消费品都纳入到消费税的征税范围。

（2）调整过度消耗自然资源或导致环境污染的产品的税率，如提高含铅汽油的税率推进汽油无铅化进程，对生产制造一次性塑料袋、筷子的厂商适当提高税率等。

（3）对使用煤炭行为征收消费税，对清洁煤免征消费税鼓励环保。

（4）改价内税为价外税。消费税改为价外税可以提高征税的透明度，强化消费税的调节作用。

3. 企业所得税。除对以“三废”为原料生产的产品实行所得税减免外，对企业为防治污染而调整产品结构、改进工艺、改造设备发生的投资给予比普通投资项目更为优惠的税收抵免；对研究开发无污染新产品的企业，在开办初期给予一定免税优惠；企业对我国境内环保事业的捐赠允许在一定额度内允许在所得税前扣除；对污水处理厂、垃圾处理厂（场）等环保企业实行加速折旧制度。对那些改进技术和工艺，改善环境所发生的费用达到一定标准的企业，不仅可以让其部分费用在所得税前扣除，而且可以在应纳税所得额中加以扣除；允许清洁能源企业、污染治理企业、环境公用事业以及环保示范工程项目加速投资折旧。

4. 增值税。对进口的环保设备仪器及用于生产环保设备的材料零部件等在进口环节给予一定的增值税减免优惠；对企业购置用于防尘、除尘、废污处理等环保用途的国产设备，可适度提高其可以抵扣进项税额的比例；取消现行增值税中明显不利于环保的相关规定，如对化肥、农膜、农药（包括毒性较高的农药）等免征增值税的规定。

5. 营业税。如对开发新环保技术的转让收入，在一定时期内予以减免营业税；对洗车中心、游泳馆等行业可以适当提高税率，根据企业规模设定最高用水限额，对超过限额的企业加成征收；对大量消耗木材的建筑业、消耗能源的交通运输业提高税率，等等。

6. 车辆购置税和车船使用税。车辆购置税和车船使用税的设置应更多考虑环保节能因素。对于车辆购置税，可考虑把汽车消费税和摩托车消费税并入车辆购置税，加强税收对消费者的政策指导作用；对于车船使用税，税制设计应考虑车船的使用强度，如根据车辆的行驶里程来划分多档税率。同时对于环保型汽车和节能型汽车提供减免税等税收优惠。在税率上，车辆购置税和车船使用税税率应适当提高。

7. 燃油税。政府出台燃油税的最根本目的是节能减排，从这个角度来说，税率越高，效果就越好，但因考虑到中国的现实情况和对一些行业的影响，故税率较低，今后应逐步消除制约燃油税发挥作用的因素，将税负提高到应有的水平。燃油税在制度设计上为共享税，由各地国税部门征收，并确定中央与地方的分成比例。对于地方利益不平衡问题，则通过财政转移支付予以理顺。

8. 城镇土地使用税和耕地占用税。为遏制由于滥用土地造成的生态环境破坏，必须适当提高税率，同时对那些征用耕地而实际未用的实行加成征收。

9. 城市维护建设税。应该将城市维护建设税征税范围扩大到乡镇，税名改为生态补偿税。生态补偿税以“受益者付费”原则，以财产或所得为税基，成为独立稳定的税种，并且资金用于环境保护建设。

10. 关税。鼓励进口先进的环保技术和产品，并限制高污染的落后技术和污染品。不鼓励高能耗高污染的出口产品，多支持环保节能产品。对造成环境严重污染的进口原料产品等征高税，对消耗国内大量材料的出口产品征税，如木材等；对进出口环保设施和材料采用低税率。

（四）开征环境保护税

国际上通常把污染环境和破坏生态环境的行为以及在消费过程中会造成环境污染的产品作为环境保护税的课税对象，但是考虑到可行性以及税收征管水平，目前中国适宜将各种废气、废水和固体废物纳入征税范围，对那些难以分解和再回收利用的材料和各种包装物也可以包括在内。因为这些物品造成的污染比较严重，征收要求却相对较低，而且可以借鉴其他国家较为成熟的经验。环境保护税主要有以下内容：

1. 大气污染税。大气污染税以我国境内的企事业单位及个体经营者在生产活动中排放的烟尘和有害气体为课税对象。以排放烟尘和有害气体的单位和个人为纳税义务人。目前我国已经对二氧化硫征收排污费，在时机成熟时可以先结合“费改税”开征二氧化硫税。在计税方法上，应以烟尘和有害气体的排放量为计税依据，根据排放烟尘及有害气体的浓度设计累进性定额税率，实行从量课征。在税率设计上，对不同种类的有害气体亦应区别对待，对符合排放标准者则应免税。

2. 水污染税。水污染税以我国境内的企事业单位、个体经营者及城镇居民排放的含有污染物质的废水为课税对象，以排放废水的单位和个人为纳税义务人。对企业与居民个人应分别采取不同的征收方法。首先，对企业排放的废水，应以实际排放量为计税依据，以重量或体积为计税单位，实行从量定额课征。对于排放量难以确定的，可根据纳税人的设备生产能力或实际产量等相关指标测算其排放量。由于企业排放废水所含污染物质的成分和浓度不同，对环境污染破坏程度也有所不同，因而，应根据废水中污染物质的含量设计具有累进性的定额税率，使税负与废水中污染物质的含量呈正相关变化。其次，对普通城镇居民排放的生活废水，由于其排放量与用水量成正比，且不同居民排放生活废水中所含污染物质的成份及浓度通常差别不大，因而，可以以居民用水量为计税依据，采用无差别的定额税率。

3. 固体废弃物税。固体废弃物税以我国境内的企事业单位、个体经营者和居民排放的各种固体废弃物为课税对象，以排放固体废弃物的单位、个体经营者和居民为纳税义务人。以排放量为计税依据，实行从量课征。在税率设计上，对同一种类的垃圾，还应区分不同堆存地点、不同处理方式加以区别对待。对含有毒害物质的废渣与不含毒害物质的固体废弃物应分别设置税目，设置有差别的定额税率。目前，可以对工业生产排放的废渣以及各类污染环境的工业垃圾征税，然后逐步扩展到对农业废弃物、生活废弃物征税。

4. 噪音税。噪音税在国外征收相对普遍，日本、荷兰按飞机起落次数向航空公司征税，美国对每位旅客和每吨货物征收1美元，有些国家则依据噪音的生产量征收。根据我国实际情况，应对生产经营过程中产生噪音的生产经营者征收，以造成的噪音超过人或动物的承受能力的分贝值作为征税的依据，同时可以考虑对特种噪音，如飞机的起落、建筑噪音等征税，计税依据可选择按飞机起落次数或依据噪音的生产量征收税费。

5. 垃圾税。垃圾税以我国境内的企事业单位和个体经营者排放的各种固体废弃物为课税对象，以排放固体废弃物的单位和个体经营者为纳税人，以垃圾排放量为计税依据。开征垃圾税的目的是要垃圾产生主体承担经济责任，使垃圾污染外部性内部化，一方面可为垃圾的收集、处理筹措资金；另一方面可激励人们将垃圾回收利用。

（五）增强绿色税收优惠政策的灵活性和针对性

1. 应加大绿色税收优惠范围和力度。扩大保护资源环境的产品和技术的税收优惠范围，对节能和降低污染的产品、设备、技术、研发活动给予税收支持，以鼓励“绿色”生产和“绿色”消费。同时，尽可能取消或调整不利于环保的优惠政策，如取消对能源的不合理补贴，时机成熟时取消对农膜、农药特别是剧毒农药的优惠待遇。

2. 应改良绿色税收优惠方式。在新《企业所得税法》的实施中，应增加对企业为治理污染而调整产品结构、改革工艺、改进生产设备发生的投资，给予税收抵免的规定。同时，应对环保设备生产企业和污水处理厂、垃圾处理厂等防治污染企业的固定资产实行加速折旧制度，应对环保类企业和一般企业的环保类研究与开发费用加倍扣除，以促进该类企业技术设备的进步与技术创新。

（六）规范绿色税收的征收管理工作

绿色税收制度创新离不开征收管理制度创新，因此，必须采取切实可行的措施规范绿色税收的征收管理工作。

1. 在绿色税收管理方式上坚持经济手段和行政手段并用。经济刺激可以对污染的费用进行有效的预测，但可能会出现因为成本和利益的问题产生偏差。而行政手段直接对污染进行监控与管理，可能对费用的关心会较少。因为经济手段和行政手段各有利弊，所以要从实际出发，进行比较分析，综合利用两种调节手段，根据行政效率和经济效率来决定管理方法，将绿色税收准确运用在最适合其发挥作用的地方。

2. 坚持“中性税收”和“专款专用”原则。收入中性原则要求新的环保税开征后，税负水平不宜有大幅度的上升，应从保持税制改革的稳健性和经济效益角度出发，保持与经济水平相适应，在增加环保税收方面负担的同时，应降低对企业和消费者行为扭曲性较大的税收负担。征收的绿色税收要建立环保专项基金，由财政部门编制专门的预算，由审计部门对资金的使用情况进行跟踪审计，确保资金的合理有效使用，切实做到“专款专用”。

3. 完善现行保护环境的税收支出政策。一是减少不利于污染控制的税收支出。严禁或严格限制有毒、有害的化学品或可能对我国环境造成重大危害产品的进口，大幅提高有毒、有害产品的进口关税。二是鼓励企业开展环境领域里的科研与开发的税收支出。政府对防治污染的研究与开发应予以高度重视，除了直接给予研制、开发控制污染新技术的企业预算拨款外，还可利用税收支出以鼓励企业从事科研活动，从而增强治污税收支出的整体效应。三是刺激企业投资于治污设备的税收支出。除继续对“三废”综合利用和向环保产业投资给予税收优惠外，将优惠范围扩大到环保设备制造、环保工程设计、施工等领域，并对环保科学技术研究和成果推广进行政策支持，对改进设备和技术，减少资源消耗量或提高资源再利用率的企业给予税收减免待遇，促使企业改进技术和节约资源。

绿色税收制度的创新是一个庞大而复杂的系统工程，这需要相关其他很多领域的协调和配合，如金融系统、法律系统、国际上的合作等，并且完善改进措施的落实要建立在谨慎研究的情况下逐步推进。绿色税收制度的创新要建立在整体税负水平不变的基础上，既要与国际绿色税收政策接轨，又要综合我国的实际情况；既要坚持不阻碍经济的发展，又要方便引导公众的日常生活。通过对税收的调节杠杆，促进节能减排的推动，调整产业结构，转变经济发展方式，实现人与自然、经济与环境的和谐相处，构筑资源节约型、环境友好型社会。

第三节　绿色价格制度创新

绿色价格是绿色经济的产物，是一种与绿色产品性质相适应的价格形式，它借助市场供求来体现绿色价值，反映了经济与环境之间的交换关系。绿色价格的内容包括两方面：一是根据“环境和资源有偿使用”的原则，把企业在生产绿色产品过程中用于保护生态环境和维护消费者健康而耗费的支出计入成本；二是根据“污染者付费”的原则，通过征收污染费来增大非绿色产品经营成本，避免非绿色企业因污染环境而降低成本，取得成本优势和价格竞争力。

通常来讲，绿色价格附加了绿色价值，涵盖了与保护环境和改善环境有关的成本支出，如开发中因增加或改善商品的环保功能而支付的研究费用，因研制对环境无污染、对人体无伤害的清洁生产技术而增加的成本，因使用新的绿色原材料、辅料而增加的成本，企业实施绿色营销增加的销售费用等。所以，绿色价格一般会高于传统价格。

传统价格是指生产企业在制定价格时，仅考虑企业自己的生产、销售成本，而没有考虑生态价值、自然环境资源的价值，没有考虑人与自然交换过程中作为消费者的人应为环境消费而支付费用。传统价格不能反映出自然资源、原材料和制成品对健康和环境的影响，在这种价格机制的背后隐藏的是一种“唯利是图”的经营哲学，隐含着“环境是无偿的”的经营思想。因此，在传统价格制度下必然形成“价格越低，销量越大，环境代价越大”的趋势。而且这种价格机制执行得越好，环境污染就越厉害，绿色经济发展的阻力就越大。

由于传统价格不适应绿色经济发展战略对自然资源消耗的成本补偿要求，未能将环境带来的经济问题很好地纳入价格核算体系，致使整个经济循环过程及内容呈现一定的不完整性。所以，绿色价格的推行势在必行，成为实现绿色经济的“绿色通道”。企业和消费者都应树立“环境有偿使用”和“污染者付费”的观念，将用于环境保护的支出计入成本，让环境成本成为价格构成中的一部分，让绿色价格制度日益成熟和完善。

一、构建绿色价格制度的现实意义

在推动绿色经济发展的过程中，绿色价格制度是极为重要的，因为价格杠杆在经济杠杆中居于核心地位，而且价格具有综合反映性，是市场变化的“温度计”，是国民经济发展状况的“晴雨表”。因此，构建绿色价格制度具有极为深远的现实意义。

（一）绿色价格制度完善了绿色经济体制

在传统经济体制下，我国长期实行的是“商品高价、原料低价、资源无价”的价格体系。由于自然资源的外部成本没有进入价格之中，其价格比其应有的价值低。这种过低的价格发出了错误的信号，生产者会更多地使用自然资源，或诱导消费者消费更为消耗资源的产品。由于这种外部性的存在，市场经济无法包容由经济活动所产生的、没有得到市场承认的危害和利益。因此，当事者不必承担外部性所造成的损失，也无法从存在外部性的经济活动中得到补偿。这样，该经济活动的私人成本与社会成本就不一致，价格就无法真正反映市场供求状况和资源稀缺程度。绿色价格制度的建立在很大程度上消除了外部性的影响，从而完善了绿色经济体制，构建了包容资源节约与环境友好的生态市场经济。

（二）绿色价格制度能使资源得到合理配置，从而提高使用效率

资源是稀缺的，正是这种稀缺使其成为经济发展的自然障碍。要克服这种障碍，人类必须考虑如何更高效地利用有限的资源，不可以放任资源自由使用。通过构建绿色价格制度，把不可再生资源的耗损、可更新再生资源的消长、环境的破坏与修复改善、污染的治理作为社会成本列入核算体系，逐步做到资源与环境的商品化、价格的合理化和消耗资源与破坏环境的有偿化。这种做法可以实现资源的集约使用和有效管理，使资源的价值能得到真实体现，使企业真正形成“资源是有偿使用”的理念，从而提高资源的使用效率。而且在市场上，资源总是流向生产效率高的生产者那里，为了争夺有限资源，生产者之间必然会出现提高效率的竞争，这又从第二个层面提高了资源的使用效率。

（三）绿色价格制度是企业“绿色转变”的动力源泉和物质基础

企业作为绿色经济的微观主体，必须完成由“黑色企业”向“绿色企业”的转变。而其中最为重要的是，要实现现代企业的有害于生态环

境的生产技术向无害于生态环境的生产技术的根本转变。这种绿色技术的研发需要投入大量的资金。对企业而言，资金的主要来源是绿色营销，它是企业谋求经济效益、社会效益、生态效益的统一协调，保障生产可持续发展的一种营销方式。企业选择绿色营销不仅可以更好地满足消费者需求，而且更有利于人类的可持续发展及企业效益的增长。绿色价格作为营销组合4P（产品、定价、促销、渠道）中最敏感、最重要的因素，关系到企业在绿色市场上的份额和盈利率，是企业的经济支柱。绿色价格的实施，使企业有了更充足的资金来研制绿色技术，进行绿色设计、清洁生产，这样就为现代企业的“绿色转变”打下了物质基础，使企业的绿色发展战略有了资金的支持也同时具有了动力源泉。

（四）绿色价格制度是消费者提高生活质量的有效途径

绿色经济的发展将引起消费需求的变化，消费者越来越关心产品的安全性和科学性，越来越清楚地意识到环境保护的重要性，致使人们的思维方式、消费心理和消费行为发生重大变化。毫无疑问，绿色消费将会逐渐成为国际消费的新趋势。资料显示，欧美国家半数以上的消费者购物时考虑商品的绿色程度并愿意为之多支付30%—100%。在国内，人民生活水平的提高也带来了对绿色产品的需求。以绿色食品为例，目前，市场上热销的商品均不同程度地使用了绿色标志。例如，黑龙江绿色大米的价格虽高于同类产品仍热销全国。广州花都牌无公害蔬菜价格比普通蔬菜高10%—15%，但销售却供不应求。据权威机构调查分析，今后国内每年将形成数千亿元以上的绿色食品市场需求，全世界每年绿色食品的消费量将达数千亿美元，目前绿色食品销售量占国际食品总量的3%[①]。绿色消费和绿色产品开发已经成为21世纪的一个大趋势，给绿色价格打下了坚实的市场基础。同时，合理有效的绿色价格制度又可以为这一绿色消费趋势保驾护航，切实在绿色消费过程中提高消费者的生活质量。

① 王静：《绿色价格及其制定策略》，《企业改革与管理》，2009年第2期。

（五）绿色价格制度可以增强我国绿色产品的国际市场竞争力

世界大多数国家都设置了“绿色壁垒”，非常重视进口食品的安全性，检测指标的限制十分严格，检验手段已从单纯检测产品发展到验收生产基地。因此，我国企业要想进入国际市场就必须强化绿色观念，树立企业绿色形象，让绿色价格制度切实发挥功效，以促进企业国际市场竞争力的提高。

二、绿色定价

绿色价格的制定是绿色价格制度构建的核心。绿色产品价格应建立在绿色产品在生产、交换、分配和消费过程中所消耗的社会总资源的基础上，考虑市场供求及竞争等其他环境状况而确定的市场认可的价格。它的最终决定权在市场、在消费者，也即取决于绿色产品的供求关系变化和消费者对绿色产品的偏好等因素。对于绿色价格制定的理论进行分析非常重要，有利于我们把握住绿色价格制度的实质，使其具有更强的实践性和可操作性。

（一）绿色价格制定的理论依据

绿色价格制定的理论依据有两个：一是环境资源有价原则；二是污染者付费原则。首先，在绿色经济发展过程中，人们的认识从资源是经济发展的物质基础开始转变到环境资源也是真正的财富，是有价值的，应将资源纳入国民经济核算体系。从而资源的价值属性具有了真实的含义，而且环境资源的稀缺性和不可替代性通过市场供求应该反映为高价格。其次，由于人们的经济活动超过了环境承载力，导致了资源的过度使用和对环境的污染，为恢复和再造资源，需要投入额外的劳动和资本，所以必须贯彻“污染者付费”的原则。这种做法可以把外部经济效应内部化，使污染者或产生外部经济效应的人具有自发矫正的动力。因此，资源有价和污染者付费的原则既是绿色价格制定的理论依据，也是支持绿色价格制度的理论核心。

（二）绿色产品的成本

绿色产品的成本构成是绿色价格制定的基础。成本是产品定价的下限，是构成产品价格的最重要的基础。绿色产品成本除了包括传统的产品成本外，还包括生态环境成本，如自然资源本身的价值、环境成本、引进环保技术和设备成本、减少或不使用可能造成污染的原材料而导致的损失成本等。其中环境成本是指生产企业为了补偿和减轻对环境的污染和对生态的破坏而采取的维护措施，在成本上体现为损害费用补偿及损害治理费用。例如，“三废”的处理成本；废气的空气污染成本；废水排入河流、海洋而造成渔业、农业及人畜等损害引起的费用补偿等。所以，一般而言，绿色产品的成本高于非绿色产品，在价格上也应高于非绿色产品。

但是，在绿色产品中也存在着使成本下降的因素，如：采用新技术、新工艺，大量使用再生资源和回收资源进行的绿色生产；由于产品及包装原材料的节约而降低费用以及规模经济效应、学习曲线等使成本下降的因素。因此从短期来看，由于环境成本内部化，会促使绿色产品价格上升，并且往往以较高的价格将增加的成本转嫁给消费者；但从长期来看，绿色价格有下降的趋势。

（三）绿色消费偏好

随着环保意识觉醒，人们对生活质量的要求日益提高，愿意以较高的价格购买绿色产品，这就是绿色消费偏好。在市场上，消费者对绿色产品的偏好程度越高，消费者心理上愿意接受的绿色价格就越高。心理因素特别是在现阶段对绿色价格水平的确定具有特别重要的影响。所以，针对消费者偏好可以实行心理定价策略。消费者在购买绿色产品时是具有心理准备的，如果绿色价格与其心理准备相似或者相符，其效用就会增倍。因而对具有求实心理的消费者来说，绿色价格实行尾数定价更能激发他们的购买欲望；而对具有求名心理的消费者来说，则更适合采用声望定价。只有对消费者的心理具有相当广泛而深入的了解，绿色价格才能体现出科学性和艺术性。

（四）绿色定价的市场因素

经济学理论指出，商品的价格会受到市场的影响，绿色价格的制定同样也受到这些影响因素的制约。因此，很多传统价格的定价策略都可以运用到绿色价格的制定中，下面仅以经济学中差别定价策略的运用为例进行分析。

绿色产品可以分为两类：一类是健康产品，如无公害蔬菜，天然纤维织造的衣料，无毒、无害建筑材料等；另一类是环保产品，如无氟绿色冰箱、可降解塑料制品等。消费者对于这两类产品的态度是不相同的，消费者更愿意为健康产品支付较高的价格，因为健康产品与消费者关系更加直接。但是，环保产品不仅是消费者本人受益，而且是全社会都受益，也是应该大力倡导的。所以，企业在制定和实施绿色价格时必须区别对待健康产品和环保产品。对于健康产品，企业可以把它们作为高档产品和奢侈品来进行定价，制定高价定价策略。这样不仅能抵消全部绿色成本，还可以为企业创造利润，为绿色产品的再开发积累资金，形成绿色企业良性循环的发展态势。而环保产品带给消费者的绿色消费效用是间接的，而且经常具有外部性，如绿色冰箱的使用功能与普通冰箱并无实质性的差异，其绿色品质主要表现在其使用的新型制冷剂有利于保护臭氧层，它不仅仅使消费者本人受益，而且使所有人都受益，这种外部性不利于激励消费者个人支付额外的绿色成本。因此，这类绿色产品的定价应选择介于高价与低价之间的满意定价策略。

消费者也可以分为不同的类别，表现出其多样性。例如，根据收入水平的不同分类，收入水平越高，对价格越不敏感。厂商应抛弃那种简单按成本加码的价格制定方法，针对不同收入阶层消费者的需求弹性，对顾客实行三级价格定价法。也可按照消费者不同的学历层次、不同的绿色理念认识层次等多项指标分类。这样制定的绿色价格较为灵活，适应性会更强。

（五）绿色定价中的政策因素

政府在培育和发展绿色经济过程中发挥着重要的作用，国家政策对于绿色价格的制定也发挥着积极的作用。如强化企业和消费者“绿色”意识，加大环保投入和治理力度，建立环境资源使用收费制，对绿色企业给予一定的税收减免优惠，同时还配合一定的贴息贷款、信贷无偿划拨等相应优惠政策，来引导绿色生产和绿色消费，这些都会对绿色价格产生影响。

三、我国绿色价格制度的现状

目前，我国绿色价格制度正处于初步发展之中，遭遇到很多历史的、现实的问题。以下从绿色法规和政策层面、微观经济主体层面、资源价格以及绿色成本层面、人均国民收入层面和绿色价格制度监管层面五个方面进行归纳剖析，力图找到其症结所在，以便对症下药，为我国绿色价格制度的发展铺平道路。

（一）绿色法规和政策不完善

我国各项绿色法规和政策尚不完善，并且在实际工作中难以贯彻执行，导致“污染者付费”原则无法有效实施，这就使得绿色企业得不到有效支持，并强化了非绿色企业的成本领先优势和价格竞争力。由此，绿色价格不仅不能提升，反而会大大降低绿色产品的市场竞争力，最终导致部分绿色企业惨遭淘汰。可见，构建绿色价格制度发展的有效法律、政策条件是非常必要的。

（二）微观经济主体缺乏绿色远见，对绿色价格认知不足

在市场经济主体中，企业通常是环境污染的主要产生者。企业应该根据环境法规和标准进行经济活动，在守法的前提下获取最大的经济利润。但是，总的看来，目前我国企业缺乏守法意识和绿色化远见，还不能认识到在一个成熟的市场经济体系中，企业完全可以通过建立企业的环境和绿色形象得到社会公众的经济回报。企业作为理性的经济人，追求的是自身经济利益的最大化。尽管绿色营销具有潜在的、长远的经济利益，但需要较大的投入，特别是实施绿色营销给企业带来收益的同时，也能增加其他企业、社会、环境和消费者的收益或效用（福利），即部分效用的外化，“搭便车”现象便难以避免。这就影响到企业开展绿色

营销，实施绿色价格的积极性。

相对于传统价格模式而言，绿色价格因包含环境成本而显得过高，这使得绿色产品在价格方面与传统产品相比处于竞争劣势。而企业会将绿色价格中大量的绿色成本转嫁给消费者。由于大多数消费者对绿色价格认知不足，普通消费者的心理仍是希望产品价格相对便宜，所以有时较高的绿色价格会失去部分消费者，特别是缺乏环保意识的消费者。这样必然导致对绿色产品的有效市场需求不足，最终会影响到企业生产绿色产品的积极性，也会影响绿色价格制度的健康发展。

（三）资源价格偏低、绿色成本过高

根据供求规律，某种生产要素的稀缺性上升将会导致其价格上升。但是，我国人均自然资源虽然十分稀缺，其价格却偏低。比如，我国成品油价格虽然经过多次上调，仍低于国外价格水平；发电煤价低于国外价格水平；国内天然气价格明显偏低，电价也偏低；我国城市水价也普遍偏低，目前仅为国际水价的1/3；地价及其他许多矿产品的价格也远低于国际水平。由于我国自然资源同时具有稀缺和廉价两种属性，这必然导致要素配置发生扭曲，市场价格无法真正反映社会成本和资源稀缺性，造成自然资源的滥用。

一方面，我国的自然资源价格偏低，同时，绿色成本管理方面又面临困难。很多企业虽认识到了加强绿色成本管理的重要性与迫切性，但实施绿色成本管理对很多企业来说却并不容易。首先，我国目前没有统一的环境价值标准，排污收费的价格过低，在排污权交易等方面也没有太多的经验，因此，对环境价值的确定不好把握；其次，环境因素和自然资源特别是诸如大气等自然资源很难进行产权认定，这就无法使其商品化，自然资源不能商品化，会计就很难将其完全纳入计量范围；再次，即使自然资源能够被量化，市场经济中的价值规律对有关社会生态平衡、环境保护、“外部不经济”问题几乎无能为力。因为目前在我国，追求经济效益比注重环境效益的主体要多得多的现状是一个不争的事实。

（四）人均国民收入偏低制约了对绿色产品的需求

改革开放以来，我国经济获得快速增长，居民收入水平大幅度提高，但与发达国家相比，我国人均国民收入水平仍然不高，这势必会制约对绿色产品的需求，从而影响到绿色价格制度的完善和发展。理论和实践证明，居民人均收入水平与采取改善环境意愿之间的相关程度非常高，人均实际收入水平越高，改善环境质量的意愿就越强烈。我国人均收入水平偏低，直接造成我国绿色消费市场发育还不成熟。部分具有绿色消费观念的消费者受限于较低的实际收入水平，只好拒绝绿色产品，影响了绿色价格机制的运作。

(五) 绿色价格制度监管不力

由于企业在利润的驱动下较难达到国家规定的环境标准，所以政府强有力的监管是必不可少的。但是，由于我国目前对于绿色价格制度的监管力度较弱，主要出现了几个问题：一是企业污染并没有相应付费，使得企业缺乏保护环境的有效约束和动力，非绿色企业实质上具有很强的市场竞争力。二是绿色产品的质量难以保证，导致了绿色产品“质次价高”的尴尬局面。比如，无磷洗衣粉作为一种绿色产品，其去污效果不如易于污染水体的含磷洗衣粉。再比如，在国家通过实施“绿色照明工程”推广的节能灯中，有些节能灯因为质量不稳定导致使用寿命短暂，使得价格高昂的节能灯可能远远不如传统灯具更为经济实惠。三是假冒伪劣产品充斥市场，令消费者真假难辨，极大影响了绿色产品的声誉。这些监管上的缺失为绿色价格制度的发展设置了重重障碍。

四、绿色价格制度创新

绿色经济发展观是人类文明由工业文明向生态文明转型的产物，是人与自然和谐统一、生态与经济发展的生态文明时代的必然的理论概括与学理表现①。因此，绿色经济发展思想与模式将是未来经济发展的主导思想与基本模式，绿色价格制度必将在未来经济活动中得到普遍使用。

① 方时姣：《绿色经济思想的历史与现实纵深论》，《马克思主义研究》，2010 年第 6 期。

针对我国绿色价格制度发展的实际情况，为推动绿色经济的发展，可以采取如下对策措施。

（一）提高环保意识，强化环境教育，为推行绿色价格奠定思想基础

绿色产品的生存与发展主要受制于企业、消费者和政府的环保意识。企业环保意识越强，产品的绿色化程度就越强；消费者环保意识越强，对绿色产品需求也就越旺盛；政府部门环保意识越强，给予绿色产品的支持也就越多。由此可见，环境意识的强弱是绿色价格制度能否最终形成的重要决定因素之一，直接影响到人们的生产、生活及思维方式。目前，国际上培养环境意识的途径主要是环境教育，涉及校内外各级教育，对象为全体大众尤其是普通市民，以便使人们能根据所受教育，采取简单步骤来管理和控制自己的环境。我国环境教育开展比较晚，经过多年努力虽然取得了一些可喜成绩，但还没有形成针对成年人及社会的环境教育体系和手段。因此，应积极转变教育观念，增加环境教育内涵，促进环境教育的全民化，为绿色价格的推行奠定思想基础。

（二）建立和完善绿色生产和绿色消费的法制管理和监督

只有绿色生产和绿色消费成为经济发展的主流，绿色价格制度才有存活的土壤，因此，建立和完善绿色消费的法制管理和监督势在必行。首先，应尽快完善我国在生产领域的绿色立法，如在项目审批、市场准入、税收、信贷等政策上对绿色产品的生产进行必要的倾斜，增强对生产绿色产品的激励。其次，要严格贯彻“污染者付费”原则，对于在生产过程中没有环保意识，给人类社会和环境造成很大伤害的传统企业、污染大户要征收“庇古税”。用征来的税收进行被污染环境的治理或对环保企业进行贴补，这样企业就会有环保的压力和动力。再次，对不法厂商制售假冒伪劣产品牟取暴利的非法行为实施强制干预，加大执法力度，从根本上保障消费者能够选购到绿色产品和顺利地实现绿色消费。最后，在消费领域，通过绿色立法规范消费者的消费行为，对有碍经济持续发展和持续消费的非绿色消费予以有效的约束，以确保全社会的绿色消费有序进行。

（三）建立以绿色GDP为核心的指标核算体系

所谓绿色GDP，就是把资源和环境的损失、治理环境污染因素引入国民经济核算体系，即从现在的GDP中扣除资源的直接经济损失，以及为恢复生态平衡、挽回资源损失而必须支付的经济投资。其公式为：绿色GDP=传统GDP-（自然资源损耗、环境污染及其所引发的社会公害）+（生态环境保护投资、环保科技教育投资及其效应）。实行以绿色GDP为核心指标的经济发展模式和国民经济核算新体系，打破了以往地方政绩考核对绿色经济发展的桎梏，不仅有利于保护资源和环境，而且有利于加快经济增长方式的转变，同时也为绿色价格的确定提供了理论指导。

（四）大力推行绿色会计制度

绿色会计是一门强调现代会计人在企业进行经济活动时，正确、及时、合理地对企业耗用环境资源进行核算的科学。其内容包括自然资源损耗成本、环境污染成本、企业资源利用率和产生的社会环境代价的评估。它将涉及自然环境的经济业务也作为会计要素，经过辨认确定其数量价格，加以正式记录并计入会计报表。由于国际上的绿色会计制度可供借鉴的经验不多，我国绿色会计的研究和应用也刚刚起步，因而要求企业单独编制绿色会计执行计划是不切合实际的，在原有财务报告提供的信息基础上附加有关绿色会计核算资料的方法更为可行。绿色会计制度的实施，把环境成本纳入企业核算体系，使绿色价格机制的构建有了制度的保证。

（五）努力提升绿色产品的性价比

绿色价格普遍高于传统价格，这是绿色价格制度推行受阻的重要现实原因，解决的办法只有通过努力提升绿色产品的性价比。一方面，提高绿色产品的质量。首先，企业应注重绿色产品生产的每一个环节安全，保证产品质量；其次，增大研发力度，创新绿色技术，用短期的高成本代价换来长期绿色产品的质量优势。另一方面，降低绿色产品的价格。如生产中使用清洁生产的设备使原料和能源的使用效率提高，从而降低成本；减少产品不必要的包装而节省费用；高效能的使用 EDI 等科技手段，实现无纸化办公，减少管理费用支出；充分利用规模效应，改变学习曲线，使成本大幅度降低；废旧物品的回收利用带来收益等等举措均为绿色企业降低成本提供了思路。

第七章
非正式制度安排

制度变迁的经济学理论认为，制度安排可以是正式的，也可以是不正式的。正式的制度如家庭、企业、工会、医院、大学、政府、货币、期货市场等等。相反，价值、意识形态和习惯就是非正式的制度安排。非正式规则是人们在长期交往中无意识形成的，主要包括价值信念、伦理规范、道德观念、风俗习惯、意识形态等因素。其中意识形态不仅可以蕴涵价值信念、伦理规范、道德观念、风俗习惯，还对人的行为具有强有力的约束。因而，非正式制度安排可以通过伦理道德的软约束在一定程度上减少衡量和实施成本，引导经济主体的经济行为，使其达到一定的目标。发展绿色经济，必须树立绿色价值观与社会共识，因而建立和完善一系列非正式制度安排，对于绿色经济的发展具有重要意义。

第一节　和谐文化与绿色经济发展

一、文化的内涵

"文化"一词，在当今文献中极为普遍和常见，但同时又是一个最复杂最不易说清楚的概念。由于人们认识的切入点不同，学术习惯不同，历史文化背景不同，界定的文化内涵也不同，从而有了众多的文化定义。尽管文化的定义很多，但其基本内涵是一致的。

《辞海》中对文化的解释是：第一，在人类社会历史和发展过程中所创造的精神财富和物质财富的总和，特指精神财富，如文学、艺术、教育、科学等。第二，考古学用语，指同一个历史时期的不依分布地点为转移的遗迹、遗物的综合体，如仰韶文化、龙山文化。第三，指运用文字的能力及一般知识①。

由《辞海》关于文化的定义可以看出：第一，文化具有综合性的意义。文化是指人类改造客观世界和主观世界的活动及其成果的总和，包括物质文化和精神文化两大类。物质文化是指人类的物质活动及其成果；精神文化是指人类的精神活动及其成果。第二，不同民族、不同时期、不同的人创造的丰富多彩而形式多样的文化成果。

文化是一种社会现象，是人们长期创造形成的产物，同一种文化具有相同的特征。同时，文化又是历史现象，文化可以以物质或精神形态传承，是社会历史的积淀物，也是一种心理积淀。每一个社会都有与其相适应的文化，并随着社会物质生产的发展而发展。人类创造文化是为了人类自身的有序生存和持续发展。

文化是一种力量。所谓力量是指一种事物所具有的效能，它包括物质力量和精神力量两种。物质力量（硬实力），主要是指政治力量和经济力量，前者是通过拥有的权力、暴力而展示出来，后者是通过拥有的财富而显示出来。精神力量（软实力），常常是通过知识和信仰表现出来。文化力量本质上是一种精神性的力量。这一力量首先表现在精神生活进入人们的视野，人们渐渐将它与品位、民族性、高等级、个人化、历史长度与深度等紧密结合在一起②。因此，文化的力量，深深熔铸在民族的生命力、创造力和凝聚力之中。

① 《辞海》（全新版），中国书籍出版社2003年版，第1142页。

② 张远新：《江泽民文化思想研究》，人民出版社2006年版，第7页。

文化涵盖了一个国家或民族的历史、地理、风土人情、传统习俗、生活方式、文学艺术、行为规范、思维方式、价值观念等诸多范畴。因此，不管是有形的如器物，还是无形的如制度、精神财富，它们都是人类的文化成果。文化决定了人与人之间的关系，决定了人与动物之间的关系，决定着每一个人的行为规范、价值观念和道德伦理。

人类的发展就是文化创造的发展，人类的进步就是文化创造的进步，没有创造也就没有了文化发展的生命力；文化发展停止了，人类发展的进程也就停止了。

二、和谐文化的提出

《辞海》中对“和谐”的解释是配合得适当和匀称的意思①，还有协调之义②。和谐具有客观必然性。《周易·乾·彖辞》中说：“乾道变化，各正性命，保合太和，乃利贞。”天道的大化流行，万物各得其正，保持完满的和谐，就能顺利发展③。用现代一般系统论的语言来描述，和谐乃是指要素与要素、要素与系统、系统与环境之间的相应与配合得当，且由此而使系统要素的潜力得以合理释放，使系统整体的性能趋于最优。

由此，我们可以归纳出“和谐”的基本内涵：第一，和谐是系统中的和谐，是要认识和把握系统内整体与部分、有序与无序、稳定与不稳定、平衡与不平衡的辩证关系。一个系统中的各部分或各元素越是平等和相互尊重，系统就越和谐，这个系统也就越稳定。第二，和谐是系统中的各要素和关系的协调。要素与要素之间以及要素与系统之间的耦合、运动，影响系统的稳定性、平衡性。如果系统中的要素突变超过系统稳定性的承受能力，就会引起诸要素之间的摩擦与冲突，甚至导致整个系统的震荡和瓦解，系统就会失去生命和活力。第三，和谐是解决要素之

---

① 《辞海》（全新版），中国书籍出版社2003年版，第413页。
② 《辞海》，上海辞书出版社2000年版，第4936页。
③ 转引自黄志斌：《绿色和谐文化论》，中国社会科学出版社2007年版，第2页。

间矛盾冲突的一种方法。系统中的各要素在“和谐”与“不和谐”、平衡与不平衡、稳定与不稳定、有序与无序之间转化，由不平衡、不稳定、不和谐逐渐转化到平衡、稳定、和谐；由无序状态进入到有序状态。

人类与自然界的关系经历了屈服于自然，认识改造自然、随意主宰自然，尊重自然、与自然和谐相处的阶段。自然界从“满的世界”走向“空的世界”。人类在认识自然改造自然过程中，聚集了大量的物质财富，结果是自然资源面临枯竭，道德滑坡，诚信缺失，人与自然之间、人与人之间、人与社会之间的关系扭曲，乃至社会失衡；粗放型的生产方式，畸形的消费方式和生活方式，导致全球气候变暖、冰川融化、异常极端天气频频出现，人类面临着生存和发展的危机，地球生态系统严重失衡。生产方式的矛盾、生活方式的矛盾以及现代社会各种矛盾都需要用和谐的思维方式去化解或解决。

和谐文化倡导和谐的思维方式、和谐的发展方式、和谐的价值取向，既是对历史上中西文化中关于和谐的思想资源的继承和吸收，也是对马克思主义和谐社会理想的丰富和发展。和谐文化是人类追求的共同价值和理想境界。从西方文化中，早期空想社会主义“乌托邦式的和谐社会”，圣西门、傅立叶设计的“和谐制度”，欧文的“新和谐公社”，都体现了和谐的理念，并成为他们明确的价值追求和理想目标。在中国传统文化中，更是处处都蕴涵着丰富的和谐思想。因此，需要对体现和谐思想的传统文化资源赋予新的时代内涵。

在全人类面临着共同的全球性的环境问题时，需要全人类共同来面对，需要集中全人类的智慧。每一个民族都应作出自己文化上的贡献。在2006年中共党的十六届六中全会中通过的《中共中央关于构建社会主义和谐社会若干重大问题的决定》中，我国首次明确提出建设“和谐文化”的重大战略任务。“建设和谐文化，为构建社会主义和谐社会作出贡献，是现阶段我国文化工作的主题。”[①] 由此，我国正式把“和谐文化”

① 胡锦涛：《在中国文联第八次全国代表大会　中国作协第七次全国代表大会上的讲话》，《人民日报》，2006年11月11日。

建设提升到了引人注目的高度。“和谐文化”的提出无疑是一种理论上的创新，不仅有助于中国和谐社会的建设，而且为人类文明的发展提供了新的理论方向和思想动力。建设和谐文化，不仅是促进科学发展的需要，同时也是促进社会和谐的需要。

三、绿色经济的价值观和社会共识

针对当今世界环境与发展方面存在的问题，1987年，世界环境与发展委员会在《我们共同的未来》中正式提出了“可持续发展”概念，明确指出人类需要一条全新的发展道路，这条道路不是一条仅能在若干年内、在若干地方支持人类进步的道路，而是一直到遥远的未来都能支持全球人类进步的道路，即“可持续发展”道路。这一创新性科学观点的提出，将人们从单纯考虑环境保护引导到把环境保护与人类发展切实结合起来，实现了人类有关环境与发展思想的重要飞跃。

中国政府根据中国经济增长的现实，借鉴发达国家经济发展的经验，创造性地提出了“科学发展观”的基本思想，强调“以人为本”的发展理念，把人的生存和发展作为最高的价值目标。科学发展观的提出，为构建和谐社会提供了价值导向。构建和谐社会的实质就是要实现人与社会、人与自然、人与人的和谐发展。

2007—2009年的全球性金融危机引发了人们对金融危机爆发的深层次原因进行思考，纷纷倡导绿色新政、绿色增长、绿色投资等。一些发达国家，特别是美国正在从依赖金融创造的无限机遇刺激消费、带动经济发展开始转向大规模的生态建设、保护生态环境作为增长的途径，这预示着人类将开始转变经济发展的重点，逐步转向形成基于绿色经济的价值观[①]。人类已经开始摒弃传统经济发展目标——利润最大化，转而追求基于绿色经济的全新价值观——福利最大化。

① 引自《发展绿色经济 我们共同的责任——“生态文明贵阳会议”巡礼》，《贵州日报》，2009年8月23日。

绿色经济的价值观简单的理解就是为子孙后代着想，为我们这个地球未来着想而所采取的一系列活动、行为方式，是倡导可持续发展的新文明，是贯彻落实科学发展观的新思想。具体来说，第一，绿色经济的价值观就是要唤醒人们对自然之爱，使崇尚自然、尊重自然规律，人与自然共生共息的思想，进入每个人的心田，成为每个人的自觉行动。它追求人与自然、人与人、人与社会、人自身和谐，创造生存公平，实现生态经济社会持续、协调可持续发展。第二，绿色经济价值观强调人类实践活动的双重价值取向和终极目的。刘思华教授主持起草并发布的《绿色经济太原宣言》，明确提出："绿色经济具有双重价值取向：即要保证满足全体人民可持续发展和全面发展的需要和利益；又要保证满足维护自然界的生物多样性和生态系统安全发展的需要和利益。正确认识人与自然的关系，努力实现人与自然的全面解放，是发展绿色经济的最高利益和终极目的"。第三，绿色经济的价值观强调促进人们转变生产方式，确认自然资源的价值，提高资源和能源的使用效率，减少资源和能源的浪费，不断开发和利用新的资源和能源；同时，改变传统的生产方式，开发和创新绿色技术，推广绿色生产，发展循环经济，提高绿色生产力，提倡绿色消费。第四，积极弘扬珍惜资源、节约资源、保持资源、合理利用资源的风尚，建设资源节约型、环境友好型社会，让有限的资源不仅为当代人所用，更为后代人永续利用。第五，大力推广绿色交通、绿色建筑、绿色旅游等，让绿色意识和绿色理念指导每个人的行为，让环境建设、环境保护成为每个人的行动，实现经济的可持续发展。

人类社会发展到现在，人与自然和谐相处已经成为必然要求。对资源的掠夺式开发，已经给大自然带来了破坏性灾难，招致了大自然对人类的报复与惩罚。人类与大自然如果再不和谐相处，这种开发就难以为继。而绿色经济的价值观强调不能以牺牲生态环境来换取现时经济高速增长，也不能以牺牲后代人的发展来换取眼前的经济增长，而是要以科学发展观来引导社会的经济发展，使科学发展、绿色发展成为人类社会发展的追求目标。这一点已成为社会共识，得到全社会的普遍认同。

四、绿色经济发展呼唤和谐文化

（一）绿色发展需要和谐文化的支撑

从传统的粗放型经济发展模式到绿色经济发展模式的转变，是人们进行无数次选择的过程。这种选择不仅是基于经济的选择，也是文化的选择，是认识了规律的人们的理性选择，是受到绿色和谐文化引导、影响、制约的选择。

发达国家在实现工业化的同时，也看到了工业文明所带来的生态环境代价，于是，试图改变经济增长方式，走可持续发展的道路，以此来解决环境污染和生态浩劫的问题。而在实践中却面临着种种困难。主要是因为他们所提出的可持续发展概念本质上还是基于人类中心主义和功利主义立场，并没有解决人心如何在精神上把握自身的问题以及人类对于自然的敬畏态度这样一些根本问题。这些问题的解决，必须从东方文化，特别是整个传统文化中寻找精神资源。

廖晓义首次提出了“和谐文化”在我国绿色发展中的作用。他指出，“和谐”是中华民族五千年的特色。正是这个和谐支撑了中华民族五千年。目前，只有犹太民族、中华民族是一脉相承没有割断历史的民族。中华民族之所以能够得以不断延续，靠的就是和谐精神。这种和谐体现为尽天道，守人德。道德的管理一方面是宗教精神的衔接，同时又与现实生活相连，这是一种成本最低的管理方式。这种和谐精神渗透进了生产生活的各个方面。可以说，中国的文化就是和谐文化——人心与人身的和谐、个体与社会的和谐、人与自然的和谐。正是有了这种“和谐”的精神，我国的绿色发展才有了厚重的理念支撑①。

改革开放30多年来，中国经济保持一个比较高的稳定的增长率，创造了经济奇迹，但是，自然资源的消耗和环境污染的严重所带来的生态

① 廖晓义：《复兴和谐文化，共建绿色中国》，http：//www.tt65.net/zonghe/luntan/wenxian/3/mydoc001.htm 中国环境文化促进会网．2004.4.5。

危机制约了可持续发展，经济发展和环境保护的矛盾异常紧张，同时，由于发展的不同步性和不平衡性使得城乡之间、区域之间、人与人之间贫富差距拉大，中国社会进入了矛盾多发期。而最大的问题就是发展观问题。这一问题引起了社会各界的普遍关注和高度重视。理论界也进行了诸多探讨和研究，形成了丰富的研究成果，最具代表的成果就是科学发展观。科学发展观强调绿色发展，其精神实质是和谐发展，也就是说，建设和谐文化是科学发展观的内在要求。和谐文化强调人类、社会、自然的共生与和谐，包含着协调发展、均衡发展的理念，蕴涵着科学发展思维方式、思想方法和实践逻辑，有助于促进社会全面进步和人的全面发展。因此说，绿色经济的发展需要和谐文化的支撑。

（二）和谐文化促进绿色生产

和谐文化促使人们用和谐的精神、和谐的方法去处理人与自然、人与人、人与社会以及人与自身的关系，从人与自然、人与人、人与社会及人与自身和谐相处的高度去化解矛盾，去解决问题，去谋求新的发展模式。绿色生产方式强调生产、产品使用和服务全过程的绿色化，使产品在整个生命周期中，对自然环境和人体健康的负面影响最小，资源能源利用率最高，生产者利益、消费者利益和生态环境利益的协调达到最优，是一种以人为本、以管理和技术为手段、提高企业的生产效益和效率的生产方式。因此，绿色生产方式是经济增长方式转变的必然选择。

1. 绿色生产与清洁生产。从《人类环境宣言》到可持续发展，从《21世纪议程》到科学发展观，绿色正悄悄进入公众生活空间的方方面面。在公众、组织、政府的呼唤与推动下，绿色技术、绿色产品在近几年得以迅速发展，一个新的概念——绿色生产由此产生。关于绿色生产尽管存在不同的看法，但总的来看，绿色生产是指节约资源和能源的生产，是环境友好的和谐生产，它强调经济效益、社会效益和生态效益的统一，注重企业生产全过程的绿色化。

清洁生产是近20年来各国污染防治经验的结晶。它是为解决“末端治理”的问题而产生的。联合国环境规划署关于清洁生产的定义是：清洁生产是将综合性预防的环境战略持续地应用于生产过程、产品和服务中，以提高效率，降低对人类和环境的危害。对生产过程来说，清洁生产是指通过节约能源和资源，淘汰有害原料，减少废物和有害物质的产生和排放；对产品来说，清洁生产是指降低产品全生命周期，即从原材料开采到寿命终结的处置的整个过程对人类和环境的影响；对服务来说，清洁生产是指将预防性的环境战略结合到服务的设计和提供服务的活动中①。

《中华人民共和国清洁生产促进法》第二条中关于清洁生产的定义是：清洁生产是指不断采取设计、使用清洁的能源和原料、采用先进的工艺技术与设备、改善管理、综合利用等措施，从源头削减污染，提高资源利用效率，减少或者避免生产、服务和产品使用过程中污染物的产生和排放，以减轻或者消除对人类健康和环境的危害②。

我国关于清洁生产的定义虽与上述联合国环境规划署（UNEP）的定义有所不同，但其内涵是一致的。也就是说，清洁生产是一种先进的、实用的生产方法，与传统的企业生产方法相比，有独特的特点。

（1）清洁生产是工业污染防治的最佳模式。传统的企业走的是“先污染，后治理”的道路，采取的是末断治理污染的方式，对生产过程产生的污染物进行事后的处理，这种治理往往花很大代价又不一定能够彻底治理污染，是一种消极的治理模式。与传统的末端治理相比，清洁生产是把污染控制同生产过程的控制紧密结合起来，使资源和能源的节约和环境的污染治理结合起来，把污染尽可能消灭在源头或者是生产过程之中，做到少排放或零排放，有利于资源节约和环境保护的发展。清洁生产是积极的、主动的环境治理方式，因而是实现可持续发展的必经之路。

（2）清洁生产是一种集约型的经济发展模式。它要求企业改变以牺牲环境为代价的、传统的、粗放型的经济发展模式，走内涵发展道路，

① 转引孔德新著：《绿色发展与生态文明》，合肥工业大学出版社2007年版，第118页。

② 2002年6月29日第九届全国人民代表大会常务委员会第二十八次会议通过的《中华人民共和国清洁生产促进法》。

这就要求企业必须大力调整产品结构，革新生产工艺，优化生产过程，提高技术装备水平，加强科学管理，合理、高效配置资源，最大限度地提高资源利用率，实现节能、降耗、减污、增效。

（3）清洁生产是实现经济效益和环境效益双赢的生产。传统的末端治理投入多、治理难度大、运行成本高，经济效益与环境效益不能有机结合。清洁生产则最大限度地利用资源，将污染物消除在生产过程之中，不仅环境状况从根本上得到改善，而且，能源、原材料和生产成本降低，经济效益提高，竞争力增强，能够实现经济与环境“双赢”。

2. 绿色生产与循环经济。与传统经济相比，循环经济倡导的是一种经济系统与生态系统和谐的发展模式。它要求把经济活动组织成一个“资源—产品—再生资源”的反馈式流程，所有的物质和能源在不断进行的经济循环中得到合理和持久地利用，从而把经济系统对生态系统的影响降低到尽可能小的程度。

与传统经济模式相比，循环经济模式具有明显的特点：

（1）提高资源和能源的利用效率，最大限度地减少废弃物排放，保护生态环境。循环经济要求把经济活动组织成一个“资源—产品—再生资源”的循环式流程，让所有的物质和能源在这个不断进行的经济循环中得到合理和持久的利用，从而把经济活动对自然环境的影响降低到尽可能小的程度。循环经济在环境保护上表现为污染的“低排放”甚至“零排放”，并把清洁生产、资源利用、生态设计和可持续消耗等融为一体。

（2）实现经济、社会和环境的“共赢”发展。循环经济以协调人与自然关系为准则，模拟自然生态系统的运行方式和规律，实现资源的可持续利用，使社会生产从粗放增长转变为集约增长。同时，循环经济还能拉长生产链，推动环保产业和其他新型产业的发展，增加就业机会，促进社会发展。

（3）将生产和消费纳入一个有机的持续发展框架中。循环经济在不同层面上将生产（包括资源消耗）和消费（包括废物排放）有机地联系起来。这些层面包括：企业内部的清洁生产和资源循环利用；共生的企业生态网络；城市内部的资源循环利用；区域或整个社会的废弃物回收和再利用系统。

总之，在经济发展中，循环经济遵循生态学规律，将清洁生产、资源综合利用、生态设计和可持续消费等融为一体，实现废物减量化、资源化和无害化，使经济系统和自然生态系统的物质和谐循环，维护自然生态平衡。因而它是一种“物尽其用”的先进经济形态，内容包含了基础设施、工业、农业、服务业、能源以及建筑物等各个方面，在本质上是一种生态经济，基本形式是清洁生产，根本目标是要在经济增长过程中系统地避免或减少废物，实现低排放或零排放，从根本上解决长期以来环境与发展之间的冲突。

如果说循环经济是一种生态经济，那么它完全可以说是一种可持续发展经济。换言之，循环经济本质上是一种绿色经济。循环经济是重构社会经济体系，把过去那种社会经济系统与自然生态经济系统相分离的、经济循环与生态循环相脱节的经济体系，和谐协调地纳入自然生态系统的物质循环过程中，使人类经济活动与自然生态环境的各种物质资源要素整合成为一个密不可分的有机整体，有效克服过去经济体系中只有经济物质循环，没有生态循环的根本缺陷，达到社会生产与再生产过程中经济循环和生态循环的有机统一，实现生态经济的良性循环。这是循环经济的生态经济本质与绿色经济属性①。

由此可以看出，绿色生产与循环经济是共生共赢的。循环经济作为一种先进的经济形态，是一种理想目标，而绿色生产是实现循环经济发展的重要方法和手段。绿色生产能大大促进循环经济的发展，反过来，循环经济的发展又能大大推动绿色生产。

3. 绿色生产与节能减排。节能减排是贯彻落实科学发展观，构建社会主义和谐社会的重大举措；是推进经济结构调整，转变增长增长方式

① 刘思华、方时娇：《生态文明时代的经济形态和经济发展模式》，《中国生态经济建设·2010太原论坛》论文集，第10页。

的必由之路；是建设“两型”社会的必然选择；是提高人民社会质量，应对全球气候变化，维护中华民族长远利益的必然要求。

中国政府在《节能减排综合性工作方案》中明确了2010年中国实现节能减排的目标任务和总体要求。《方案》指出，到2010年，中国万元国内生产总值能耗将由2005年的1.22吨标准煤下降到1吨标准煤以下，降低20%左右；单位工业增加值用水量降低30%。“十一五”期间，中国主要污染物排放总量减少10%，到2010年，二氧化硫排放量由2005年的2549万吨减少到2295万吨，化学需氧量（COD）由1414万吨减少到1273万吨；全国设市城市污水处理率不低于70%，工业固体废物综合利用率达到60%以上。

（三）和谐文化引领绿色生活

改革开放30多年来，我国社会经济已经取得了长足的发展和进步，人民的生活水平和生活质量得到了空前的提高，正在向着小康社会迈进。我国所要建设的小康社会，不仅是一个经济目标，更是一个经济、政治、文化、社会全面协调发展的目标；它是衡量一个国家富强、民主、文明、和谐的目标，更是衡量人民生活水平、生活质量的目标。而要实现这个目标，关键是要推进绿色生产，倡导绿色生活。

所谓绿色生活，就是按照绿色的生态价值体系采取一些行动，节约资源、适度消费、环保选购、品质消费、重复使用、耐用消费、垃圾分类、循环消费、救助物种、人文消费，这种行为搭建的是一个节约性、循环性、人文性、生态性社会，体现着一个人的文明与素养，标志着一个民族的素质和力量。倡导绿色生活，就是要通过自身行为，带动家庭，推动社会，改变以往不恰当的生产方式、生活方式和消费模式，重新创造一种有利于节约资源和能源，改善环境质量，保持生态平衡，人与社会协调发展的生产方式、生活方式。

1. 创建绿色家庭。家庭的生活活动丰富多彩，包含的内容十分广泛，主要包括家庭劳动方式、家庭教育方式、家庭消费方式、家庭闲暇方式等内容，因此，创建绿色家庭主要从以下几个方面进行：

（1）家庭劳动方式科学化。农村家庭要大力倡导绿色生产方式，家务劳动要改变不良的卫生习惯。城市家庭要适当让孩子分担家务劳动，使孩子产生热爱劳动的风尚。

（2）家庭教育方式民主多样化。家长应养成良好的学习习惯，形成爱岗敬业、积极向上、诚实守信的工作态度，营造尊老爱幼、夫妻和睦的家庭氛围，为子女的健康成长创造一个良好的家庭环境。

（3）家庭消费方式绿色化。合理安排家庭投资和消费，增强子女教育保险、养老保险、医疗保险意识，积极参加合适保险项目，确保家庭平安和收入增加。增强环境保护意识，选择绿色出行，如坐公交、轻轨，步行；不吃野味。增强节约意识，注意节水、节电，不浪费。选购绿色产品，使用环保产品，使用太阳能这种绿色能源，实行绿色家装，使用绿色照明等。

（4）家庭休闲方式绿色化、情趣化。主要是指合理利用休闲时间，不断更新知识，提高文化素养；积极参加高雅文化体育活动，提高自己的艺术修养和保持身体健康，反对赌博和从事迷信活动；选择绿色旅游。

2. 创建绿色社区。在建设生态文明的实践中，一些城市的绿色社区正在形成。它是指具备了一定的符合环保要求的硬件设施、建立了较完善的环境管理体系和公众参与机制的社区。它包括硬件设施和软件建设两个方面：在硬件方面，包括绿色建筑、社区绿化、垃圾分类、污水处理、节水、节能和新能源等设施；软件建设主要包括一个由政府各有关部门、民间环保组织、居委会和物业公司组成的联合管理部门，一支起骨干作用的绿色志愿者队伍，一系列持续性的环保活动，等等。它是在传统社区的基础上，将人性化、生态化作为社区创建的宗旨，即从社区的设计、消费、管理始终贯穿绿色的理念，使社区发展能够达到既保护环境，又有益于人们的身心健康；同时又与城市的经济、社会可持续发展相协调。

享受绿色生活必须从创建绿色社区开始。要创建绿色社区，需要采取以下措施：

（1）强化宣传环保理念，培养社区居民的社会责任感，提高公民的环境意识提高，促进公民参与创建活动的自觉性，形成关注环境问题、参与环境保护、树立人与自然和谐相处的良好社区氛围，创造与自然和谐的生活环境。

（2）通过定期组织社区居民参与各类环境保护活动，逐步形成“保护环境、人人有责”的公众参与机制，提高公众参与环保的热情。

（3）加大绿色社区的建设力度。在硬件建设上，应注意减少自然资源的损耗，降低对自然生态平衡的破坏；同时提倡绿色建筑、绿色装修、绿色照明等。在软件建设上，提倡绿色的生活方式，鼓励人们使用各种环保产品，注意节能、节水、垃圾回收等。

（4）提高社区管理水平和优质服务水平。

创建绿色社区是建设小康社会的重要内容，是加速生态文明建设的催化剂。

3. 创建绿色城市。基于人类生态文明的觉醒和对传统工业化与工业城市的反思，人们提出了生态城市的概念。其理念渊源却很长。无论是中国古代的人居环境，还是古代欧洲城市和美国西南部印第安人的村庄，都可以被看成是生态城市的雏形。而现代生态城市的思想直接起源于霍华德（Edward Howard）的田园城市。英格兰莱奇沃思（Letch - Worth）就是由霍华德设计并于1903年建成的田园城市。生态城市（ecocity）的概念则来源于联合国教科文组织发起的“人与生物圈 MAB”计划，其内涵随着社会和科技的发展而不断得到充实和完善。一般认为，生态城市的生态不是纯自然的生态，而是自然、社会、经济复合共生的城市生态，它包括了人与自然的协调关系和人与社会生产、人与人的协调关系；生态城市的“城市”已经不是一般概念的城市，而是一定地域空间内的城乡融合的“区域市”。我国自20世纪90年代以来，对生态城市进行了大量的理论研究和实践。先后提出过生态城市、山水城市、花园城市、森林城市、园林城市、卫生城市等城市规划与建设目标。这些实践虽有利于人与自然的和谐，但在社会设施建设方面略有不足。以此为基础，绿色城市应运而生。

“绿色城市”最早由现代建筑运动大师·柯布西埃在1930年布鲁塞尔提出。但至今全球还没有一个公认的真正意义上的绿色城市，也没有一个公认的绿色城市的定义。一些学者认为绿色城市根本上就是人类自然主义者想象的大地绿化和自然化；也有学者将绿色城市等同于园林城市、生态城市、可持续发展城市。大体来上说，绿色城市可以从广义和狭义上来理解。广义的绿色城市，是建立在人类对自然关系更深刻认知基础上的新的文化观，是按照生态原则建立起来的社会、经济、自然协调发展的新型社会关系，是有效利用环境资源实现可持续发展的新的生产和生活方式。狭义的绿色城市就是按照生态学原理进行城市设计，建立高效、和谐、健康、可持续发展的人居环境①。

根据绿色城市的内涵，建设绿色城市需要从以下几个方面进行努力：

(1) 牢固树立以人为本的核心理念。将“人与自然和谐共生”的理念融入到城市规划、建设、管理等各个方面中去，用绿色城市理念去审视城市发展过程中的矛盾与问题，使城市发展中既注重以人为本，又注重生态改善；力求实现人工环境与自然环境相协调、传统文化与现代文化相融合、城市发展与社会发展相同步。

(2) 用城市整体协调发展的理念引导城市绿色转型。在城市规划与建设中，要从全球化、信息化、多元化的视角，积极探索生态化城市空间结构、能源结构、产业结构、住区结构和交通结构，建立人与自然和谐协调的城市规划与建设的新思路和新模式。发展绿色文化，推行绿色生产，实行绿色消费，构建绿色生活，实现城市“社会—经济—自然”又好又快地发展。

(3) 因地制宜地实施绿色生态城市基础设施建设。按照生态系统的本来面目建设城市，即，基本上是三维的、一体化的复合模式，而不是平面的、随意的和单调的；使城市的功能与进化的形式相适应，也就是

① 郭强主编：《中国绿色发展报告》，中国时代经济出版社2009年版，第27页。

说城市是“可持续的”；交通系统的规划应按步行、自行车、铁路、轨道公共交通、小轿车和卡车的优先顺序发展；保护土壤，提高生物多样性，保护和建立多样化的乡土生态系统；保护和恢复湿地系统；建立组织完善，工作效率高的垃圾收集、转运、处理系统。

第二节 绿色社会责任

绿色经济是一种可持续发展经济，而可持续发展的本质在于人的全面发展，保证人们福利水平的提高。在这样一种理念深入人心的大背景下，作为市场经济主体的企业就不能仅仅是一部赚钱赢利的“机器”，而应该承担回报社会、增进社会福利的社会责任，兼顾经济、社会和生态三种利益。

一般而言，企业的原始冲动即追求物质利益最大化，会推动企业历经创业、稳定、壮大、成熟和衰败的企业生命周期过程，企业从社会获取的权利的量会经过不断增多到逐步减少的过程，同时，获取的权利的质也会不断地改变。这就决定了企业承担的社会责任也应该在量和质上呈同步调整。每一个企业在追求自我生存的过程中，都希望能拥有长远利益，实现可持续发展，企业能长盛不衰、永续经营，而企业社会责任则直接关系到企业的生死存亡。因为企业社会责任不仅能使员工在心理上产生一种凝集力，而且符合社会的道德观和价值观，与社会文明同步并协调一致。

关于企业社会责任的定义虽存在着争议，但目前国际上普遍认同世界银行关于企业社会责任的定义：企业在创造利润、对股东利益负责任的同时，还要承担对员工、对社会和环境的社会责任，包括遵守商业道德、生产安全、职业健康、保护劳动者的合法权益、节约资源等。由该定义可以看出，绿色责任是与生态文明和可持续发展相关的责任。随着公众环保意识的增强，企业绿色责任的压力将不断增大，因而企业必须不断进行技术创新和资源合理开发利用，走可持续发展之路。

一、现代企业社会责任的绿色转变

（一）经济理论假设前提必须转变

思想是行动的指南，观念是行动的先导。如果不破除传统的工业化、市场化经济理论和发展理念，确立新的绿色经济发展理论和发展理念，就不能从根本上推进企业的绿色转型、转变经济发展方式、实现绿色发展。

传统的经济发展模式导致了人类生存发展危机，其深刻思想理论根源就在于以“经济人”为假设的传统经济理论。“经济人”假设把“人”高高置于自然界之外，把追求最小的预付资本获得最大的利润，实现自身经济利益的最大化作为企业生产经营的唯一目的、内在动力和最高原则。以片面追求物质利益无限扩张作为行为模式特征，蔑视自然规律，违背自然规律，导致了种种危机的日益加深。这些危机表现为土地、生物、矿产、森林、能源等资源日趋枯竭；人口过度增长，城市生态环境质量低劣；大气、水质、土壤等人类生产与生活环境遭受严重污染而日益恶化等等。

“经济人”假设在现实经济生活中已经暴露出自身的致命弱点，在各方面的批评下，经济学家们对经济人假设做了某些补充和修正。如新制度学派认为，追求利润最大化是现实经济生活的一个基本事实，但是这一假设不可能实现，于是，他们提出用“新经济人”代替经济人，将企业家的社会地位、个人荣誉、企业的外在形象、个人的舒适与否等因素都纳入企业目标函数，但这并不能否认经济行为主体追求利润最大化的倾向或偏好。尽管“新经济人”假设在强调经济当事人自身利益的同时，试图兼顾个人与社会、微观与宏观的利益。其实，这种社会经济人只是限于当代人，并未考虑后代人的利益；只是限于物质利益和某些属于精神方面的社会利益，并未考虑生态利益。如果现代企业不把个人与社会、微观和宏观的经济利益、社会利益和生态利益相统一，不以增进人的福利与实现人的全面发展为目的，那不仅直接威胁人的生存，甚至对后代人满足其需要的能力也会构成威胁，更会危害人的发展。可见，无论是“经济人”假设，还是“新经济人”假设都毫无例外地排斥生态规律对经济系统的制约作用，毫无例外地把自然生态要素外部化。这就是生态危机的根源。

当前，发达国家正处于从高度工业化或现代化的文明阶段进入后工业文明时代。后工业文明以信息科技、生命科学等新科技为轴心的经济体系为特征，又称为知识经济时代，也就是知识经济与可持续发展经济的新时代。传统工业文明给人类发展所带来的深重灾难、弊端，促使人们运用生态学理论和观点对工业文明的危机进行反思，工业文明的局限与缺陷正是新的文明所要克服的。也就是说，新的文明必须以人类与自然的相互作用为中心，强调自然界是人类生存与发展的基础，人类社会是在这个基础上与自然界发生相互作用、共同发展的，两者必须协调，人类的经济社会才能继续发展。这种新文明就是生态文明。生态文明倡导的是人、社会、生态的协调发展的价值取向，追求环境与发展、生态与经济的统一，要求经济观念必须由单纯追求经济目标向追求经济—生态双重目标转变，要求人们积极改善和优化人与自然、人与人的关系。这样促使人们必须把生态经济和绿色经济理论引入现代企业理论，拓展和修正“经济人”与“新经济人”假设。

生态文明的发育发展正催生一种新的文明主体和承担主体，它必须是一种谋取生态、经济、社会三大利益相统一与最优化的组织，是经济人、社会人和生态人的有机整体。21世纪的现代企业就是一个以人为主体的人工生态系统，其经济活动和发展行为是建立在生态系统基础之上的，它实质上是自然生态和社会经济融合而成的“生态—经济—社会”复合系统。因此，可以把现代企业视为社会生态经济人[①]。通过“社会

① 《刘思华文集》，湖北人民出版社2003年版，第452—453页。

生态经济人”的假设，形成现代企业在可持续发展经济中的主体地位。

“社会生态经济人”强调“人”不是单向度的人，而是处在社会交往发展中的人，“人”应是指人民群众，即社会上的大多数人，人既是社会发展的主体，也是社会发展的目的。社会生态经济人是指具备生态理性，在自觉尊重生态规律的前提下追求生态、经济和社会综合效益的个人或群体。因此，实现人的全面发展，保证人的福利增加，是作为“社会生态经济人”的现代企业必须具有的双重价值取向，即既要保证满足全体人民可持续发展与全面发展的需要和利益，又要保证满足自然界非人类生命物种生存健康和生态系统安全发展的需要和利益。这是人类的最高利益目标。忽视经济利益、社会利益和生态利益相统一的“经济人”与“新经济人”，都不可能实现这个最高利益。社会生态经济人有两个显著的特点：一个是可协调性，即寻求企业生产经济活动与生态环境相互适应与相互协调；一个是可持续性，即寻求自身的福利增加并对社会的福利水平提高作贡献，而又不使后代人福利减少。这必然对人类的经济社会实践活动产生重大影响。

（二）现代企业自身转型

1. 现代企业社会责任的转变。通过将“经济人”假设转变为“社会生态经济人”的假设，可以重新定位现代企业的社会责任。

(1) 作为“社会生态经济人”的企业应以追求福利最大化为其生产目的。作为“社会生态经济人”的企业，其生产目的就不再是片面追求利益最大化，而应追求福利最大化。也就是说，企业不仅追求直接的物质利益，同时也要追求包括更高的精神需求、社会需求和生态需求在内的生活质量；不仅追求代内生态、经济和社会公平和谐，而且追求代际的公平和谐。从这个角度上说，现代企业承担社会责任，既要抓好协调性，又要抓好可持续性。而当追求经济利益、社会利益与生态利益发生矛盾时，必须服从生态优先原则；当追求局部的利益与整体利益发生矛盾时，必须局部服从全局；当追求眼前利益与长远利益发生矛盾时，必须服从长远利益。在生态文明时代里，现代企业必须改变传统的发展观和经营理念，树立新的行为准则：在生产经营活动中，坚持生态优先的原则，从人与自然、人与社会整体互动关系的维度去把握生产生活的价值取向；坚持公平与正义的原则，从代内公平和代际公平的维度去合理配置自然资源；坚持可持续发展的原则，企业克制自己对环境无限制的索取，才能真正实现生态、经济和社会全面协调可持续发展。

（2）企业应承担双重社会责任。作为“社会生态经济人”的企业，不仅要关心其员工，而且要关心其他相关利益群体；不仅要关心这一代人的生存和发展，而且要关心子孙后代的生存和发展。于是，企业的社会责任就有这两个层面的意义：企业要承担为自己构建各个利益主体之间的和谐氛围，又要承担起与社会各利益相关者和自然环境之间的和谐义务；既要维护和创造良好的自然环境，也要维护和创造良好的社会环境。作为对环境的直接影响者，“社会生态经济人”从投入到产出的整个生产经营过程有责任使任何形式的污染减少到最低限度直至消除污染；有责任治理、消除自身造成的环境污染；有责任参与社会环保公益事业。作为生产经营者，“社会生态经济人”有责任生产满足社会需要的物质产品；有责任生产满足人的全面发展需要的健康向上的精神产品和生态产品（包括更多的绿色产品和绿色食品）。

（3）企业应追求人类的普遍幸福。在生态经济下，任何个人的幸福都依存于周围人的幸福，只有社会普遍增加了幸福，自己的幸福才能真正增加。因此，作为“社会生态经济人”的企业应该以人为本，将人民的幸福生活、全面发展作为其经济活动的根本目的，从根本上消除人与自然的对立，以人类与生态环境的和谐发展为目标，把人类的幸福指数作为主要目标。由此可见，从幸福的视角来分析企业的责任，一是必须保证当代人的福利增加，同时也应使后代人有与当代人相同的福利水平；二是强调一切经济社会活动必须关心人、尊重人、解放人、发展人；三是要珍惜、爱护、保护人的生命，维护人的安全，保障人的健康。

现代企业有责任将其经济活动与发展行为建立在“社会生态经济人”假设之上，按照可持续发展的方向和目标进行生态经济革命，发展绿色经济，推进社会责任的绿色转型。

2. 企业社会责任绿色转型的措施。

(1) 加快企业发展方式转变，促进企业绿色发展。传统企业的经济增长方式，是一种线性增长方式。在这种模式下，企业只考虑与自己直接联系的收益和成本，而没有考虑经济行为的外部效应所带来的负面影响，没有考虑在环境资源利用过程中产生的社会成本，更谈不上考虑子孙后代的利益和全人类的长远利益以及环境利益。显然，现代企业必须抛弃传统的经济发展道路，探索可持续经济发展的绿色道路。企业可持续发展模式追求低投入、低消耗、低排放甚至零排放，追求企业集约化与生态化相融合，追求实现企业生产经营从高物质化到低物质化的根本变革。这就要解决几个问题：一是在不损害生态环境承受能力的前提下，解决当代经济发展与生态发展的协调关系；二是在危及当代人需要的前提下，解决当代经济发展与后代经济发展的协调关系；三是在不危害全人类整体经济发展的前提下，解决当代不同国家、不同地区以及各国内部各地区和各种经济发展的协调关系。也就是要解决资源公平合理配置问题，只有这样，经济增长与经济发展才能保持在地球资源环境的承载力的限度之内，才能确保非持续经济发展向可持续经济发展的转变，最终达到经济可持续发展。因此，现代企业必须把生态安全和环境安全作为其发展战略的根本目标和战略重点，才符合现代企业社会责任绿色转变的客观要求。

(2) 加强企业绿色和谐管理，促进人与社会环境的和谐。社会是由人组成的，因此，构建和谐社会必须坚持“以人为本”，不仅要不断满足人民日益增长的物质文化需要，而且要相应提高人自身的各种素质。企业是社会肌体的活力细胞，企业的经济活动和发展行为密切地关联着企业自身健康发展、企业与社会环境和谐发展、企业与环境协调发展。离开了和谐发展，就没有绿色发展。和谐发展和绿色发展是科学发展的两个核心内容。

这里所说的人与社会环境和谐，主要是讲三层和谐，一是企业内部人与人要和谐；二是企业和环境要和谐；三是企业与社会要和谐。企业内部人与人的和谐是和谐企业的重要标志。公平正义是人与人和谐发展的坚实基石，实现企业内部人与人之间的和谐就是要解决分配的效率公平问题。因此，必须将充分激发每个人的活力作为奋斗目标，让全社会的创造力得到充分发挥，让一切创造社会财富的源泉充分涌流。企业与环境的和谐主要是指企业与自然生态环境的和谐，生态环境已经成为现代企业生存和发展的内在因素，企业的生产经营管理必须突出生态化、绿色化，企业必须更加重视绿色管理，企业的核心能力必须突出企业生态能力及可持续发展能力，企业的产品必须增加生态含量，企业必须重视绿色产品开发。企业与社会和谐主要是指企业生产生活必须融入到社会中去，企业必须对社会发展作出应有的贡献，企业从它诞生的那一刻起，它就已经承担了不可推卸的社会责任，企业必须履行好其逐利活动与社会相关利益及社会整体利益间的关系，企业必须把经济利益、生态利益和社会利益纳入一个有机整体，社会为企业创造良好的外部环境，企业与社会共生共荣，企业与社会才能和谐发展。

二、现代企业履行绿色责任必须树立绿色诚信

市场经济是信用经济，诚信既是市场经济本质所需，也是企业应承担的社会责任。

从伦理学的视角来看，诚信，是由“诚”和“信”两个概念组成的。诚，指真诚、诚实；信，指信任、信用和守信。“诚”和“信”合起来作为一个科学的道德范畴，是中华民族的传统美德。诚信作为一种道德准则，一开始并没有与经济行为相联系。从经济学视角来看，一些学者认为，诚信是客观存在的经济规律，它对一切参与的市场主体具有强制性，在经济活动中有一定的内在必然性，只要市场经济发展到一定程度它就会发生作用。还有一些学者认为，诚信可以看作是一种无形资产，是一种契约关系。诚信是基于人们共识的一种契约，是人们在经济

活动中应遵守的“游戏规则”，它反映出市场主体之间理性承诺和合约期认可相结合的关系。我们认为，对企业而言，诚信更多是指企业在市场活动中所应兑现的承诺以及担负的责任。诚信不但体现在企业的产品上，也体现在企业作为公民应承担的责任与义务上。可以这样说，如果企业离开了社会诚信，就失去竞争力。从经济制度的视角来看，诚信作为一种道德观念和伦理规范，它属于社会制度非正式规则中的意识形态。并且，作为一种非正式制度，它可以通过经济主体行为的约束，为经济的增长提供了强有力的制度保障，在经济的发展过程中产生了巨大的经济效益。诚信不仅可以降低企业的交易成本，而且还可以提高资源配置效率，社会诚信本身是一种资本。诚信与责任是企业的生命，是企业竞争力的核心。只有企业守诚信负责任，才能获得市场客户的信任和忠诚。诚信建设是企业承担社会责任的重要课题。

企业因诚信问题而倒闭或信誉受严重创伤的公司不断涌现，以美国“安然”事件为例，为了实现股份每年6%的递增幅度，“安然”虚报了6亿美元的盈利并掩盖了10亿美元负债，而且管理层内外勾结，这些欺骗行为给全世界带来巨大的心理冲击，不仅导致“安然”一夜之间倒闭，而且拖累到贷款给它的金融公司、银行，收购其股票、债券的证券商机构投资者，持有其股票的职工等，受害者遍及全球。诚信丑闻已经和正在为企业敲响警钟。

诚信和社会责任是企业生存的根基。社会责任的核心思想就是企业管理者必须有责任基于整个社会长远利益角度来谋求社会利益，其考虑范围不仅仅是企业的股东和投资者，还包括当地社区、雇员、供应链上的供应商和消费者，以及自然环境和能源等等。可以说，企业在社会经济活动中扮演着双重角色，既是企业社会责任的承载主体，也是企业社会责任担当主体；既要创造经济利润，对股东利益负责，也要对员工、消费者、社区、环境负责；既要发展自我，也要回馈社会。社会责任让企业在诚信中树立自己的品牌，在激烈的市场竞争中，对企业而言，最重要的稀缺资源无疑是消费者对品牌的信赖。而这一资源的获得除了企业为社会提供优质的产品和服务外，还要靠企业承担社会责任来获取。公司和品牌声誉是影响企业成功的重要指标之一，美国《财富》杂志在一项“衡量企业成功与否的主要因素”的调查中，59%的被调查者认为，40%以上的企业市值是通过品牌形象和声誉体现的[①]。

21世纪经济的主旋律是绿色生态经济，包括绿色产品、绿色生产、绿色消费、绿色市场、绿色产业等内容，这是可持续发展理念对经济生活的具体要求。中国的国情需要企业走绿色发展道路，国际大潮流也迫使企业走绿色发展道路，社会责任更要求企业走绿色发展道路。中国企业需要绿色责任。2005年1月6日，中国再生资源回收利用协会发出《绿色诚信倡议书》，向全国从事再生资源回收利用的同行发出倡议：在再生资源回收利用过程中，做到“文明回收、绿色处理、规范经营、节约资源、保护环境、维护安定、促进发展”。蒙牛一直坚持“纯天然、无污染、高品质”的承诺，坚持很多绿色公益活动，获得了良好的信誉。

绿色诚信和绿色责任不是仅仅停留在口头上，更多的是要贯穿于人们的生产、生活、习惯和消费意识中[②]。企业以绿色责任体现其绿色诚信，通过建立诚信机制，承担企业的绿色责任。第一，培养企业社会责任理念，提高企业社会责任意识。企业应对员工灌输诚信理念，树立员工的社会责任心，通过提高员工自我责任的自觉性，促使企业更好发展。同时，企业应高度关注员工的成长和发展，以极大的真诚和信任包容和关怀员工，为企业造就强大内聚力。企业对员工负责，员工就会信任企业。企业必须建立和完善诚信经营的制度，制定切实可行的奖惩措施，形成“诚信经营”的企业文化，以推动企业自律。第二，建立长效诚信机制。企业领导必须发掘员工的潜力，相信每一个员工的能力，开展员

① 王春和等：《中国民营企业可持续发展研究》，中国经济出版社2007年版，第100页。

② 环境保护部副部长潘岳在中国环境文化促进会和神农架林区政府共同举行的“绿色责任与生态文明——神农架绿色责任蓝皮书发布座谈会”上的讲话。中国网 www. china. com. cn，2008-6-27。

工生产过程的质量自查，要求企业生产的各个环节都必须把诚信经营作为共同的价值取向和自觉的行动，建立长效机制，不断丰富诚信的内涵。各层领导必须经常深入到生产过程中进行现场检查，早发现早解决，使企业诚信建设贯穿施工全过程。第三，建立企业的监督机制，强化对企业失信行为的惩罚。只有强化失信的惩罚机制，加大对企业失信的惩罚，才能使企业更加规范自己的行为，起到对企业社会责任的监督作用。

第三节　环保 NGO（非政府组织）

非政府组织（non - governmental organizations，NGO）是一个舶来的概念，指的是不以营利为目的、独立于政府和市场之外的具有志愿公益性的社会组织。由于这些组织大多数从普通居民或某一行业中员工自发组成，不带有任何官方色彩，因而又被称为民间组织。

环保 NGO 也称民间环保组织或环保非政府组织，因其代表了政府环保部门和企业私人环保机构之外的一类社会环保自治组织机制，而被称为环保“第三部门”① 或环保“第三域”，是围绕生态环境的保护开展活动的民间环保团体。与政府环保部门和企业私人环保机构相比，其活动既不依靠强制性的行政权力，也不以营利为目的，而是通过致力于环境保护而树立社会公信度，依靠公众的志愿参与，由公众自发形成、自我管理的自治组织。其主要特点是：不以谋取政治利益为目的的非政治性；不以通过组织活动谋取经济利益为宗旨的非营利性；以公共利益为指向的公益性；不以政府干预自愿参与的志愿性；环保 NGO 有自己的章程和行为规范的组织性。

① 王名：《中国第三部门之路》，《21 世纪经济报道》，2005 年 12 月 25 日。

一、中国环保 NGO 产生的背景

改革开放以来，我国生产力飞速发展，与此同时，环境污染、资源枯竭等环境问题已成为制约经济发展的重要因素。要走可持续发展之路，发展绿色经济，就要解决环境问题，实现人与自然的和谐。环境问题的解决需要大量资金投入，而我国政府因财政困难无力解决日益严重的环保问题，因而需要借助其他各方面的力量参与环保；另一方面，民间组织所拥有的资源越来越雄厚，有能力从事环境保护事业。而环境问题的日趋严重无疑为民间环保组织的发展提供了契机。

中国 NGO 的产生可以归结为两个方面：一是体制改革催生了大量的 GONGO（Governmental NGO，指政府发起的非政府组织），它们自上而下地承担政府转换下来的一些职能；二是出于社会需要自下而上产生了大量民间组织。它们中有许多受到介入中国社会发展领域的国际多边、双边机构和非政府组织影响，这种影响不仅来自资金和技术支持，还来自公民社会理念的输入。

中国环保 NGO 的出现也有两个方面的因素影响。一是政府发起成立国家级环境非政府组织。如 1979 年中国成立了最早的国家级环境非政府机构——中国环境科学协会，其后，先后成立了中国野生动物保护协会（1983 年）、中国可持续发展研究会（1992 年）、中华环保基金会（1993 年），等等。这些环境 GONGO 的成立动机不同于民间 NGO，带有明显的政府主导的特点。首先，它是环境外交上的需要。例如 1972 年斯德哥尔摩联合国环境大会后，中国政府需要建立非官方的团体应对环境管理和保护的国际化问题，于是在 1979 年成立了中国环境科学学会。其次，是为了吸引国际政府和非政府组织的援助。由于和中国政府方面合作开展项目出现的负面效应，很多国际援助开始将目光转向非政府组织，于是中国政府顺应这种变化成立了 GONGO。再次，是利用国际专家资源的需要，开展学术交流。这些 GONGO 在编制和经费上得到政府不同程度的支持，是政府选择的结果。二是民间自下而上组成的环境保护组织。1994年，第一家自下而上的环境NGO——“自然之友”成立。随后，北京地球村环境文化中心和绿家园志愿者于1996年相继出现。到2002年10月，“自然之友”受托组织中国环境NGO出席全球环境基金（GEF）在京举办的第二次成员国大会，仅参会的比较成型的民间NGO已经达到40多家。值得注意的是，这些组织有很多来自经济不发达、环境资源压力日益增大的中西部地区，其活动已在当地产生较大影响。有别于GONGO，这些组织的出现是民众而非政府对环境危机做出反映的结果。一般来说，它们的发起者多为社会精英，对环境问题的忧虑和社会责任感是发起组织的动机；经费自筹，独立性较强，是社会选择的结果。由于其活动更多地面向公众而非限制于学术研究层面，它们对普通公众的社会影响力日益增强。作为民间环保的后备力量，全国各高校学生环保社团云集，据不完全估计有250个左右。一些高校环保社团向网络化发展，如四川大学GreenSOS、绿色大学生论坛、南京绿色石头城环境保护志愿者网络等汇集了不同大学的社团成员①。中国自下而上型环保NGO已走过十多年的风风雨雨，并不断发展壮大，目前，在全国范围内初具规模的环保NGO大约有2 000多个，自下而上型的环保NGO则数以十万计。这些自下而上型的环保NGO依托社区存在，遍布城市、乡村，网络化已经初具规模，成为环境保护公众参与的重要组成部分②。

二、中国环保NGO在环境保护中的功能特点

环保NGO一开始更多的是从环境教育的角度切入，或者是每个人作为个体在其生活中间践行绿色环保生活。这些活动大范围的组织和开展，

---

① 中国社会科学院环境与发展研究中心：《中国环境与发展评论（第二卷）》，社会科学文献出版社2004年版，第420页。

② 李妙然、王晓民：《中国自下而上型环保NGO发展的特点及瓶颈探析》，《生产力研究》，2006年第12期。

实际上大大地普及了环保理念。从这一点上来说，环保 NGO 在公众环境意识的培养方面作出了巨大贡献。而 2003 年出台的《环境影响评价法》则为公众提供了一个合法介入环境公共决策的权利。近些年来，一些环保 NGO 开始将关注的重点转向了企业的环境表现。也就是说，环保 NGO 开始作为企业行为的监督者，形成了环保 NGO 和企业的博弈与良性的互动。这与以往环保 NGO 和企业的关系不太一样。环保 NGO 直接切入企业的生产过程和采购过程本身，关注企业在生产经营过程中的环保趋向以及对周边社区的影响①。总之，中国环保 NGO 在环境保护中的作用越来越大，具体体现在以下几个方面。

（一）进行公众环境教育，提高公民环境意识

自 1994 年我国第一家民间环保 NGO“自然之友”在北京成立以来，我国由民间自发组成的环保民间组织相继成立。这些组织以环境教育作为切入点，对公众进行环境保护宣传和教育，努力提高公民的环境保护意识。如 1995 年，环保民间组织发起保护滇金丝猴和藏羚羊行动，迎来了我国环保民间组织发展的第一次高潮。这一时期，环保民间组织从公众关心的物种保护入手，发起了一系列的宣传活动，树立了环保民间组织良好的公众形象。环保民间组织的宣传活动主要包括出版书籍、发放宣传品、举办讲座、组织培训、媒体报道等进行环保宣传教育。

2000 年 5 月 31 日，“自然之友”启动了我国第一辆环境教育流动教学车——“羚羊车”。几年来，环境教育流动教学车已经深入几百所学校，与数万名中小学生共同感受自然、关注环境，在城市和农村中小学生中“播下希望的种子”。其“绿色希望行动”项目与中国青少年发展基金会合作，从 2000 年开始派遣志愿者赴各地希望小学开展环境教育。北京地球综观教育研究中心和国际影视集团（TVE）等国外机构合作，向中国引进有关环境、人类发展和健康问题的国际影片，在各省、自治

① 陈金陵：《关注公共决策　引导社会选择》，《中国环境报》，2010 年 5 月 12 日。

区建立影视资料借阅分中心，通过免费借阅服务推动环境教育。中心还通过城市可持续发展的培训，在解决某些城市环境问题上和政府开展了建设性的对话与合作。以推动公众参与为己任的北京地球村环境文化中心，1999 年，在北京以垃圾分类为切入点正式推出了“绿色社区”的概念，并配合申奥建立了绿色社区模式。2003 年“非典”过后，地球村又以和居民利益密切相关的社区公共环境安全为题，通过“绿色社区论坛”，推动社区利益相关者参与公共事务的讨论和决策，意在培育社区内居民自发产生的中介组织，自下而上推动公众参与机制的建立。2002 年末成立的“社区参与行动”，以社区建设的公众参与为宗旨，试图通过参与式培训，在社区和政府间建立参与机制。中国环保民间组织开始进入城市、走进社区，把环保工作向基层延伸，逐步为社会公众所了解和接受。

自 2009 年以来，西南大旱、华南大涝、华北大热，极端天气成为常态，三峡水库遭受 20 年不遇的洪水却是百年不遇的险情，江河恶性环境事件频发，加之长期不合理开发导致的环境污染问题不断积聚，中国江河面临前所未有的环境压力。2010 年 8 月 4 日，“中国江河绿色行动”—— 绿家园等 13 家 NGO[①] 根据水环境和水资源的现状，在杭州联合发布“中国江河绿色行动”倡议书，提醒全球气候变化形势下的水环境危机，倡议公众关注水环境和水污染问题，团结起来为改善水环境现状贡献力量。这些 NGO 倡导节约用水，推动节水技术的应用，合理利用水资源；呼吁水电科学合理有序开发，确保信息公开、公众参与、严格环评；提请关注南水北调，开源更要节流，谨防环境和生物多样性遭受破坏；敦促强化水资源保护，水污染综合防治，增强公众监督机制，推进水环境正义和气候公平。其目的是希望通过“中国江河绿色行动”，促进公众对中国江河环境问题的关注、参与、监督，促进相关法律法规的贯彻落实，力争经济发展不以牺牲环境和原住民利益为代价，真正实

① 这 13 家 NGO 是指绿家园志愿者、绿色浙江、绿色流域、绿色知音、重庆绿联会、淮河卫士、绿驼铃、绿色汉江、绿色江赣、绿色龙江、绿色江河、横断山研究会、绿满江淮等。

现生态文明与和谐社会[①]。

（二）参与重大环境决策，推动绿色经济发展

2003年出台的《环境影响评价法》明确规定了公众参与环境决策的权利。从这时开始，中国环保民间组织已由初期的单个组织行动，进入相互联合、合作时代。环保民间组织活动领域也从早期的环境宣传、特定物种保护等，逐步发展到组织公众参与环保，为国家环境事业建言献策，开展社会监督，维护公众环境权益，推动可持续发展等诸多领域。

以怒江建坝为例，绿家园等一些环保NGO介入这一工程，实际上是从个体的行为关注，转向了关注重大环境决策，切入到公共决策中，这是中国NGO在环境保护中所起作用的一个重大变化。

2003年3月14日，华电集团与云南省签署了《关于促进云南电力发展的合作意向书》，云南省政府表态支持华电集团开发云南水电资源，支持开发怒江。而国家环保总局却提出了生态环境保护在怒江水电开发中要不要得到重视、应该占据什么样战略位置的问题。生态专家的意见是如果在大西南大规模无序过度开发水电，可能会对那里的生态环境产生不可估量的极大威胁。此后，专家学者及政府官员前往怒江实地考察，得出了完全不同的观点[②]。就这样，拉开了怒江保卫战的序幕。

怒江保卫战是国内环保NGO很多组织及志愿者、专家学者共同参与的一场“运动”。以“绿家园”为代表的NGO利用媒体展开宣传，并在各种场合宣讲怒江水电开发将带来生态环境的无穷后患，呼吁社会各界人士联合签名：保留最后的生态江——怒江！与此同时，“自然之友”与其他几家有影响的环保NGO组织一起联合举办讲座，在街头散发印刷品，让更多人了解怒江水电开发，争取对其进行全流域环境影响评价；“绿色流域”则在国内主办论坛，在国外论坛发表“保护怒江，协调国际河流”的演讲。“绿色流域”联手“绿家园”、“自然之友”共同在泰国世界河流与人民大会上呼吁保护怒江，众多国家的民间环保机构纷纷

① http：//www.sina.com.cn 新浪环保，2010年8月4日。

② 陈金陵：《绿色呼唤——中国环保NGO启示录》，2010年5月30日。

响应。一些生态环境学科以外的专家学者也纷纷参与，从各自的专业角度对怒江水电工程提出质疑。社会呼声渐高，媒体掀起一波波质疑。这些质疑直接促成云南省政府召开了一次由各方人士参加的怒江开发论证会。这些论证、意见、舆论、声音汇集到一起，促使一度箭在弦上的怒江水电开发工程，被紧急叫停。

怒江之战是政府和民间组织的一次成功合作。怒江保卫战让全国民众突然意识到江河水资源绝不是无限无竭，同样是地球上极为珍贵、需要人类共同保护的资源。怒江之战告诉人们，每个公民都有自己的话语权，都可以参与国家重大问题的决策。

怒江之战开启了中国环保 NGO 的一个崭新阶段，如果说在此之前，很多环保 NGO 主要工作方向是做项目、搞宣传，甚至停留在“种树、观鸟、捡垃圾”阶段。怒江保卫战之后，中国环保 NGO 开始介入社会利益集团的力量抗衡①。

（三）监督企业承担社会责任

2008 年 5 月 1 日，《环境信息公开办法（试行）》施行。环境信息公开的法制化，为公众参与环境保护提供了保障。中国环保 NGO 充分利用这一契机，推动了公众关注环保事业，引领公众参与走向深入，进而影响政府部门的环境决策，同时促进了企业切实承担环境责任。

例如，2010 年春节前夕，34 家环保 NGO 向社会提供了一份“黑名单”，指出 21 家市场占有率高的日常用品所涉生产厂商存在环境违规记录，双汇、康师傅、蒙牛、旺旺、小洋人、多美滋、飞利浦、TCL（电池）、日立、摩托罗拉等位列其中，涉及行业从食品到家电、轮胎、汽车和通讯产品。

这些公布的信息，来自于 IPE② 的中国污染信息数据库，数据库内收集和整理的信息全部来自于各级政府部门发布的环境监测数据。透过网络平台，公众能够便捷地获取这些政府部门发布的环境质量数据和企业

① 根据陈金陵《绿色呼唤——中国环保 NGO 启示录》，2010 年 5 月 30 日。

② 指公众环境研究中心（Institute of Public Enviromental Affairs）。

违规信息。

环保 NGO 不仅向社会公布了这些企业的不达标信息，而且向这 21 家企业发出了通知，希望其能提供资料说明违规情况以及整改意见。出于品牌美誉度的考虑，有一半品牌及其下属企业积极与 IPE 取得联系并进行沟通和说明。2010 年 3 月 10 日，日立（中国）和上海日立家用电器有限公司提交了 4 家企业的反馈，对过往违规记录和所采取的整改措施进行说明；同时提交了环保部门后续监测报告和企业环境排放数据。康师傅控股有限公司就沈阳顶益食品有限公司和武汉顶益食品有限公司的超标违规记录进行了积极的交流，并提供了企业反馈、政府后期检测报告和排放数据等相关文件①。

环保 NGO 通过这些工作监督企业减少污染，进行绿色生产，承担社会责任。

三、中国环保 NGO 的发展趋势

（一）中国环保 NGO 面临的问题

尽管中国环保 NGO 发展的历程不长，但在环境保护领域发挥了非常重要的作用。事实上，环保 NGO 的生存状况非常艰难，没有合法身份，没有法律保障，缺乏资金支持，专业能力不足和公信度低，因此，我们必须清醒认识环保 NGO 在发展过程中存在的问题。

1. 体制障碍。环保 NGO 没有“名分”。绝大部分 NGO 与全部境外在华的 NGO 都没有合法登记注册。究其原因，是因为现行体制设定了一个高不可攀的登记门槛——双重管理。所谓双重管理，是指对非营利组织的登记注册管理和日常性管理，实行登记管理部门和业务主管部门双重负责的体制。因此，NGO 要取得合法身份，首先，必须有一个业务主管部门，然后才能在民政部门进行登记注册。但是，作为业务主管部门

① 中国环境 NGO 在线，2010 年 3 月 17 日。

一方面要承担相应的政治方面的责任，另一方面部门又难以从自下而上型环保 NGO 中获得更多的利益。所以，政府部门通常不愿意做这些民间环保组织的业务主管部门，结果导致很多事实上的民间环保组织不能在民政部门进行登记，只能在工商管理部门以企业法人的身份登记注册。如北京的“地球村”、“绿家园”。根据我国有关法律规定，未获得民政部门认可的非政府组织，无权享受税收方面的各种优惠，这在很大程度上限制了这些民间环保组织的募集捐助、招收会员等活动。

2. 自身缺陷。专业能力不足和社会公信度低。民间环保人士积极参与环境保护，大都是基于一种志愿者的精神和环保理念，但普遍存在环保专业知识缺乏、法律知识不足等弱点。民间环保组织开展活动，主要集中在宣传教育等方面，如利用各种节日（植树节、地球日、世界生物多样日、世界环境日、土地日、世界臭氧日等）进行宣传教育和图片展示等。近年来，尽管民间环保组织在不遗余力地试图影响政府决策，但专业知识不足等原因制约了其作用的进一步发挥。如，近年来，国家环保总局一直在倡导环境保护的公众参与，鼓励广大群众积极参与环境影响评价听证会。但在工作推进过程中，却发现民间环保组织普遍对听证制度的定义、程序和方法不了解，存在把握问题不准、不善于举证等问题。因而无法对有关环境问题的重大决策提供科学的、有说服力的建议，或者成为公众利益的有力的代表者。

3. 公众意识困境。对环保 NGO 的认识仍然有限。目前，官员、企业家、普通公众等全民环境意识正日渐提高，但这种意识是否能够落实到具体行为上，在每个人的潜意识里都存在着艰苦博弈，尤其是在环保与个人生活质量提升发生矛盾时，自利的本能往往让不利于环保的行为占据博弈上风，比如开车、吃肉、穿皮草、住大房子、垃圾分类等等。而之所以植树、观鸟、捡垃圾能成为对环保的普遍认识，恰恰在于这些行为既无损于公众个体生活质量，还能满足人们内心的道德虚荣。如果环境保护触及到相关方面的根本利益，则要凝聚公众意识势必存在困难。而且公众对社会监督和 NGO 功能的认识局限也导致社会监督薄弱、监督的渠道和方式单一。

（二）中国环保 NGO 的前景

随着国家和社会对环保工作的高度重视，我国环保民间组织也将呈现出快速发展、联合化、综合化的趋势。

随着社会主义市场经济体制的确立和完善，人民物质文化生活水平普遍提高，公众的民主法制意识进一步增强，我国社会组织构架发生了新的明显变化。作为社会主义民主政治改革和制度创新、组织创新的客观必然，我国民间组织蓬勃兴起将成为社会发展不可逆转的历史趋势。未来5—10年，我国环保民间组织数量和从业人员将会以每年10%—15%左右速度递增。高校、经济发达城市的社区和环境优美乡镇的环保民间组织将迅速发展①。

近年来，我国环保民间组织之间以论坛、网络、通讯等方式进行广泛交流与合作，针对环境的热点、难点和焦点问题，形成联合倡导和共同呼吁，造成社会声势，促进环境改善，已经由单个组织行为逐步转向相互配合、联合行动方向发展。在“26度空调”、“怒江水电争鸣”、“圆明园湖底防渗工程”等问题上已得到体现。因此，我国环保 NGO 具有广阔的发展前景。这不仅是绿色经济发展的需要，同时也直接体现着一个国家环境意识、生态文明的发育程度，是社会主义民主法制建设的有益尝试。

（三）提升环保 NGO 工作实效的建议

鉴于中国环保 NGO 在发展中存在的问题，可以考虑采取以下措施来提升其工作实效：

1. 建立全国性的 NGO 监管体系。基于中国现行双重管理体制的弊端，应尽快取消这种管理制度，采取单一制的登记办法。也就是说，如果公民要成立社会组织，只需要申明成立组织的目的和宗旨、组织内部管理和运作的规定、组成人员的身份证明、组织的活动场所、活动方式、

① 李天宇：《环保 NGO，从“配角”转向“主角”》，《记者观察》，2007年第6期（下）。

资金来源等，就可以直接到民政部门登记，不必再有业务主管部门。可以考虑在现行民政部门社会组织管理系统基础之上，筹建一个独立于民政部门之外、直接隶属于国务院的社会组织监管委员会，并建立全国性的社会组织监管体系。将现行的业务主管单位以及其他各相关部门行使的对于社会组织的监管职能，逐步统一到社会组织监管委员会的体制下，建立一个统一的、权威的社会组织监管体系。一方面统一协调各个不同政府部门之间围绕社会组织监管问题的关系、权责和利益；另一方面统一信息、统一政令，将我国境内的所有社会组织置于国家统一的行政监管体制和相关政策的框架内。

2. 提升环保 NGO 自身专业化程度。随着环保 NGO 的不断发展，其工作领域的分工更加细致、关注的对象更加具体化，从而对从业人员的专业化要求也越来越强。因此，应采取各种措施努力提升环保 NGO 的自身专业化程度。作为社会资源的整合机构，NGO 可以考虑与现有的环保专家、经济学家、动物学家等相关专业人士进行合作，这不仅可以使环境保护工作更具专业性，而且能加强组织的公信力、塑造专业形象，为筹集资金带来很大的好处。

3. 建立良好的公信度。政府应加强或鼓励环保 NGO 的问责机制和绩效评估，促进自下而上型环保 NGO 的透明、公开和社会公信度的建立。民间环保组织除对政府部门进行问责外，还必须建立起对其他相关利益群体，如捐赠者、社区、被服务对象、普通公众进行问责机制，应在媒体或网络公布组织的资金流向以及资金使用效果的年度报告等。同时，民间环保组织应主动接受政府有关部门的审计和独立评估机构的评估，不断提高工作效率，树立良好的社会信誉。只有这样，它才能获得社会公众的广泛信任和支持，从而推动资金的筹集和自身的发展。

参考文献

[1] Arden - Clarke, C, *Green Protectionism*, WWF. Gland, 1994.

[2] 白平则:《试论自然资源产权结构》,《山西高等学校社会科学学报》2009 年第 2 期。

[3] 卞文娟:《生态文明与绿色生产》,南京大学出版社 2009 年版。

[4] 布坎南:《自由、市场和国家》,上海三联书店 1989 年版。

[5] 常修泽:《资源环境产权制度及其在我国的切入点》,《宏观经济管理》2008 年第 9 期。

[6]《辞海》,上海辞书出版社 2000 年版。

[7]《辞海》,中国书籍出版社 2003 年版。

[8] 崔如波:《绿色经济:21 世纪持续经济的主导形态》,《社会科学研究》2002 年第 4 期。

[9] 大卫·皮尔斯、阿尼尔·马肯亚:《绿色经济的蓝图——绿色世界经济》,北京师范大学出版社 1996 年版。

[10] 戴星翼:《走向绿色的发展》,复旦大学出版社 1998 年版。

[11] 丹尼斯·米都斯:《增长的极限》,四川人民出版社 1984 年版。

[12] 邓沈健:《环境资源产权制度评析》,《湖北经济学院学报》2008 年第 9 期。

[13] 冯之俊、周荣:《低碳经济:中国实现绿色发展的根本途径》,《中国人口·资源与环境》2010 年第 4 期。

[14] 符舰：《国有企业产权制度探析》，《大众商务》2010 年第 2 期。

[15] 高桂林：《公司的环境责任研究——以可持续发展原则为导向的法律制度建构》，中国法制出版社 2005 年版。

[16] 何玉长：《节约型社会的经济学研究》，人民出版社 2009 年版。

[17] 洪银兴、高波：《可持续发展经济学》，商务印书馆 2000 年版。

[18] 胡怡健：《税收学》，上海财经大学出版社 2003 年版。

[19] 黄海燕：《循环经济发展的评价标准》，《经济要参》2010 年第 20 期。

[20] 黄海燕：《循环经济理论的起源及其概念的内涵和外延》，《经济要参》2010 年第 19 期。

[21] 黄志斌：《绿色和谐文化论》，中国社会科学出版社 2007 年版。

[22] 剧宇宏：《绿色经济发展的机制与制度研究》，武汉理工大学博士学位论文，2009 年。

[23] 剧宇宏：《绿色经济与绿色金融法律制度创新》，《求索》2009 年第 7 期。

[24] 孔德新：《绿色发展与生态文明》，合肥工业大学出版社 2007 年版。

[25] 孔令丞、谢家平：《循环经济推进战略研究》，中国时代经济出版社 2008 年版。

[26] 李赶顺、张玉柯、长谷川达也：《循环经济与和谐生态城市》，中国环境科学出版社 2006 年版。

[27] 李慧明：《环境与可持续发展》，天津人民出版社 1998 年版。

[28] 李明义、段胜辉：《现代产权经济学》，知识产权出版社 2008 年版。

[29] 李太淼：《构建和完善有中国特色的自然资源和环境产权制度》，《中州学刊》2009 年第 4 期。

[30] 李向前、曾莺：《绿色经济》，西南财经大学出版社 2001 年版。

[31] 李元：《“低碳经济时代”的挑战与未来思考模式的变革——哥本哈根会议的绿色使命》，《马克思主义研究》2010 年第 1 期。

[32] 李周：《环境与生态经济学研究的进展》，《浙江社会科学》2002 年第 1 期。

[33] 廖福霖：《生态文明建设理论与实践》，中国林业出版社 2003 年版。

[34] 廖晓义：《加强 NGO 对可持续发展的参与》，《自然之友通讯》2002 年第 4 期。

[35] 林锦富、韦龙明、胡彦杰：《绿色生产率、循环经济与经济可持续发展》，《生态经济》2008 年第 4 期。

[36] 林雪姣：《国内外绿色 GDP 核算方法比较研究》，中国科学技术大学硕士学位论文，2009 年。

[37] 刘灿、吴垠：《分权理论及其在自然资源产权制度改革中的应用》，《经济理论与经济管理》2008 年第 11 期。

[38] 刘长庚：《联合产权论——产权制度与经济增长》，人民出版社 2003 年版。

[39] 刘思华：《刘思华可持续经济文集》，中国财政经济出版社 2007 年版。

[40] 刘思华：《刘思华文集》，湖北人民出版社 2003 年版。

[41] 刘思华：《绿色经济论——经济发展理论变革与中国经济再造》，中国财政经济出版社 2001 年版。

[42] 刘思华、刘泉：《绿色经济导论》，同心出版社 2004 年版。

[43] 刘伟：《产权通论》，北京出版社 1997 年版。

[44] 鲁明中、张象枢：《中国绿色经济研究》，河南人民出版社

2005 年版。

[45] 卢现祥、朱巧玲：《新制度经济学》，北京大学出版社 2007 年版。

[46] 鲁照旺：《产权制度与企业治理》，中国政法大学出版社 2006 年版。

[47] 宁森、王彤、徐云：《资源节约型与环境友好型社会技术选择及其创新激励机制的比较研究》，《中国人口·资源与环境》2008 年第 4 期。

[48] 彭秀丽、陈柏福：《新循环经济的“绿色效率”及其实现机制》，《湖南师范大学社会科学学报》2008 年第 1 期。

[49] 屈幼姝、斯琴塔纳：《促进循环经济发展的绿色政府采购政策研究》，《理论探讨》2008 年第 3 期。

[50] 曲格平：《中国的环境与发展》，中国环境科学出版社 1992 年版。

[51] 商务部课题组：《韩国的绿色新政及其对我国的启示》，《经济要参》2010 年第 18 期。

[52] 汤天滋：《主要发达国家发展循环经济经验述评》，《财经问题研究》2005 年第 2 期。

[53] 田虹：《企业社会责任及其推进机制》，经济管理出版社 2006 年版。

[54] 涂功德：《创建绿色经济制度实现可持续发展》，《中共四川省省级机关党校学报》2004 年第 3 期。

[55] 王建梅：《改革开放 30 年我国国有企业产权制度改革评述》，《经济研究参考》2008 年第 49 期。

[56] 王金南、李晓亮、葛察忠：《中国绿色经济发展现状与发展》，《环境保护》2009 年第 5 期。

[57] 王军锋：《循环经济与物质经济代谢分析》，中国环境科学出版社 2008 年版。

[58] 王名：《非营利性组织管理理论》，中国人民大学出版社2002年版。

[59] 王名、贾西津：《中国NGO的发展分析》，《管理世界》2002年第8期。

[60] 王名、佟磊：《NGO在环保领域内的发展及作用》，《环境保护》2003年第5期。

[61] 王秋艳：《中国绿色发展报告》，中国时代经济出版社2009年版。

[62] 王先俊：《十七大报告——关键词解读》，安徽人民出版社2008年版。

[63] 王义高、罗劲松、王赟、王佳丽：《"两型社会"的理论与实践》，湖南人民出版社2008年版。

[64] 吴崇伯：《全球绿色新政与推进我国低碳经济发展》，《前进论坛》2010年第8期。

[65] 吴季松：《新循环经济学：中国的经济学》，清华大学出版社2005年版。

[66] 肖国兴：《论中国自然资源产权制度的历史变迁》，《郑州大学学报》1997年第6期。

[67] 谢地：《论我国自然资源产权制度改革》，《河南社会科学》2006年第5期。

[68] 新浪环保，http：//green. sina. com. cn。

[69] 严耕、杨志华：《生态文明的理论与系统建构》，中央编译出版社2009年版。

[70] 严茂超：《生态经济学新论：理论、方法与应用》，中国经济出版社2001年版。

[71] 杨艳琳：《资源经济发展》，科学出版社2004年版。

[72] 杨志、郭兆辉：《循环经济可持续发展的经济学基础》，石油工业出版社2009年版。

[73] 杨志、王梦友：《绿色经济与生产方式全球性转变——刍议基于“资本·网络·绿色”框架的新经济》，《经济学家》2010年第8期。

[74] 杨志、张洪国：《气候变化与低碳经济、绿色经济、循环经济之辨析》，《广东社会科学》2009年第6期。

[75] 余春祥：《绿色经济与云南绿色产业战略选择研究》，华中科技大学博士学位论文，2003年。

[76] 余国杰：《产权制度、国企改革与国有企业财务行为》，中国社会科学出版社2005年版。

[77] 岳福斌：《现代产权制度研究》，中央编译出版社2007年版。

[78] 张兵生：《绿色经济学探索》，中国环境科学出版社2005年版。

[79] 张春霞：《绿色经济发展研究》，中国林业出版社2002年版。

[80] 张远新：《江泽民文化思想研究》，人民出版社2006年版。

[81] 赵弘志、关键：《绿色经济发展和管理》，东北大学出版社2008年版。

[82] 赵黎青：《非政府组织与可持续发展》，经济科学出版社1998年版。

[83] 中国环境NGO在线，http：//www. greengo. cn。

[84] 中国社会科学院环境与发展研究中心：《中国环境与发展评论（第二卷）》，社会科学文献出版社2004年版。

[85] 周海春：《武汉市资源节约型、环境友好型社会建设研究》，中国财政经济出版社2009年版。

[86] 邹进泰、熊维明：《绿色经济》，山西经济出版社2001年版。

后 记

面对全球金融危机和地球变暖所带来的生态环境危机，各国政府都充分认识到，绿色新政不仅是生活品质和保护地球的要求，同时还是推动全球经济复苏的积极因素。因此，各国政府相继采取了刺激经济复苏和经济发展的“绿色新政”，并将发展绿色经济作为实现经济复苏和经济发展的重大战略举措，以实现“后危机”时代的经济可持续发展。尤其是，联合国环境规划署系统提出发展绿色经济的倡议后，发展绿色经济已经成为全球环境与发展领域新的趋势与潮流。绿色经济的新观念、新理念也逐步从学界的视野进入政界的视野，这标志着发展绿色经济时代的到来。

绿色经济是生态文明时代的经济形态与经济发展模式，它涵盖了社会经济发展的各个方面。绿色经济的本质特征决定了绿色经济应该有自己的运行机制和资源配置方式，其发展离不开制度的保障。20 世纪 80 年代以来，中国在发展绿色经济方面虽然进行了若干富有成效的实践，但绿色经济这一本质要求在中国现有制度供给上并没有得到较好的体现。随着经济发展形态的转换，进行绿色经济制度的创新显得尤为重要。因此，无论是从理论研究的角度，还是从绿色经济发展实践的需要来看，都应该有关于绿色经济发展及制度创新等相关问题研究的著作。因此，当我国著名的马克思主义生态经济学家刘思华教授邀请我们加盟“十一五”国家重点图书规划项目《生态文明与绿色低碳经济发展论丛》的写作时，我们欣然应允，接受了这一具有挑战性的任务。

早在1998年，陈银娥教授就主持了国家社科基金项目“中西部地区资源综合开发与农业可持续发展问题研究”，同时，还先后参与了湖北省社科联课题组关于“湖北省农业现代化”、“21世纪初期湖北省经济发展战略”、教育部人文社会科学重点研究基地重大研究项目“中国中部地区资源、环境与经济协调发展研究”子课题等相关课题的研究，积累了比较多的相关资料，也取得了一些研究成果。本书的一些研究成果就是“中国中部地区资源、环境与经济协调发展研究”课题研究成果的深化。高红贵教授现为中国生态经济教育委员会副秘书长，长期从事政府环境管制和企业资源环境经济管理、生态文明与可持续经济问题等方面的研究，取得了一系列相关研究成果。因此，尽管《绿色经济的制度创新》一书的写作是一个新的、具有挑战性的工作，在研究中，我们力求在研究视野、研究框架、论述角度等方面体现新意和特色，并反映国内外绿色经济发展及其制度创新的新情况，吸纳了国内外绿色经济发展及制度创新研究的新成果，但受知识水平、知识结构及所掌握资料的限制，本书一定会有许多不足之处。恳请有关专家和读者提出宝贵意见。

本书是集体劳动的结晶。陈银娥负责全书的总体框架及写作提纲的设计与确定、对初稿文字上和内容上的统一与修订等，刘思华教授及全书作者参与了写作提纲的讨论，刘思华教授还仔细审阅了全书，并提出了诸多宝贵的建议及写作意见，这些建议和意见已经被吸收到了本书之中。尽管如此，各章文责完全由作者自负。全书的撰稿分工如下：陈银娥、高思：第一章，高红贵：第二章、第五章、第七章，杨晓军：第三章，杨虎涛：第四章，宋丽智：第六章，杨艳琳：第五章。

在本书的写作过程中，方时姣教授做了大量的协调工作，研究生文敏、乔地、姜婉查阅了许多资料，在此表示由衷的感谢。同时，特别感谢中国财政经济出版社为本书的出版所付出的辛勤劳动。

陈银娥　高红贵

2010年10月